ÉCOTOXICOLOGIE

CHEZ LE MÊME ÉDITEUR

Collection d'écologie :

PHYTOSOCIOLOGIE, par M. GUINOCHET. 1973, 228 pages, 36 figures, 9 tableaux dont 2 dépliants, 1 carte hors texte en couleurs.

ÉCOLOGIE DU PLANCTON MARIN, par B. BOUGIS.
  Tome I. — *Le phytoplancton.* 1974, 204 pages, 130 figures.
  Tome II. — *Le zooplancton.* 1974, 208 pages, 123 figures.

DIAGNOSTIC PHYTOÉCOLOGIQUE ET AMÉNAGEMENT DU TERRITOIRE, par G. LONG.
  Tome I. — *Principes généraux et méthodes. Recueil, analyse, traitement et expression cartographique de l'information.* 1974, 256 pages, 76 figures dont 22 hors texte (21 en couleurs).
  Tome II. — *Application du diagnostic phyto-écologique. Examen de cas concrets.* 1975, 232 pages, 62 figures, 10 planches hors texte en couleurs.

DYNAMIQUE DES POPULATIONS, par R. DAJOZ. 1974, 312 pages, 149 figures.

INTRODUCTION A L'ÉCOLOGIE CHIMIQUE, par M. BARBIER. 1976, 132 pages, 33 figures.

LES MODÈLES MATHÉMATIQUES EN ÉCOLOGIE, par J. DAGET. 1976, 180 pages, 36 figures.

PALÉOÉCOLOGIE, par J. ROGER. 1977, 176 pages, 39 figures.

ÉCOÉTHOLOGIE, par J. Y. GAUTIER, J. C. LEFEUVRE, G. RICHARD, P. TRÉHEN. 1978, 176 pages, 35 figures.

PHYSICOCHIMIE ET PHYSIOPATHOLOGIE DES POLLUANTS ATMOSPHÉRIQUES, par P. CHOVIN et A. ROUSSEL. 1973, 320 pages, 42 figures.

ÉCOLOGIE DE LA PRAIRIE PERMANENTE FRANÇAISE, par L. HÉDIN, M. KERGUELEN et F. de MONTARD. *Monographies de botanique et de biologie végétale.* 1972, 230 pages, 6 figures.

PRÉCIS D'ÉCOLOGIE VÉGÉTALE, par G. LEMÉE. 1978, 304 pages, 114 figures.

PROBLÈMES D'ÉCOLOGIE : structure et fonctionnement des écosystèmes terrestres, par M. LAMOTTE et F. BOURLIÈRE. *Publication sous les auspices du Comité français du programme biologique international.* 1978, 360 pages, 134 figures, 112 tableaux.

HYGIÈNE DE L'ENVIRONNEMENT MARITIME, par J. F. BRISOU et F. A. DENIS. *Collection de biologie des milieux marins n° 2.* 1978, 228 pages, 11 figures, 25 tableaux.

ÉCOLOGIE, PHYSIOLOGIE ET ÉCONOMIE DES EAUX SAUMATRES, par A. KIENER. *Collection de biologie des milieux marins n° 1.* 1978, 232 pages, 77 figures, 2 tableaux.

OCÉANOGRAPHIE BIOLOGIQUE APPLIQUÉE. L'exploitation de la vie marine. Textes publiés par P. BOUGIS et collaborateurs. *Collection biologie — Maîtrises.* 1976, 238 pages, 168 figures, 79 tableaux.

ÉCOLOGIA MEDITERRANEA. Revue d'écologie terrestre et limnique. Tome III. 1978, 176 pages, 43 figures, 20 tableaux, 4 planches.

Publication périodique :

BULLETIN D'ÉCOLOGIE. 4 fascicules par an.

COLLECTION D'ÉCOLOGIE
—— 9 ——

ÉCOTOXICOLOGIE

PAR

François RAMADE

Professeur de Zoologie et d'Écologie
à l'Université de Paris-Sud (Orsay)

2ᵉ édition révisée et augmentée

MASSON
Paris New York Barcelone Milan
1979

Tous droits de traduction, d'adaptation et de reproduction par tous procédés, réservés pour tous pays.

La loi du 11 mars 1957 n'autorisant, aux termes des alinéas 2 et 3 de l'article 41, d'une part, que les « copies ou reproductions strictement réservées à l'usage privé du copiste et non destinées à une utilisation collective », et d'autre part, que les analyses et les courtes citations dans un but d'exemple et d'illustration, « toute représentation ou reproduction intégrale, ou partielle, faite sans le consentement de l'auteur ou de ses ayants droit ou ayants cause, est illicite » (alinéa 1er de l'article 40).

Cette représentation ou reproduction, par quelque procédé que ce soit, constituerait donc une contrefaçon sanctionnée par les articles 425 et suivants du Code pénal.

© *Masson, Paris, 1977, 1979.*
ISBN : 2-225-63800-4

MASSON S.A.	120, bd Saint-Germain, 75280 Paris Cedex 06
MASSON PUBLISHING USA Inc.	14 East 60th Street, New York, N.Y. 10022
TORAY-MASSON S.A.	Balmes 151, Barcelona 8
MASSON ITALIA EDITORI S.p.A.	Via Giovanni Pascoli 55, 20133 Milano

TABLE DES MATIÈRES

(Contents see p. IX)

Introduction	1
CHAPITRE PREMIER. — *La notion de toxique et ses implications écologiques*	3
A — *Toxiques et toxicologie*	3
I — Mode de pénétration des toxiques dans l'organisme	4
II — Les diverses manifestations de la toxicité et leur évaluation	5
1° Manifestation de la toxicité (5) ; 2° Évaluation de la toxicité d'une substance (5).	
III — Principaux types d'effets physiotoxicologiques	14
1° Principales altérations somatiques (14) ; 2° Principaux effets germinaux (21).	
B — *Problèmes pathologiques particuliers à l'écotoxicologie*	23
1° L'exposition permanente (23) ; 2° Conséquences (23).	
C — *La relation dose-réponse en écotoxicologie*	32
1° Cumulation des doses et effets génotoxiques (32) ; 2° La notion de dose maximale tolérable et ses limites (37) ;	
D — *Influence des facteurs écologiques sur la manifestation de la toxicité*	41
I — Influence des facteurs intrinsèques	41
II — Rôle des facteurs extrinsèques	45
E — *Méthodes analytiques de détection des polluants*	46
CHAPITRE II — *La pollution de la biosphère*	48
A — *Les pollutions*	48
I — Définition	48
II — Historique des pollutions	49
B — *Causes et importance de la pollution de la biosphère*	50
I — Généralités	50

II — Les principales sources de pollution 51

    1° La production d'énergie, source essentielle de pollution (51) ; 2° L'industrie chimique moderne source de polluants variés (55) ; 3° L'agriculture moderne (57).

C — *Classification des pollutions* 59

D — *Mécanismes de dispersion et de circulation des polluants* 59

    1° Circulation atmosphérique des polluants (61) ; 2° Passage des polluants de l'atmosphère dans l'eau et les sols (64) ; 3° Transfert et concentration des polluants dans la biomasse (66) ; 4° Transfert et concentration des polluants dans les chaînes trophiques (70) ; 5° Conclusion (74).

CHAPITRE III — *Pollutions chimiques* 76

I — Polluants exerçant leurs effets toxiques à la fois dans les écosystèmes continentaux et marins 76

  A — *Composés organohalogénés* 76

    I — Structure chimique 77

      1° Les composés organochlorés (77) ; 2° Les composés organofluorés (80).

    II — Mécanisme de contamination de la biosphère 81

    III — Conséquences démoécologiques et écophysiologiques de la pollution par les composés organohalogénés 88

      Effets sur les populations animales (88).

    IV — Mode d'action des composés organohalogénés au niveau cellulaire 97

    V — Conséquences pathologiques inhérentes à l'imprégnation de l'environnement par les composés organohalogénés .. 99

    VI — Effets globaux de la pollution par les composés organohalogénés 100

      1° Action sur la production primaire (100) ; 2° Effets de la pollution par les composés organohalogénés sur les cycles biogéochimiques (101).

  B — *Mercure* 103

    I — Principales sources de pollution par le mercure 103

      1° Causes directes (103) ; 2° Causes indirectes de contamination (105).

    II — Le cycle biogéochimique du mercure 105

    III — La contamination des biocœnoses et ses conséquences .. 107

      1° Les écosystèmes terrestres (107) ; 2° La contamination des écosystèmes limniques par le mercure (110) ; 3° Contamination des biocœnoses marines (112).

    IV — Effets physiotoxicologiques du mercure 113

      1° Effets mutagènes (114) ; 2° L'intoxication mercurielle (114) ; 3° Effets sur les fonctions reproductrices (114).

  C — *Cadmium* 115

TABLE DES MATIÈRES   VII

II — Polluants des écosystèmes continentaux 118
    A — Polluants des agroécosystèmes 118
        I — Pollution par les pesticides 118
            1° Effets démoécologiques (119) ; 2° Effets biocœnotiques (128).
        II — Pollution par les engrais chimiques 130
            1° Les superphosphates (131) ; 2° Les nitrates (131).
    B — Aéropolluants 133
        I — Produits de combustion 134
            1° L'oxyde de carbone (134) ; 2° Les hydrocarbures (136) ; 3° Dérivés de l'azote (136) ; 4° L'anhydride sulfureux (SO_2) (139) ; 5° L'ozone (149) ; 6° La fumée du tabac (151) ; 7° Le plomb (154).
        II — Autres aéropolluants 158
            1° Les poussières (158) ; 2° Le fluor (162).
III — Polluants de l'hydrosphère 164
        I — Pollutions marines 164
            1° Pollution de l'océan par les hydrocarbures (165) ; 2° Pollution par les détersifs (172) ; 3° Pollution par les matières solides (176).
        II — Pollutions concernant les écosystèmes limniques 177
            1° Rejets des industries minières (177) ; 2° Pollution par les plombs de chasse (178) ; 3° Pollution par les détersifs (179) ; 4° Pollution des eaux continentales par diverses matières organiques (180).

CHAPITRE IV — *Pollution nucléaire* 182
    A — Notions de radiobiologie 184
        I — Importance écologique des divers radioisotopes 185
            1° Principaux types de radionucléides (185) ; 2° Les modalités de contamination (185) ; 3° Unités radiobiologiques (187).
        II — Effets biologiques des radiations ionisantes 188
            1° Radiosensibilité des êtres vivants aux doses létales (189) ; 2° Radiosensibilité aux doses infralétales (190).
    B — Conséquences écologiques des retombées radioactives 192
            1° La contamination de l'atmosphère (192) ; 2° Les retombées (194) ; 3° Contamination des écosystèmes terrestres (194) ; 4° Contamination de l'océan (197).
    C — Conséquences radioécologiques du développement de l'industrie nucléaire 198
        I — Rappel : le cycle du combustible 198
        II — La pollution au niveau des usines électronucléaires 199
            1° Les causes de pollution radioactive (199) ; 2° Nature et importance des rejets (199).

III — La pollution par les usines de traitement des combustibles irradiés 201

1° Nature et importance (201) ; 2° Le problème des déchets radioactifs (202).

IV — Contamination des réseaux trophiques par les radionucléides libérés dans l'environnement par l'industrie nucléaire 204

1° Contamination des écosystèmes limniques et marins (204) ; 2° Contamination des agroécosystèmes (209) ; 3° Le problème de l'irradiation externe (211).

Conclusion 214
Bibliographie 216
Index alphabétique des matières 224

CONTENTS

Introduction	1
PART I. — **The toxic concept and its ecological implications**	3
A. — *Toxics and Toxicology*	3
B. — *Pathological problems peculiar to ecotoxicology*	23
C. — *The effect-dosage relationship in ecotoxicology*	32
D. — *Effects of ecological factors on the exhibition of toxicity*	41
E. — *Analytical methods for pollutants detection*	46
PART II. — **The pollution of Biosphere**	48
A. — *Pollutions*	48
B. — *The main global pollutants - Their nature and importance*	50
C. — *Pollutants classification*	59
D. — *Dispersal and circulation mechanisms*	59
PART III. — **Chemical pollutions**	76
I. — *Pollutants occuring both in continental and oceanic ecosystems*	76
A. — Organohalogen compounds	
B. — Mercury	103
C. — Cadmium	115
II. — *Pollutants mainly occuring in continental ecosystems*	118
A. — *Agroecosystems pollutants*	118
1) Pesticide pollution (others than organohalogens)	118
2) Fertilizers pollution	130
B. — Aeropollutants	133
1) Combustion products (CO, hydrocarbons, Nitrogen oxides, Sulfur dioxide, Ozone, Tobacco smoke, lead)	134
2) Other aeropollutants	158
III. — *Pollutants of hydrosphere*	164
A. — Marine pollution (oil and detergents)	164
B. — Pollutants specific to limnic ecosystems (detergents, mine exhausts, shot leads etc.)	177
PART IV. — **Nuclear pollution**	182
A. — Fundamentals of radiobiology	184
B. — Ecological effects of radioactive fallouts	192
C. — The electronuclear industry and its environmental impact	198
Conclusion	214
Bibliography	216
Alphabetical index	224

AVANT-PROPOS
DE LA 2ᵉ ÉDITION

Moins de deux ans après sa parution, la première édition de notre « *Écotoxicologie* » est déjà épuisée, fait qui témoigne de l'intérêt sans cesse accru suscité parmi la communauté scientifique par l'étude des conséquences écologiques des pollutions. Il est assez évident qu'en un intervalle de temps aussi bref, l'Écotoxicologie n'a subi aucune évolution sur le plan conceptuel.

En revanche, le lecteur trouvera dans cette nouvelle édition, sensiblement augmentée par rapport à la précédente, des développements inédits sur des questions dont des événements catastrophiques, tels le naufrage de l'*Amoco-Cadiz* ou l'accident du réacteur nucléaire de *Three Miles Island*, ont encore démontré l'actualité en récente date.

On relèvera parmi les nombreux apports nouveaux que nous avons faits à la seconde édition une analyse du problème des carcinogènes chimiques dans l'environnement, une étude des conséquences écologiques de la pollution par le cadmium, l'amiante et la dioxine (cf. l'affaire de *Seveso*).

Le chapitre sur la pollution de l'océan par les hydrocarbures a été étoffé par l'analyse de divers travaux récents, en particulier de données fournies par l'étude des effets de la « marée noire » de l'*Amoco-Cadiz*. Celui sur la pollution nucléaire a été augmenté de considérations sur les modalités de transfert des radionucléides dans les chaînes alimentaires.

Enfin, nous avons profité de cette nouvelle édition pour corriger diverses imprécisions et des erreurs d'impression qui s'étaient glissées dans la première publication de cet ouvrage.

INTRODUCTION

Méconnus sinon délibérément ignorés pendant trop longtemps, les problèmes de pollution sont devenus depuis peu un sujet constant de préoccupation dans les pays industrialisés. Au cours de la dernière décennie, d'innombrables réunions d'experts, de nombreux colloques ou congrès scientifiques, une multitude d'articles de presse, ont contribué à vulgariser la notion de polluant et ont aussi conduit le plus grand nombre à prendre conscience de nuisances qui sévissaient parfois de longue date.

On ne saurait cependant prétendre que cette débauche d'informations ait jusqu'à présent conduit les responsables politiques des pays industrialisés à prendre les décisions concrètes radicales qui pourraient seules mettre un terme au dangereux processus dans lequel la civilisation technologique est engagée. Nous en voulons pour preuve la lenteur, sinon la mauvaise volonté évidente, avec laquelle les pouvoirs publics de pays dits développés appliquent les décisions judiciaires concernant de grands pollueurs.

Mais quoi qu'il en soit, la connaissance scientifique des modalités de pollution de la biosphère, celle de ses effets sur l'ensemble des êtres vivants, ont fait de grands progrès au cours des dernières années. Cette connaissance constitue un préalable impératif à toute mesure destinée à lutter contre la contamination du milieu naturel.

Par ailleurs, il apparaît de plus en plus évident qu'une bonne compréhension des mécanismes d'action des polluants ne peut être obtenue par les seules études *in vitro* effectuées sur des organismes en laboratoire.

En effet, les contaminants les plus divers sont rejetés dans l'atmosphère, les sols, les eaux continentales et les océans. Ils sont soumis au même titre que les substances naturelles au jeu des phénomènes biogéochimiques. Les transformations auxquelles ils sont exposés dans ces milieux variés peuvent certes les neutraliser mais aussi faciliter, au contraire, leur dispersion et exalter leur toxicité.

De plus, la contamination de la biosphère se traduit par des effets différés et indirects d'importance supérieure à ceux qui découlent de leur action directe sur les biocœnoses. Les agents polluants n'agissent en aucun cas, dans la nature, sur des individus isolés, mais au contraire sur des populations et des communautés. Par suite du nombre immense d'interactions qui s'exercent à l'intérieur d'un écosystème, il peut apparaître des déséquilibres favorisant peut-être quelques espèces mais néfastes pour la plupart des organismes, même si tel ou tel polluant introduit dans le biotope considéré n'est pas toxique pour la majorité des groupes taxonomiques constituant la biocœnose.

En définitive, il apparaît indispensable de replacer dans son contexte écologique toute investigation relative aux conséquences biologiques des pollutions.

Le besoin apparaît, de plus en plus pressant, d'une synthèse faite à partir des travaux conduits au cours des vingt dernières années sur les problèmes de contamination de l'environnement et de les regrouper au sein d'une nouvelle spécialité : l'écotoxicologie.

Celle-ci peut se définir de façon sommaire comme la science dont l'objet est l'étude des modalités de contamination de l'environnement par les agents polluants naturels ou artificiels produits par l'activité humaine ainsi que de leurs mécanismes d'action et de leurs effets sur l'ensemble des êtres vivants qui peuplent la biosphère.

Comme la plupart des autres sciences, l'Écotoxicologie comporte des aspects fondamentaux et aussi de vastes domaines d'application. Elle permet d'évaluer l'importance des atteintes subies par les divers écosystèmes à la suite de leur contamination et aussi de prévoir, dans une certaine mesure, les conséquences futures que l'on peut attendre de la libération d'un polluant déterminé.

La pollution de la biosphère par la civilisation technologique ne porte pas seulement atteinte à la pérennité des espèces animales ou végétales qui la peuplent. Elle compromet aussi l'avenir de l'humanité en dilapidant des ressources naturelles irremplaçables, en particulier celles qui conditionnent la productivité agricole des divers écosystèmes continentaux. D'autre part, la dispersion de substances toxiques dans le milieu naturel conduit à une contamination d'autant plus dangereuse des chaînes trophiques humaines que notre espèce est située dans tous les cas au sommet de la pyramide écologique.

Le comportement irréfléchi de l'humanité, qui consiste en le rejet de tous les résidus de son activité dans l'environnement, l'expose à une espèce « d'effet boomerang » par le jeu des chaînes alimentaires.

La pollution des océans ou de l'atmosphère présente des effets néfastes non seulement de façon directe, par suite de l'exposition de l'homme à ces milieux contaminés, mais aussi de façon plus pernicieuse à cause de la contamination des réseaux trophiques. Celle-ci a d'ailleurs déjà provoqué des accidents dramatiques, telle la célèbre maladie de Minamata au Japon.

En définitive, l'écotoxicologie exige pour sa bonne compréhension une connaissance approfondie des notions fondamentales propres à l'écologie ainsi que des principaux mécanismes physiologiques par lesquels agissent les polluants. De plus, toute approche rationnelle de cette discipline nécessite l'examen successif des effets des toxiques aux niveaux écophysiologique (celui de l'individu), démoécologique (celui de la population) enfin synécologique (celui de l'écosystème). Cette démarche constituera le cheminement fondamental adopté dans cet ouvrage.

CHAPITRE PREMIER

LA NOTION DE TOXIQUE ET SES IMPLICATIONS ÉCOLOGIQUES

A. — TOXIQUES ET TOXICOLOGIE

La notion de toxique, *a priori* familière, recouvre en réalité des acceptions fort diverses. Pour le profane, toxique est synonyme de poison. En fait, le champ d'application de l'écotoxicologie déborde largement le seul domaine de l'étude des poisons c'est-à-dire des substances chimiques douées d'une forte toxicité pour les Mammifères et l'homme. Nous prendrons de ce terme une définition très large dans ce qui suit et nous qualifierons ainsi tout facteur physique (chaleur, radiations), chimique ou biologique créant une source de pollution potentielle.

Si le lecteur de cet ouvrage est familiarisé avec les notions de base d'écologie, il l'est probablement beaucoup moins avec celles propres à la toxicologie qui est le fait d'une spécialisation plus étroite.

La Toxicologie a pour objet d'étudier les divers problèmes propres aux toxiques tant sur le plan analytique, qu'au point de vue physiologique et biochimique. Cette science est à la fois descriptive et explicative dans la mesure où elle cherche à préciser les mécanismes d'action des poisons. Toute recherche par voie analytique des substances chimiques nocives présentes dans divers milieux où à l'intérieur d'organismes vivants se rapporte à cette discipline. Mais le terme de toxicologie désigne aussi l'ensemble des investigations destinées à évaluer la toxicité des polluants sur les espèces vivantes. Truhaut (1974) définit la toxicologie comme « la discipline qui étudie les substances toxiques ou poisons c'est-à-dire les substances qui provoquent des altérations ou des perturbations des fonctions de l'organisme conduisant à des effets nocifs dont le plus grave, de toute évidence, est la mort de l'organisme en question ».

D'autres auteurs délimitent de façon beaucoup plus restrictive le champ d'action de la toxicologie. Ainsi, O'Brien (1967) réserve l'usage de ce terme à l'étude des « mécanismes par lesquels les substances toxiques exercent leurs effets ».

Sans aller jusqu'à faire nôtre la définition de O'Brien, nous considérons que les aspects analytiques de la toxicologie et même les évaluations d'effets toxiques immédiats constituent des moyens techniques d'approche de cette discipline, indispensables certes, mais que l'on ne saurait identifier à la partie la plus authentique de cette dernière, qui réside à l'étude des mécanismes d'action des toxiques à l'échelle moléculaire, cellulaire et à celle des organismes tout entiers.

De même, la partie la plus spécifique de l'écotoxicologie se rapporte à l'étude des modalités par lesquelles les agents polluants perturbent les populations et les communautés et non point seulement à la détection des traces de telle ou telle substance contaminant un milieu donné.

Jusqu'à une époque assez récente, la toxicologie s'est quasi exclusivement intéressée aux substances très nocives, dont le domaine d'activité est situé au-dessous de concentrations inférieures, disons à 25 mg/kg d'organisme vivant (poids frais). Toutefois, la nocivité de certains composés non seulement inoffensifs mais encore nécessaires pour les êtres vivants aux taux usuels auxquels ils se rencontrent dans la biosphère, était connue de fort longue date. Le gaz carbonique, l'oxygène, le chlorure de sodium par exemple, peuvent provoquer de graves désordres à partir de certaines concentrations tant chez les autotrophes que chez les hétérotrophes. Ces faits justifient l'antique adage de Paracelse « *sola dosis fecit venenum* ». Il n'empêche qu'il a fallu attendre le lendemain de la seconde guerre mondiale pour que le toxicologue soit conduit, par suite de la prolifération des produits organiques de synthèse et d'autres agents polluants de nature variée, à s'intéresser sérieusement aux substances réputées non toxiques voire à celles dont les potentialités de nocivité paraissaient dérisoires *a priori*.

I. – MODES DE PÉNÉTRATION DES TOXIQUES DANS L'ORGANISME

Il existe de nos jours une multitude de composés nocifs dans les sols, l'air, les eaux et les aliments. Si dans la majorité des cas, cette contamination du milieu ambiant ou celle de la nourriture des animaux domestiques et de l'homme demeure involontaire, il en existe bien d'autres où celle-ci est quasiment délibérée : usage de pesticides ou de certains additifs alimentaires par exemple.

Il est classique, en toxicologie, de distinguer trois voies d'absorption (ou trois modes de contamination) :

1) La voie respiratoire — c'est le mode prépondérant de contamination par les polluants atmosphériques.

2) La voie transtégumentaire.

3) La voie trophique (absorption radiculaire chez les plantes, ou digestive chez les animaux).

Dans le règne animal, au premier mode de pénétration correspond une forme de toxicité dite par inhalation, au second elle est dite percutanée, et par ingestion (ou par voie orale = *per os*) pour le troisième.

De la même façon, les végétaux sont exposés à ces trois formes de contamination, par diffusion directe au travers du parenchyme foliaire de gaz toxiques ou par respiration stomatique, par contact avec les parties aériennes ou par absorption radiculaire dans les cas de pollution des sols.

Chez les organismes aquatiques, on ne peut en revanche séparer les voies de pénétration tégumentaires de celle par ingestion car elles se produisent *ipso facto* simultanément.

II. – LES DIVERSES MANIFESTATIONS DE LA TOXICITÉ ET LEUR ÉVALUATION

1º *Manifestation de la toxicité*

Pour une même substance toxique, les êtres vivants peuvent présenter des troubles physiologiques variés selon les quantités absorbées et la durée de l'exposition.

La toxicité aiguë — Elle représente la manifestation la plus spectaculaire de la nocivité d'un poison. Ce fait, qui conduit le profane à considérer comme vénéneuse toute substance qui tue violemment, se traduit par la mort rapide de l'individu ou des populations contaminées.

La toxicité aiguë peut donc se définir comme celle qui provoque la mort ou de très graves troubles physiologiques après un court délai suivant l'absorption par voie transtégumentaire, pulmonaire ou buccale — en une fois ou en plusieurs répétitions — d'une dose assez importante d'un composé nocif.

L'inhalation d'oxyde de carbone, l'absorption de Parathion ou de cyanure à des doses faibles en valeur absolue (une dizaine de ppm) illustrent bien l'aspect spectaculaire de cette forme de toxicité.

La toxicité subaiguë. diffère de la précédente par le fait qu'une proportion significative de la population peut survivre à l'intoxication, bien que tous les individus aient présenté des signes cliniques découlant de l'absorption du toxique.

La toxicité à long terme — Le champ même d'investigation de l'écotoxicologie concerne plus particulièrement les effets toxiques produits non pas par l'absorption en une brève période de doses assez fortes, mais au contraire, de l'exposition à de très faibles concentrations, parfois même à des doses infimes, à des substances polluantes dont la répétition d'effets cumulatifs finit par provoquer des troubles beaucoup plus insidieux.

Comme le souligne Truhaut (1974), le terme d'« intoxication chronique » souvent utilisé pour qualifier ce genre d'effets est impropre : une lésion irréversible et par conséquent chronique peut en réalité découler d'un phénomène initial de toxicité aiguë.

2º *Évaluation de la toxicité d'une substance*

Les tests toxicologiques. — Ils ont pour objet d'évaluer le degré de sensibilité (ou de résistance) à telle ou telle substance nocive chez diverses espèces animales ou végétales. En pratique, on cherche à déterminer les différentes formes de toxicité : par inhalation, par contact ou par ingestion. On fait le plus souvent usage en toxicologie animale des méthodes d'injection sous-cutanée ou intrapéritonéales qui permettent un contrôle plus rigoureux des quantités administrées.

La détermination du potentiel toxique d'une substance, qu'il s'agisse d'effets aigus ou à long terme, consiste à évaluer divers paramètres qui caractérisent son action non pas au niveau de l'individu isolé mais à celui d'une population.

La principale conséquence d'une intoxication : la mort des organismes contaminés, ne peut en effet s'évaluer que par un taux (ou coefficient) de mortalité qui n'est pas un caractère individuel mais au contraire particulier à l'ensemble de la population. C'est donc un critère *démoécologique*.

L'estimation de la mortalité provoquée par un composé toxique dans des conditions expérimentales bien standardisées, sur un échantillon de population d'une espèce de référence permet l'évaluation des diverses formes de toxicité d'une substance considérée.

De façon générale, trois précautions essentielles doivent être prises dans tout essai toxicologique :

1° Rassembler un échantillon aussi homogène que possible de l'espèce testée par sélection d'individus du même sexe, du même âge et de même poids.

2° Utiliser une technique d'administration du toxique qui assure une normalisation des conditions expérimentales pendant toute la durée du test.

3° Recueillir avec discernement les données numériques des expériences et les analyser avec une méthode statistique appropriée.

Principaux paramètres toxicologiques et leur détermination. — Le but des tests toxicologiques est de calculer les principaux paramètres qui caractérisent la toxicité aiguë ou à long terme de tout composé présumé nocif.

a) **Méthode de détermination.** — Deux méthodes peuvent être utilisées dans ce but :

La première consiste à déterminer la mortalité y après un temps constant (24 h ou 3 mois par exemple) en fonction de doses croissantes de toxique : x_1, x_2, x_3 ... x_n. Cela permet d'établir la courbe représentative de la fonction $y = f(x)$. On calculera par la suite les diverses constantes caractéristiques du composé étudié.

La plus importante de ces constantes déterminable par la pratique de tests mortalité-dose est la DL 50 (= Dose létale moyenne), encore dénommée Dose létale 50 %. Dans le cas de composés volatils (concentrations variables dans l'air), ou de composés testés sur des organismes aquatiques, la pratique de ces tests mortalité-concentration permet la détermination de la CL 50 (concentration létale moyenne), valeur théorique, comme la DL 50, provoquant 50 % de mortalité dans la population étudiée.

On parle aussi de CL 50 dans les tests de composés agissant par contact. On exprime alors la concentration par unité de surface et non de volume (cas d'une substance dispersée par exemple sur le feuillage d'un végétal).

La mortalité peut être difficile à apprécier avec certaines substances et chez certaines espèces d'invertébrés. Dans ces cas, on se réfère à un autre paramètre qui n'est plus la dose létale mais la concentration d'immobilisation (IC).

L'IC 50 correspond par exemple à la concentration qui inhibe la motricité dans 50 % de la population testée. Ce paramètre est très employé dans les tests d'organismes aquatiques. Une variante très utilisée dans les tests insecticides est fondée sur l'appréciation du « knock-down ». Ce phénomène se caractérise par l'apparition d'une incoordination motrice consécutive à l'intoxication, avec incapacité de vol, chez les insectes intoxiqués, lesquels, atteints d'ataxie locomotrice, gisent sur le dos. Cet état de « knock-down » permet de définir une k.d. 50.

Corrélativement, les tests mortalité - dose permettent aussi le calcul de la DL 10 qui marque la limite entre les toxicités aiguës et subaiguës (mortalité inférieure à 10 %) et de la DL 90, dont l'intérêt pratique est évident dans la recherche intentionnelle de la toxicité (« screening » de pesticides par exemple).

DL 50 et CL 50 s'évaluent en général après 24 h ou 48 h d'exposition dans les tests de toxicité aiguë, dans certains cas, après 96 h.

Une seconde méthode de test consiste à déterminer les mortalités consécutives à l'application d'une dose constante en fonction de temps croissants $t_1, t_2, t_3 ... t_n$ ce qui conduit à établir la relation $y = f(t)$. Il est ensuite possible de calculer à partir de cette dernière le temps létal moyen (TL 50), temps théorique après lequel doivent périr 50 % des individus exposés à une dose (ou une concentration) déterminée.

La valeur absolue des paramètres précédents peut beaucoup varier d'une espèce à l'autre selon les conditions d'exposition qui caractérisent le type de test choisi. Quoi qu'il en soit, ces tests conduisent à l'obtention d'une série de valeurs expérimentales qui traduisent les relations mortalité - dose ou mortalité - temps.

b) **La transformation du probit.** — Les valeurs numériques obtenues permettent de tracer empiriquement les diagrammes approchés à partir desquels on cherche à définir la relation entre E (y), espérance mathématique du taux de mortalité, la dose x (à temps constant) ou le temps t (à dose constante).

Les diagrammes empiriques ne permettraient pas, si ce n'est avec une forte erreur, de tirer des conclusions valables sur le plan quantitatif, ou d'effectuer une comparaison entre les diverses expériences. L'exploitation correcte des résultats exige le recours à une méthode statistique appropriée, qui permet d'une part de tracer la courbe la plus vraisemblable à partir des données numériques expérimentales et d'autre part d'évaluer le degré de signification du test. Cela peut se réaliser par l'usage de la *transformation de probit*.

L'emploi de cette méthode statistique en toxicologie fut introduit par Gaddum (1933) et Bliss (1935). Ultérieurement, Sheppard (1947) puis Hoskins (1957-60) l'ont adaptée aux tests de pesticides.

Cette transformation a pour objet de pallier le fait que la représentation directe, en échelle arithmétique, des pourcentages de mortalité y_i en ordonnée et des doses x_i en abscisse, conduit à des courbes de type sigmoïde, d'une manipulation difficile, qui se prêtent mal à l'estimation de la DL 50.

On a donc recherché des transformations de variable et de fonction $z = g(y)$ et $u = h(x)$ telles que $z = k(u)$ soit une fonction dont la courbe représentative soit la plus simple possible, au mieux une droite.

c) **Principe de la transformation de probit.** — La transformation de probit est fondée sur l'hypothèse que si l'on considère une population assez grande et homogène, la fréquence des doses létales minimales individuelles (c'est-à-dire de la plus faible dose capable de tuer chaque individu pris isolément, donc variable d'un individu à l'autre) est répartie sur une courbe de densité de variable normale bien connue des biologistes sous le nom de courbe en cloche de Gauss (fig. I-1). Cela peut s'exprimer en écrivant que l'espérance mathématique de la proportion de morts $E(y)$ et la dose x sont reliées par la relation :

$$x \to E(y) = \pi \frac{(x - \mu)}{\sigma} \quad (1)$$

où π est la fonction de répartition de la loi normale réduite.

La courbe représentative des points x, $E(y)$ est appelée une sigmoïde.

Si nous remplaçons $E(y)$ par la variable z définie par $\pi(z) = E(y)$ nous pourrons écrire :

$$x \to E(y) = \pi \frac{(x - \mu)}{\sigma} = \pi(z) \quad (2)$$

Comme la fonction π est strictement croissante et ne prend donc pas deux fois la même valeur, nous avons :

$$z = \frac{x - \mu}{\sigma} \quad (3)$$

FIG. I-1. — *Principes de la transformation de probit.* La figure A représente la courbe de répartition des doses létales individuelles, la figure B le double changement de variable et de fonction qui permet de transformer la courbe de répartition des proportions de morts (ou des pourcentages de mortalité) qui est une sigmoïde en une droite *ld-p*. L'expérience montre qu'en faisant le changement de variable $u = h(x)$ où u est la fonction logarithme, les fréquences des doses létales individuelles sont réparties sur une courbe de densité de variable normale (bien connue des biologistes sous le nom de courbe de Gauss). Pour chaque dose expérimentale x_k correspond un point de cette courbe normale d'abscisse y_k tel qu'une parallèle à l'axe des y menée par ce point, la courbe et l'axe des abscisses délimite une aire qui représente la proportion de morts observée, intégrale de la courbe normale entre $-\infty$ et α_k. La surface totale comprise entre la courbe et l'axe des abscisses représente l'effectif complet de la population. Cette surface n'est autre que la valeur de la fonction dont la courbe représentative est une sigmoïde. Le probit correspondant à la proportion de morts observée, y_k a pour valeur $z = \alpha_k + 5$, Bliss ayant ajouté 5 aux écarts normaux pour éviter les signes négatifs pour les pourcentages de mortalité inférieurs à 50 p. 100. z correspond en quelque sorte à une dose théorique supposée provoquer dans la population la proportion de morts y_k identique à celle déterminée par la dose x_k réellement employée. L'exemple numérique choisi pour illustrer cette figure est celui d'un test pratiqué sur une souche de mouches domestiques. La dose de 0,05 µg d'un insecticide, le lindane, a provoqué la mort de 43 mouches sur 60 individus traités, soit 71,7 p. 100 de mortalité (ou une proportion de morts de 0,717). Cette proportion correspond à la surface non hachurée comprise entre la courbe normale et l'axe des x, délimitée par une parallèle à l'axe des y menée par un point d'abscisse $z = 5{,}573$, probit correspondant au pourcentage de mortalité observée. La flèche reliant ce point de la figure *B* symbolise la transformation de probit. En effet, la valeur $z = 5{,}573$ va être portée en ordonnée de la courbe transformée à la place du pourcentage de mortalité tandis qu'en abscisse la dose sera remplacée par son logarithme (0,6988, la dose ayant été multipliée par 100 pour éviter une caractéristique négative). (D'après F. RAMADE, 1967.)

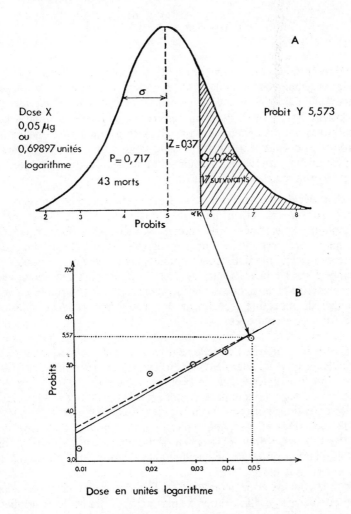

De nombreuses études ont permis de vérifier que les substances toxiques conduisaient après transformation de probit à des relations $z = k(u)$ linéaires, dans lesquelles u est une fonction de x (fig. I-1).

La théorie de la régression linéaire permet alors de déterminer la droite qui s'ajuste le mieux avec les points de coordonnées (μ_i, z_i).

Pour éviter les signes négatifs pour les proportions de morts inférieures à 0,5 Bliss a ajouté 5 aux écarts normaux de la variable normale réduite. Dans ces conditions, les probits inférieurs à 5 correspondent à une mortalité plus faible que 50 %.

Une difficulté supplémentaire est survenue en toxicologie par suite du fait que les doses létales individuelles ne suivent pas une loi normale. Des études antérieures ont en revanche montré que la variable $u = h(x)$ où h est la fonction logarithme conduit à la relation

$$u \to E(y) = \pi \frac{(x - \mu)}{\sigma} \qquad (4)$$

La représentation graphique des tests toxicologiques implique donc un double changement de variable et de fonction, le temps ou les doses étant remplacés par leur logarithme et les proportions de morts par leur probit.

On obtient de la sorte des fonctions $u \to z$ linéaires dont les droites représentatives ont été dénommées par Hoskins droites ld-p (logarithme de la dose-probit) et droites lt-p (logarithme du temps - probit), qui permettent de calculer les divers paramètres caractérisant l'action d'un toxique sur n'importe quelle espèce animale ou végétale.

d) **Calcul des droites ld-p et lt-p.** — Les techniques de la régression linéaire permettent de tracer la droite qui s'ajuste au mieux avec les points expérimentaux transformés et de calculer son équation. Remarquons que la nature même des tests toxicologiques permet de se placer dans un type d'analyse de régression relativement simple, puisque une des variables, la dose ou le temps étant supposés contrôlés dans l'expérience, perd son caractère de variable aléatoire si bien que seule la régression de la variable aléatoire (le pourcentage de mortalité transformé en probit) par rapport à la variable contrôlée doit être envisagée.

Dans le cas général d'une régression linéaire, on démontre que le coefficient de régression by/x se calcule facilement (1) à partir des n couples de valeurs expérimentales, mais ici intervient une difficulté supplémentaire due à ce que la variance d'un probit dépend de la proportion de morts.

On conçoit donc qu'il s'impose de pondérer les probits dans le calcul de la droite de régression, puisque l'erreur qui les affecte est minimale pour $y = 5$ (50 % de mortalité) et s'accroît symétriquement quand n s'écarte de cette valeur. Par ailleurs, il faut logiquement s'attendre à ce que l'estimation d'un probit soit d'autant plus valable que le nombre d'individus testés pour la dose considérée est plus élevé.

Toutes ces considérations conduisent à faire intervenir un probit auxiliaire y_w et un coefficient de pondération w par lequel il faudra le multiplier, pour calculer les paramètres caractéristiques de la droite de régression.

La théorie du maximum de vraisemblance de Fisher permet de démontrer que le probit auxiliaire y_w est lié au probit Y, que l'on déduit directement des proportions de morts expérimentales par les expressions :

$$y_w = Y + \frac{Q}{Z} - \frac{s}{n} \times \frac{1}{Z} = Y + \frac{Q}{Z} - \frac{q}{Z} \qquad (4) \quad (\text{si } Y > 5)$$

---

(1) Cf. p.e. LAMOTTE M., *Initiation aux méthodes statistiques en biologie* Masson, 1962.

$$y_\text{w} = Y - \frac{P}{Z} + \frac{n-s}{n} \times \frac{1}{Z} = Y - \frac{P}{Z} + \frac{p}{Z} \quad (4') \quad (\text{si } Y < 5)$$

Dans ces relations, P et Q sont les probabilités de mort et de survie pour les doses testées correspondant au probit Y, et Z l'ordonnée du point de la courbe correspondant au probit Y, p et q les proportions de morts et de survivants réellement observées pour cette dose avec s survivants pour n individus testés.

Il faut de plus affecter le probit auxiliaire, correspondant à chaque dose, d'un coefficient de pondération auquel la théorie donne la valeur :

$$W = N \frac{Z^2}{PQ}$$

Les paramètres y, Y, $Y + \frac{Q}{Z}$, $Y - \frac{P}{Z}$, $\frac{1}{Z}$ et $\frac{Z^2}{PQ}$ se trouvent directement dans les tables de Fisher et Yates (tables IX-1 et 2, p. 71, Oliver and Boyd ed., 1963).

La première de ces tables fournit les probits y, correspondant aux proportions de morts observées, et la seconde indique les autres paramètres à partir du probit théorique Y. Cependant, il faut au préalable — pour entrer dans la table IX-2 — déterminer à partir des points expérimentaux le probit théorique Y, lequel diffère du probit expérimental y. C'est pour cela que l'on trace une droite empirique à vue (ou droite provisoire) afin de posséder les hypothèses nécessaires pour entrer dans les tables de Fisher. Il suffit pour cela de lire directement sur cette droite, par une évaluation graphique, les valeurs (à vue) correspondant à chaque dose (fig. I-2).

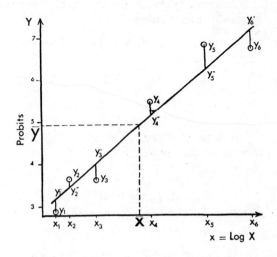

Fig. I-2. — *Tracé à vue de la droite de régression empirique dans le traitement des données expérimentales fournies par un test de toxiques par la méthode des probits*. La meilleure droite à vue est celle pour laquelle la somme des écarts des points situés au-dessous de la droite est égale à celle des écarts des points situés au-dessus. La droite empirique passe obligatoirement par le point moyen de coordonnées (X, Y). (D'après F. Ramade, 1967.)

e) **Tracé de la droite de régression empirique.** — Il se réalise à partir des données expérimentales en déterminant à vue la droite qui semble s'ajuster au mieux avec les divers points du diagramme. Il est très important d'élaborer avec soin une telle droite car de son exactitude dépend la rapidité des calculs ultérieurs. Le tracé de cette droite s'obtient par la méthode des moindres carrés.

On calcule tout d'abord le point moyen de la droite de régression qui a pour coordonnées :

$$\bar{X} = \frac{\Sigma x_k}{n} \quad \text{et} \quad \bar{Y} = \frac{\Sigma y_k}{n}$$

où n est le nombre de couples de valeurs. On fait ensuite pivoter une règle autour de ce point jusqu'à ce que la somme des écarts des points expérimentaux situés au-dessus et au-dessous de celle-ci satisfassent à la condition :

$$\Sigma \overline{yy'} = \Sigma \overline{yy''}$$

On lit ensuite à vue le probit théorique correspondant à chaque dose.

L'équation de la droite de régression théorique se calcule slon les mêmes principes que les régressions linéaires en pondérant chaque fois d'un coefficient w (ce qui est l'équivalent de l'observer w fois, chaque observation ayant un poids unitaire). De cette façon, les coordonnées du point moyen deviennent :

$$\begin{cases} \hat{y}_w = \dfrac{\Sigma(wy_w)}{\Sigma w} \\ \\ \hat{x} = \dfrac{\Sigma(wx)}{\Sigma w} \end{cases} \quad (6)$$

L'équation de la droite de régression a pour expression, par analogie avec la régression non pondérée,

$$Y = \hat{y}_w + b\,(x - \hat{x}) \quad (7)$$

où

$$b = \frac{\Sigma\,[wy_w\,(x - \hat{x})]}{\Sigma\,[w\,(x - \hat{x})^2]} \quad (8)$$

Les sommes de carrés et de produits se calculent plus rapidement si on transforme leur expression :

$$\Sigma\,[w\,(x - \hat{x})^2] = \Sigma(wx^2) - \frac{\Sigma^2(wx)}{\Sigma w} \quad (9)$$

de même

$$\Sigma\,[w\,(y_w - \hat{y}_w)^2] = \Sigma(wy_w^2) - \frac{\Sigma^2(wy_w)}{\Sigma w} \quad (9')$$

et
$$\Sigma\,[wy_w\,(x - \hat{x})] = \Sigma(wxy_w) - \frac{\Sigma(wx)\,\Sigma(wy_w)}{\Sigma w} \quad (9'')$$

L'équation de la droite de régression établie, il faut rechercher si elle représente bien les données. Pour cela, on doit comparer les expressions :
$\Sigma\,[w\,(y_w - \hat{y}_w)^2]$ (8') somme des carrés des écarts des probits avec la moyenne théorique
et
$$\frac{\Sigma^2 wy_w\,(x - \hat{x})}{\Sigma\,[w\,(x - \hat{x})^2]} \quad (10)$$

quantité dont est réduite la somme des carrés de yw.

On démontre que ces expressions, de même que leur différence ou résidu, sont des χ^2. La droite trouvée est d'autant plus précise que la différence entre les expressions (8') et (10) est faible. En principe, cette différence, ou χ^2 d'erreur (résidu) possède n degrés de liberté où $n = N-2$ avec N = nombre de doses testées, et en vérifiant la probabilité correspondante dans la table de χ^2.

Notons cependant que dans la pratique des tests toxicologiques, un χ^2 élevé ne conduit pas au rejet de la droite calculée, si, en partant de nouvelles hypothèses, on n'arrive pas par un second puis un troisième calcul à des résidus plus réduits. Dans ces cas-là, cela montre tout simplement que la population présente une hétérogénéité, due soit à des variations aléatoires (taille, âge ou sexe) ou à la présence simultanée d'individus sensibles et résistants au toxique.

f) **Calcul de la DL 50 et de l'écart type.** — A la dose provoquant 50 % de mortalité correspond un probit $Y = 5$.

On déduit facilement de l'équation (7)
$$\text{Log DL50} = \hat{x} + \frac{5 - y_w}{b}$$

La théorie de Fisher sur l'estimation et le maximum de vraisemblance montre que la quantité d'information (Ix pour les doses) est une grandeur variant en sens inverse de la variance.

Ainsi, dans une droite de régression pondérée :
$$I_x = I_y \left(\frac{dy}{dx}\right)^2 \quad \text{et} \quad V_x = V_y \left(\frac{dx}{dy}\right)^2 \quad (12) \text{ et } (12')$$

comme $\frac{dy}{dx}$ n'est autre chose que b, pente de la droite de régression, $V_x = \frac{1}{b^2} V_y$ qui exprime la variation du probit en fonction de la dose.

En remplaçant V_y dans son expression, on en déduit :
$$V_x = \frac{1}{b^2}\left[\frac{1}{\Sigma w} + \frac{(x - \hat{x})^2}{\Sigma\,[w\,(x - \hat{x})^2]}\right] \quad (13)$$

d'où la variance de la DL 50

$$V_{DL50} = \frac{1}{b^2} \left[\frac{1}{\Sigma w} + \frac{(\text{Log DL50} - \hat{x})^2}{\Sigma [\dot{w}(x-\hat{x})^2]} \right] \quad (14)$$

d'où l'écart type sur la DL 50

$$\sigma_{DL50} = \sqrt{V_{DL50}} \quad (15)$$

III. — PRINCIPAUX TYPES D'EFFETS PHYSIOTOXICOLOGIQUES

Les modalités d'action des substances toxiques sur les êtres vivants peuvent se répartir en deux groupes :
1) Un premier groupe correspond aux *effets somatiques*, c'est-à-dire à ceux qui affectent une ou plusieurs fonctions de la vie végétative ou de relation — qu'ils ressortent de la toxicité aiguë, chronique ou à long terme.
2) Les *effets germinaux* concernent toute perturbation des fonctions reproductrices des individus intoxiqués ou toute action affectant l'intégrité physique de leur descendance au travers d'effets tératogènes ou mutagènes.

L'action des toxiques peut se traduire par une grande diversité de conséquences physiotoxicologiques. Toutefois, les phénomènes d'intoxication susceptibles de provoquer une mort rapide sont en général le fait de poisons du système nerveux (composés anticholinestérasiques par exemple) ou d'inhibiteurs de la respiration cellulaire.

1º *Principales altérations somatiques*

Malgré la grande diversité des perturbations physiologiques provoquées par les toxiques, on peut distinguer un certain nombre d'actions physiotoxicologiques prédominantes.

La neurotoxicité. — Elle représente incontestablement la forme la plus spectaculaire d'empoisonnement. C'est d'elle que ressortent la majorité des cas d'intoxication aiguë. Les plus puissants gaz de combat (Sarin, Taboun, Soman, Vx, etc.) sont des agents neurotoxiques, de même d'ailleurs que la célèbre toxine botulique, extraite de *Clostridium botulinum*.

La raison essentielle de la très haute sensibilité des animaux aux neurotoxiques tient au rôle essentiel dévolu au système nerveux dans le contrôle de diverses fonctions végétatives. De plus, les cellules nerveuses présentent une hypersensibilité à tout blocage, même bref de leur métabolisme, lequel induit des lésions irréversibles.

La mort de l'individu résulte souvent en dernière analyse de lésions nerveuses même dans le cas de poisons dont les effets primaires s'exercent sur d'autres organes. Ainsi, des cardiotoxiques comme l'atropine, ou des substances qui affectent la fonction respiratoire (oxyde de carbone, cyanures), provoquent la mort par anoxie des neurones dont les exigences en oxygène sont très élevées d'où lésions cérébrales irréversibles.

Une bonne compréhension des phénomènes de neurotoxicité exige évidemment une connaissance approfondie de la physiologie nerveuse normale.

a) La conduction nerveuse. — La conduction nerveuse implique l'existence de deux phénomènes distincts — le transfert de l'information sous forme d'influx le long d'une cellule spécialisée, le neurone (conduction dite axonique) et le transfert de l'information d'une cellule nerveuse à la suivante au niveau de zones de contact particulières, les synapses (conduction dite synaptique).

L'influx nerveux consiste en une onde de dépolarisation se propageant de façon univoque, dénommée potentiel d'action. Ce phénomène transitoire, qui implique une période de restauration, résulte d'une modification de l'équilibre tonique existant entre les compartiments intra et extra-axoniques.

La conduction axonique résulte de l'existence de processus de transport actif d'ions au travers du neurilemme. Quand une onde de dépolarisation a parcouru tout un neurone, elle arrive dans la région synaptique où elle peut induire la décharge dans l'intervalle synaptique d'une substance particulière (médiateur de la conduction nerveuse, encore dénommé neurotransmetteur) si le potentiel d'action atteint une valeur suffisante. Cette substance modifiera transitoirement la perméabilité aux ions de la membrane postsynaptique, induisant de ce fait la genèse d'un nouveau potentiel d'action dans le neurone suivant.

Dans le cas des neurones effecteurs (c'est-à-dire des neurones ayant une action de commande sur tel ou tel organe), il peut y avoir contact synaptique du type axone-muscle ou axone-glande sécrétrice.

Les principaux médiateurs chimiques de la conduction nerveuse sont l'acétylcholine, diverses catécholamines (noradrénaline, adrénaline, dopamine par exemple) et la 5 hydroxytryptamine (sérotonine).

Les neurones du premier type sont dits cholinergiques, ceux du second adrénergiques (*sensu lato*), les derniers tryptaminergiques.

La conduction synaptique implique l'existence de systèmes enzymatiques capables d'inactiver rapidement le médiateur libéré dans l'intervalle synap-

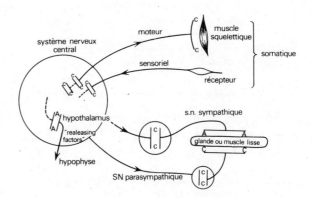

Fig. I-3. — *Schéma général d'organisation du système nerveux des Vertébrés montrant les principales localisations des synapses cholinergiques et adrénergiques.*
C = cholinergique,
A = adrénergique.

tique aussitôt après son émission. Par défaut, il s'établirait un blocage de la synapse par véritable court-circuit électrochimique.

L'inactivation des neurotransmetteurs est le fait d'enzymes spécialisées (acétylcholinestérase, monoamine oxydase par exemple) associées aux membranes synaptiques. Cependant, d'autres processus d'inactivation semblent intervenir dans le cas des synapses adrénergiques.

b) **L'action des toxiques neurotropes.** — Un grand nombre d'agents neurotoxiques agissent par blocage de la conduction axonique. Tel est le cas du DDT, cet insecticide de contact dont le mode d'action au niveau cellulaire est longtemps resté incompris. Le DDT perturbe le transfert de l'influx nerveux par inhibition des AT Pases K + et Ca ++ lesquelles contrôlent le transport actif des ions au travers du neurilemme.

Diverses toxines naturelles comme la tétrodotoxine ou le venin de la veuve noire (*Lathrodectes 4-guttatus*) provoquent une paralysie irréversible par perturbation du transfert des ions au niveau des membranes des neurones.

De très nombreux agents neurotoxiques bloquent la transmission synaptique au niveau des synapses cholinergiques. Les insecticides organophospho-

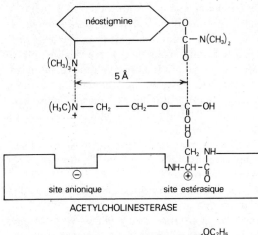

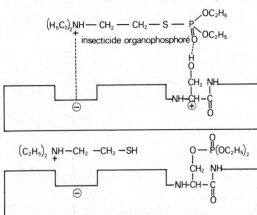

Inhibition irréversible de l'ACHE

FIG. I-4. — *Mode d'action des toxiques anticholinestérasiques* (très schématisé).

Les deux sites actifs de l'acétylcholinestérase sont séparés par une distance de 5 Å. La même distance sépare le groupement ammonium quaternaire du carboxyle dans le substrat de cet enzyme, l'acétylcholine. Tous les inhibiteurs de l'Acétylcholinestérase possèdent également deux groupements électropositif et électronégatif séparés par une distance de 5 Å ce qui permet leur coaptation parfaite avec les sites anioniques et estérasiques de l'enzyme.

Dans le cas des inhibiteurs de compétition (néostigmine — un carbamate naturel — par exemple), la liaison est réversible après hydrolyse de celui-ci. Au contraire, avec un inhibiteur irréversible comme p. e. un insecticide organophosphoré, l'amiton (schéma du bas), le site estérasique est définitivement bloqué après rupture hydrolytique de l'inhibiteur.

rés — comme tous les esters phosphoriques de synthèse, sont de puissants inhibiteurs des acétylcholinestérases (1). Ils agissent en se fixant sur les sites actifs de l'enzyme de façon irréversible (fig. I-4). Divers carbamates naturels (Ésérine, Prostigmine) ou synthétiques (insecticides tels le Sevin ou le Baygon) se comportent comme des inhibiteurs de compétition des cholinestérases en se fixant sur les sites actifs de l'enzyme de façon réversible.

La plupart des poisons synaptiques agissent sur les jonctions cholinergiques. Cependant, la réponse des synapses cholinergiques n'est pas uniforme mais varie en fonction du toxique considéré.

Un premier groupe de synapses cholinergiques des vertébrés comprend celles des ganglions parasympathiques et les jonctions neuromusculaires. Celles-ci sont sensibles à la nicotine. Les troubles induits se caractérisent par la paralysie, la fasciculation (tremblements) des muscles striés et une stimulation des ganglions du système nerveux végétatif (syndrome nicotinique).

Un second groupe de synapses cholinergiques des vertébrés est sensible à la muscarine. Ces dernières sont situées dans le cortex cérébral et aussi au niveau des synapses périphériques du système nerveux parasympathique. Ces poisons qui agissent à ce niveau provoquent l'apparition d'un syndrome dit muscarinique caractérisé par des troubles psychiques (hallucinations), par un ralentissement du cœur, une contraction de la pupille, miction, hypersalivation, etc.

Les neurotoxiques des synapses cholinergiques sont dits de type nicotinique ou muscarinique selon la nature des troubles induits. Certains d'entre eux peuvent provoquer simultanément ces deux groupes de symptômes.

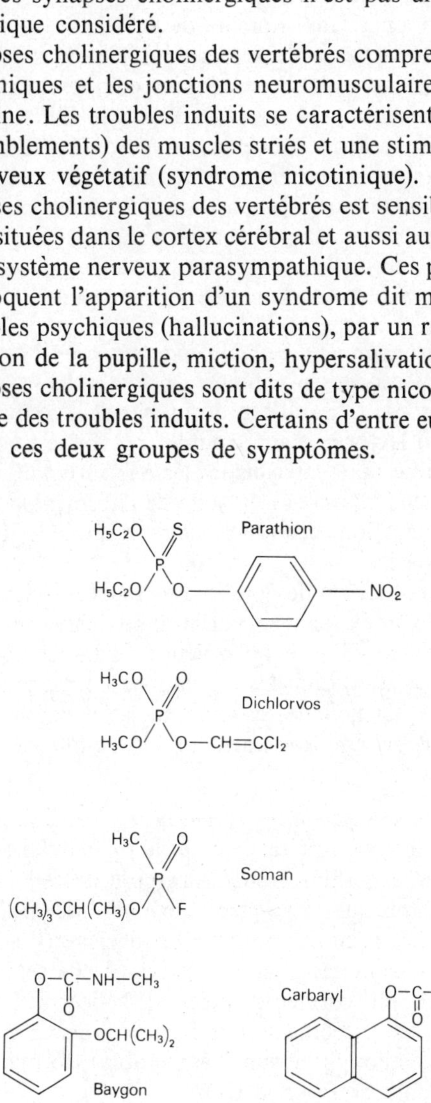

Fig. I-5. — *Divers agents anticholinestérasiques.* Le parathion et le Dichlorvos (connu vulgairement sous le nom de Vapona) sont des insecticides organophosphorés. Remarquer leur parenté structurale avec un puissant gaz de combat, le Soman. Le Baygon et le Carbaryl sont des N-méthylcarbamates insecticides, qui se comportent en inhibiteurs réversibles des Cholinestérases.

---

(1) C'est d'ailleurs dans cette catégorie de composés que se rangent les plus puissants gaz de combat connus : Soman, Taboun, Sarin, Vx, etc.

D'autres substances toxiques agissent électivement au niveau des neurones de type adrénergique et (ou) tryptaminergique. C'est le cas d'un grand nombre de drogues neurotropes comme les neuroleptiques (chlorpromazine pe), les psychodysleptiques (LSD 25), les amphétamines, etc. Toutes ces substances présentent des parentés structurales avec les médiateurs de ces groupes.

Par ailleurs, d'autres drogues neurotropes (Nialamide) et même certains insecticides (chlordimeform) perturbent la conduction adrénergique en inhibant la monoamine oxydase.

Enfin, un certain nombre de substances peuvent provoquer une dégénérescence du tissu nerveux lors d'intoxications chroniques ou à long terme.

Ainsi, l'absorption de certains composés organophosphorés comme le Tri-ortho-crésyl-phosphate (TOCP) ou le Di-isopropyl-fluoro-phosphate (DFP) provoque la dégénérescence nerveuse de certains vertébrés homéothermes par démyélinisation progressive des fibres axoniques.

Par ailleurs, on a pu observer des lésions cérébrales corticales, avec dégénérescence des perikarya chez des animaux de laboratoire nourris en permanence avec des aliments contaminés par des organomercuriels ou avec des insecticides organochlorés (Dieldrine par exemple).

Perturbation de l'équilibre endocrinien.– Par suite de l'importance des corrélations neuroendocriniennes, de nombreux toxiques du système nerveux agissent aussi sur l'équilibre hormonal de l'organisme.

Parmi les principaux troubles provoqués par des intoxications aiguës ou à long terme nous citerons les lésions surrénaliennes et les dysfonctionnements thyroïdiens observés à la suite de l'absorption de divers insecticides ainsi que les perturbations des fonctions reproductrices induites par les composés organohalogénés.

La stérilisation de nombreuses espèces aviennes en particulier de rapaces et d'oiseaux ichtyophages, par les insecticides organochlorés résulte de perturbations de l'équilibre endocrinien. La balance des hormones sexuelles est affectée. Cette altération des régulations hormonales provoque une diminution de l'activité des gonades et toute une série de phénomènes pathologiques connexes dont un amincissement de la coquille des œufs.

Lésion des fonctions respiratoires. – Certains poisons agissent de façon assez sélective, soit sur la respiration cellulaire, soit sur le poumon lui-même.

Parmi les inhibiteurs de la respiration cellulaire, nous citerons par exemple les cyanures qui provoquent une inhibition des cytochrome-oxydases ou divers composés arsénicaux comme la Lewisite ($ClCH = CHAs\ Cl_2$) qui inhibe la pyruvate oxydase. D'autres dérivés de l'arsenic interfèrent avec divers autres enzymes sulfhydrylés associés à l'hélice de Lynen ou au cycle de Krebs.

Chez les vertébrés, la fonction respiratoire peut être bloquée au niveau de la fixation de l'oxygène sur l'hémoglobine (formation de carboxyhémoglobine en cas de pollution par le CO).

Enfin, divers toxiques peuvent léser de façon plus ou moins irréversible les organes respiratoires lors d'intoxications aiguës ou par suite d'expositions à long terme.

En milieu industriel, de nombreux composés chimiques très réactifs peuvent

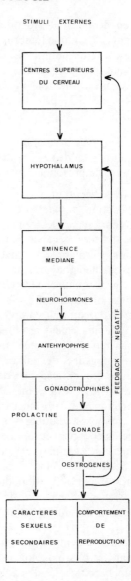

Fig. I-6. — *Schéma général des corrélations neuroendocriniennes chez les Vertébrés.* Les toxiques peuvent provoquer des perturbations endocriniennes par action sur le système nerveux central ou en modifiant la balance hormonale par action sur le métabolisme (feed-back négatif modifié). (D'après Peakall, 1970.)

détruire le parenchyme pulmonaire à la suite d'intoxications accidentelles ou d'exposition à long terme.

Toutefois, même des substances absorbées *per os* peuvent induire des lésions pulmonaires irréversibles. N'a-t-on pas signalé récemment de très curieux cas de fibrocytose pulmonaire provoqués par l'*ingestion* (et non l'inhalation) accidentelle d'un herbicide, le paraquat ?

Parmi les diverses altérations pernicieuses de la fonction respiratoire consécutives à l'absorption de micropolluants figure un problème récent et préoccupant, celui de l'asbestose. Cette maladie redoutable résulte de l'inhalation de particules d'amiante, matériau utilisé dans le bâtiment et la construction mécanique (embrayages, freins). Elle est traduite par l'apparition d'un mésothéliome pulmonaire irréversible et fatal.

Nous citerons aussi l'irrésistible ascension de la bronchite chronique, laquelle résulte avant tout de la pollution atmosphérique provoquée par le dégagement de SO_2 produit par la combustion des fuels domestiques et industriels.

Lésion d'organes détoxifiants. — Le foie et les reins, organes privilégiés de la détoxification, sont de ce fait particulièrement exposés à des lésions organiques graves lors d'empoisonnements aigus ou à long terme.

a) **Lésions hépatiques.** — Parmi les effets les plus connus figurent par exemple l'action hépatotoxique de la phalloïdine ou ceux des composés organomercuriels sur les reins.

Cependant, ces organes peuvent aussi subir de graves altérations lors d'expositions permanentes à divers micropolluants. Une des réactions les plus courantes des hépatocytes à la contamination permanente de l'organisme par tel ou tel agent toxique se traduit par une stéatose — surcharge cytoplasmique en vacuoles lipidiques. Celle-ci se manifeste lors de l'absorption de doses importantes de certains composés — la cirrhose éthylique en représente par exemple l'aboutissement terminal — mais aussi après exposition prolongée à divers micropolluants. Ainsi, une stéatose des hépatocytes peut apparaître chez des rongeurs de laboratoire nourris expérimentalement avec une alimentation contaminée par de faibles doses d'insecticides organochlorés, parfois inférieures à la ppm.

L'absorption de substances médicamenteuses, de polluants divers ou d'autres composés toxiques provoque une prolifération du reticulum endoplasmique avec pour corollaire des phénomènes d'induction enzymatique. Ces derniers se manifestent au niveau des microsomes hépatiques et sont associés de toute évidence à des réactions de détoxification des organismes contaminés. La prolifération du reticulum endoplasmique constitue un des premiers signes précurseurs de l'action physiotoxicologique provoquée par l'exposition à des micropolluants dont nous puissions disposer à l'heure actuelle.

L'induction enzymatique, qui lui est associée, a été découverte de façon fortuite par des pharmacologues, Hart, Shultice et Fout (1963) qui étudiaient l'effet d'un barbiturique, l'hexobarbital, sur le rat.

Ces chercheurs furent surpris de constater qu'une dose d'hexobarbital provoquant huit heures de sommeil consécutives chez leurs animaux d'expérience était soudain devenue inefficace. De minutieuses vérifications leur permirent d'identifier le seul élément perturbateur susceptible d'avoir modifié les conditions physiologiques de leurs sujets expérimentaux : la pulvérisation dans les cages d'élevage d'un insecticide, le chlordane, que l'on avait pratiquée afin de débarrasser les rats de leurs ectoparasites. Ce composé organo-chloré s'avérait donc *antagoniste* de la drogue étudiée, l'hexobarbital.

Ces auteurs purent alors démontrer que le chlordane exerçait cet effet en accélérant la synthèse d'enzymes localisée dans la fraction microsomale des cellules hépatiques. Les hydrolases et les oxydases ainsi produites au niveau de cette fraction cellulaire dégradent les barbituriques en dérivés inactifs, hydrosolubles, éliminés par voie urinaire.

En réalité, on sait aujourd'hui que cette réaction des hépatocytes aux toxiques est quasi générale. On a démontré que chez les insectes, ce sont les microsomes des adipocytes qui jouent un rôle homologue.

Les phénomènes d'induction enzymatique sont aussi provoqués par les composés carcinogènes. Dès 1956, Coney et coll. mettaient en évidence une augmentation de la synthèse de déméthylase dans les heures suivant l'administration *per os* ou par voie intrapéritonéale de 3-méthylcholanthrène, à des concentrations variant de 0,5 à 50 ppm. Ces auteurs purent aussi montrer que ce composé hautement carcinogène, stimulait également la synthèse d'autres enzymes associées aux microsomes hépatiques, du groupe des réductases.

b) **Lésions rénales.** — De nombreux agents toxiques provoquent l'apparition de lésions rénales, en particulier dans les syndromes résultant d'intoxications aiguës.

Cependant, beaucoup plus préoccupante est l'induction de nécroses rénales par diverses substances lors d'intoxications à long terme. Parmi les multiples exemples de tels effets, nous citerons ceux résultant de la prise continue de phénacétine, ce succédané de l'aspirine, dont l'usage se traduit à long terme par une nécrose rénale irréversible.

Les intoxications mercurielles sont aussi bien connues pour provoquer de graves néphrites. Il en est de même de divers pesticides. Ainsi, le morphamquat, un herbicide du groupe des Bipyridilium, détermine des altérations des glomérules de Malpighi et des canaux collecteurs des reins aussi bien dans les empoisonnements que dans les intoxications à long terme (Ferguson et coll., 1969). De même, le Diphényle, un fongicide utilisé pour préserver les agrumes des attaques de divers agents phytopathogènes lors du transport, s'est aussi révélé comme un agent nécrotique pour le rein.

2º *Principaux effets germinaux*

L'action des agents biocides chimiques ou physiques peut réduire les effectifs des populations exposées, non pas en provoquant la mort des individus contaminés mais en affectant leur potentiel biotique soit par stérilisation directe des adultes, soit au travers d'altérations tératologiques qui diminuent la viabilité ou la fécondité des jeunes issus de parents contaminés, soit encore par induction de mutations létales, source de létalité *in ovo* ou *in utero* et de mutations sublétales qui amoindrissent la descendance.

De nombreux agents toxiques physiques ou chimiques peuvent stériliser les êtres vivants.

L'action des radiations ionisantes est bien connue à cet égard. Elle résulterait d'une plus grande sensibilité des gamètes, cellules qui se divisent activement, aux rayonnements.

Action sur le potentiel biotique. — Toute une série de composés chimiques possède des propriétés stérilisantes. Tel est le cas de nombreux pesticides : les effets des insecticides organochlorés sur les fonctions reproductrices des oiseaux étaient mis en évidence dès 1956 par Genelly et Rudd.

On sait depuis lors que ces phénomènes résultent de l'action neurotrope de ces substances. Elles induisent des perturbations neuroendocriniennes qui retentissent sur les processus de maturation sexuelle. En outre, leurs effets toxiques déterminent aussi une accélération du métabolisme des hormones œstrogènes, d'où anomalie des feed-backs hormonaux. Kupfer (1909) a pu montrer par exemple que 25 ppm de DDT administrés à des rats accélèrent la dégradation de tous les stéroïdes et doublent en particulier la vitesse de catabolisation de la testostérone, du 17-β-œstradiol et de la progestérone.

Bien d'autres micropolluants agissent sur les fonctions reproductrices des vertébrés.

Particulièrement préoccupante est ainsi devenue la présence dans l'environnement de biphényles polychlorés, substances fort utilisées dans l'industrie des matières plastiques. Les biphényles polychlorés (ou BPC) provoquent diverses perturbations de la fonction ovarienne chez l'oiseau, à l'image de nombreux insecticides organochlorés. Celles-ci se traduisent par un amincissement de la coquille des œufs et par sa fragilisation corrélative (*vide* par exemple Anderson, Hickey, Risebourgh et coll., 1968).

Propriétés mutagènes. — D'autres agents polluants peuvent atténuer le potentiel biotique des animaux par des effets germinaux directs. Les radiations ionisantes figurent parmi les mieux connus des agents mutagènes. Certaines mutations létales consécutives à l'irradiation peuvent affecter les gamètes et modifier leur génome de sorte qu'ils conservent leur activité mais donneront des zygotes non viables car incapables d'effectuer correctement leur embryogenèse.

Des substances chimiques, dites radiomimétiques car elles agissent de façon similaire peuvent aussi produire de telles mutations. Nous citerons parmi ces dernières les chimiostérilisants du groupe de l'Aziridine : Apholate, Tepa, Métépa.

Tératogenèse des gonades. — Outre les effets tératogènes classiques, d'autres perturbations plus pernicieuses, provoquées par divers composés naturels ou synthétiques peuvent stériliser *in ovo* ou *in utero* la descendance d'individus contaminés. Il s'agit d'effets tératogènes qui se manifestent au niveau de la gonade embryonnaire.

Ainsi, Lutz et coll. (1969 et suiv.) ont pu montrer que divers insecticides (Aldrine, DDT, Parathion) et des herbicides (2, 4 D, Simazine, 2, 4, 5 T) induisaient chez les embryons de caille de poulet et de faisan de nombreuses anomalies du développement des glandes sexuelles dans les deux sexes.

Celles-ci se caractérisent par la présence de malformations de l'appareil reproducteur conduisant à l'apparition d'individus intersexués. Ces derniers sont porteurs de canaux de Müller non involués ou même intacts. De même, ces auteurs ont observé chez les embryons une atrophie du cortex ovarien avec absence de cordons de Pflüger, donc de gonocytes. L'étude *in vitro* de l'action de ces pesticides sur des cultures organotypiques de gonades embryonnaires confirme les résultats obtenus sur l'œuf entier (Didier, 1974).

B. – PROBLÈMES PATHOLOGIQUES PARTICULIERS A L'ÉCOTOXICOLOGIE

1º L'exposition permanente

Les recherches sur le mécanisme et les effets des intoxications aiguës, malgré tout leur intérêt physiologique, ne sont en général que d'une utilité limitée en écotoxicologie où l'on est conduit à examiner la plupart du temps les effets d'exposition *permanente* à de très faibles concentrations de substances présentes dans l'environnement.

Une difficulté supplémentaire, au point de vue méthodologique et expérimental, tient au fait que l'environnement de l'homme et de nombreux écosystèmes sont aujourd'hui contaminés de façon croissante par une multitude de micropolluants appartenant à des groupes chimiques très variés. Ces conditions s'écartent beaucoup de celles du laboratoire où le toxicologue travaille en règle générale sur des substances pures prises isolément.

Au contraire, le domaine le plus spécifique de l'écotoxicologie se rapporte à l'étude des conséquences pathologiques pour les êtres vivants de leur exposition simultanée à des micro-doses des toxiques variés qui contaminent l'environnement.

La mise en évidence de phénomènes de *synergisme* et d'*antagonisme* rend fort préoccupants ces problèmes à l'heure actuelle.

Le synergisme, connu de longue date, a parfois été mis à profit dans la mise au point de pesticides. L'action insecticide des Pyréthrines peut être exaltée d'un facteur dix si elles sont dopées par une masse égale de pipéronylbutoxyde, substance dont le pouvoir insecticide est lui-même très faible quand elle est prise isolément.

Malheureusement, les phénomènes de synergisme peuvent aussi se manifester par interaction d'une substance naturelle, ou d'un micropolluant présent dans l'air, l'eau ou les aliments, avec un composé toxique.

En ce sens, un exemple très spectaculaire doit être cité. On a constaté récemment l'apparition de graves lésions vasculaires cérébrales chez des individus ayant absorbé simultanément des fromages fermentés, riches en tyramine, et une substance médicamenteuse psychotonique, la tranylcypromine. Celle-ci bloque la dégradation de la tyramine ainsi ingérée car c'est un puissant inhibiteur de la mono-amine-oxydase.

2º Conséquences

Parmi les risques pathologiques les plus préoccupants associés à l'exposition prolongée à divers micropolluants présents dans l'environnement figurent divers effets caractérisés par une action non pas spécifique sur telle ou telle fonction physiologique mais au contraire par leur ubiquité et dont les conséquences à long terme s'avèrent redoutables pour les individus affectés ou pour leur descendance. Certaines de ces altérations, telles l'allergogenèse ou la carcinogenèse se rangent dans les désordres de nature somatique, d'autres telles la mutagenèse ou la tératogenèse engendrent des effets à la fois somatiques et germineux.

L'allergogenèse se traduit par l'apparition de réponses cliniques variées : asthme, eczéma, altérations viscérales ou vasculaires, par des mécanismes faisant intervenir des réactions immunitaires et par une sensibilité individuelle facilitée par certains caractères génotypiques, enfin par une réaction à des groupes chimiques plus qu'une réaction à des produits purs.

La mutagenèse résulte de l'action de divers micropolluants chimiques ou radioactifs. L'induction de mutations constitue une des préoccupations majeures de l'écotoxicologue en des temps où la manipulation de certaines substances et où l'exposition aux radiations ionisantes de l'ensemble de l'humanité constituent autant de dangers potentiels pour son patrimoine génétique.

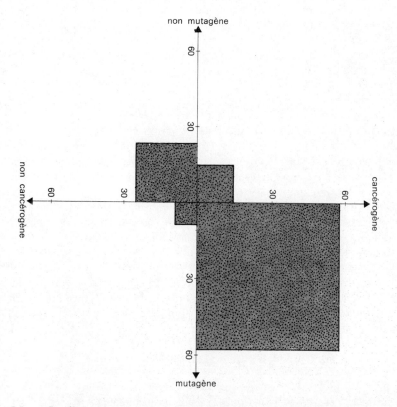

FIG. I-7. — *Corrélogramme entre les effets cancérogènes et mutagènes.* Il apparaît une corrélation positive pour plus de 80 % des substances testées présentant des propriétés mutagènes ou cancérogènes. (D'après SARASIN, 1975, *in* La Recherche.)

Par ailleurs, on sait aujourd'hui que la mutagenèse constitue le phénomène précurseur de la carcinogenèse au niveau somatique.

Les récentes inquiétudes associées à la dispersion des polychlorivinyles ou à la prolifération des centrales nucléaires illustrent combien ces questions sont d'une brûlante actualité. Les effets mutagènes se traduisent en dernière analyse par une perturbation du code génétique par interaction de certaines substances chimiques ou des radiations ionisantes avec la séquence des bases de l'ADN, voire avec son squelette polydesoxyribosephosphate. Il s'ensuit des altérations affectant quelques codons ou beaucoup plus étendues avec possibilité de rupture de chaîne.

Dans ce cas, les lésions sont visibles à l'échelle cytologique et se traduisent par des cassures de chromatides, des translocations chromosomiques, apparition de chromosomes surnuméraires, etc. Si ces lésions affectent des cellules de la lignée germinale, il peut en résulter des altérations irréversibles du génome. Si elles apparaissent sur des cellules somatiques, elles peuvent être à l'origine d'un processus de carcinogenèse.

En effet, des travaux récents ont montré qu'il existe une très haute probabilité de corrélation entre mutagenèse et pouvoir cancérogène. Mac Cann et coll. (1975) ont étudié par le test d'Ames (voir paragraphe ci-dessous) le pouvoir mutagène de quelque 300 composés différents appartenant soit à des groupes chimiques bien connus pour leur pouvoir carcinogène, soit à des groupes dépourvus de tels effets pathologiques : amines aromatiques, divers dérivés organohalogénés, hydrocarbures aromatiques et hétérocycliques et leurs dérivés nitrés, nitrosamines, diazoïques, aflatoxines, carbamates et diverses substances hétérocycliques. Ils ont pu démontrer de la sorte que 90 % des composés carcinogènes sont mutagènes et qu'à l'opposé aucun des composés réputés pour leur absence de potentialité carcinogène qu'ils ont testés ne s'est avéré mutagène. Seuls l'amiante et certaines hormones sont carcinogènes et non mutagènes. Parmi les rares mutagènes non carcinogènes, on peut citer la bromouridine ou l'hydroxylamine.

a) **Les tests de mutagenèse.** — La mise au point du test d'Ames (1973) permet d'effectuer une détection très rapide du pouvoir mutagène d'un composé.

Ce test consiste à déterminer si cette substance possède une activité mutagène sur un mutant Histidine dépendant (his-) de la bactérie *Salmonella typhimurium*.

L'adjonction d'une substance mutagène à une telle bactérie his — provoquera l'obtention de mutants réverses his — his + capables de synthétiser l'histidine donc de se développer sur un milieu de culture sans histidine ; à l'opposé des spores de la souche initiale.

Chaque fois qu'un composé testé présentera des propriétés mutagènes, on obtiendra donc des colonies de *Salmonella* dans un milieu sans histidine.

L'intérêt de cette espèce bactérienne tient en ce que l'on connaît parfaitement la séquence du gène histidine, ce qui permet de déterminer la séquence du DNA attaquée par le carcinogène testé ! On a par exemple pu montrer que certains hydrocarbures polycycliques agissent au niveau de la séquence des bases C-G-C-G-C-G-C-G du gène histidine !

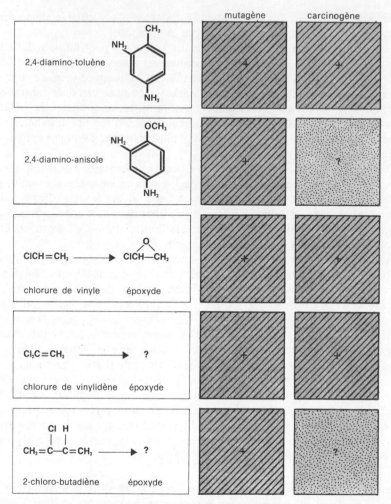

Fig. I-8. — *Structure moléculaire de quelques substances chimiques de synthèse dont le test d'Ames vient de révéler le pouvoir mutagène.* Les activités mutagènes et carcinogènes sont indiquées par une croix. (D'après SARASIN *in* La Recherche, n° 61, 1975, p. 976.)

Très souple, cette méthode permet par exemple, par adjonction au milieu de culture d'enzymes microsomiales, de préciser le pouvoir mutagène et carcinogène des produits de dégradation d'un toxique.

En effet, un composé apparemment non carcinogène peut être transformé dans l'organisme animal en substances carcinogènes. L'incubation préalable de la substance testée avec des extraits microsomiaux de foie, de rein ou d'autres organes permet dans ces conditions de révéler les potentialités mutagènes de ces métabolites. Cette variante du test d'Ames (fig. I,8) a permis de confirmer les graves présomptions relatives au pouvoir carcinogène du chlorure de vinyle et au 2-chlorobutadiène. Elle a aussi permis de montrer que 89 % des teintures capillaires sont mutagènes et elle a apporté également une preuve supplémentaire du pouvoir carcinogène de la fumée de cigarette.

Selon Mac Cann et Ames (1976), l'absence de pouvoir mutagène chez 10 % des composés carcinogènes qu'ils ont testés proviendrait soit d'une mauvaise activation métabolique *in vitro* de ces substances liée à une inadéquation de la technique qu'ils utilisent dans le cas particulier de ces substances, soit au fait qu'il s'agit de composés dont le pouvoir carcinogène est douteux (cas de la pararosanilinène).

Le test du micronucleus, mis au point plus récemment par Schmidt (1975), constitue une autre méthode de détection des mutagènes fondée sur la présence des corps d'Houvell-Joly dans les érythrocytes jeunes de la moelle osseuse de rat. L'intérêt de cette technique réside en ce qu'elle apporte une preuve directe d'un effet mutagène chez les mammifères. Les agents mutagènes provoquent des cassures chromosomiques au cours des mitoses de la lignée érythrocytaire. De la sorte, des extra-fragments résiduels, appelés *micronuclei*, s'observent dans les érythrocytes polychromatophiles qui expulsent leur noyau quelques heures après la fin de la dernière mitose. La procédure expérimentale du test consiste en l'administration en deux reprises à 24 heures d'intervalle du composé chimique étudié, suivie du sacrifice des rats intoxiqués 6 heures après la dernière administration. On prélève ensuite la moelle osseuse dont on fait des frottis colorés selon la technique de Pappenheim-Unna, afin de visualiser les éventuels micronuclei dans les érythrocytes. L'application de cette méthode a peut-être permis à Siou et coll. (1977) de montrer le puissant pouvoir mutagène du benzène et du benzo-pyrène.

La carcinogenèse, bien que l'on n'ait pas encore pu expliquer entièrement les mécanismes des processus qui la conditionnent, apparaît comme une conséquence au niveau somatique des altérations produites dans le code génétique de telle ou telle cellule de l'organisme. Il devient évident, à l'heure actuelle que les lésions produites sur le DNA par les carcinogènes jouent un rôle fondamental dans l'initiation de la maladie. La carcinogenèse est ainsi le produit d'un dérèglement des mécanismes qui contrôlent la répression de certains gènes dans les cellules différenciées des tissus des végétaux pluricellulaires et des métazoaires. Il en résulte une perte de spécialisation (dédifférenciation) des cellules affectées qui se mettent à proliférer de façon anarchique.

Les cancers apparaissent comme un groupe de maladies qui se manifestent à tous les âges et dans toutes les races humaines. Ils se rencontrent aussi chez toutes les espèces animales aussi bien chez les vertébrés que chez les invertébrés.

On distingue trois grandes catégories dans ces affections selon des critères histopathologiques : les sarcomes qui concernent les tissus conjonctifs, les carcinomes qui sont propres aux tissus épithéliaux et les lymphomes qui affectent les tissus sanguins.

Toutes les statistiques biomédicales disponibles démontrent une sérieuse augmentation de leur fréquence générale depuis le début du siècle dans les pays industrialisés. Aux États-Unis par exemple, leur incidence a presque doublé depuis 1935. Dans ce même pays, ils étaient la cause de 3,7 % de la mortalité totale en 1900 et de 15,6 % en 1970. En fait, les variations ont été fort inégales selon le type de cancer considéré : ceux du pancréas et du poumon ont augmenté de façon considérable pendant cette période (plus de vingt fois pour ce dernier fait à mettre en rapport avec la scandaleuse ascension du tabagisme), à l'opposé le cancer de l'estomac — première cause de mortalité par ces affections au début du siècle — a régressé de façon considérable pour des raisons aujourd'hui encore mal comprises (fig. I-9).

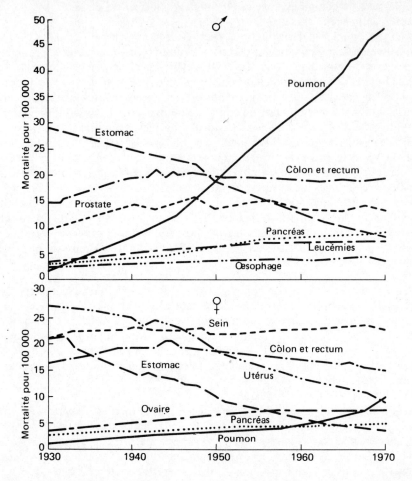

Fig. I-9. — *Variation du taux de mortalité par cancer aux États-Unis entre 1930-1970 selon le sexe et l'organe atteint (ajustée à la population de 1940). Remarquer la considérable ascension du cancer du poumon liée au développement du tabagisme.* (D'après D. L. LEVIN et coll., 1974).

Rôle des facteurs d'environnement — Il existe de nos jours de nombreuses preuves épidémiologiques qui démontrent le rôle majeur des facteurs d'environnement dans l'induction des cancers. Si l'on excepte quelques cas indiscutablement endogènes, dus à des déficiences génétiques (*Xeroderma pigmentosum* par exemple (1)), on en vient à estimer que plus de 80 % de ces

---

(1) Et même dans ces derniers, le déclenchement de l'affection dépend de facteurs exogènes.

affections proviennent de facteurs exogènes liés au mode de vie et surtout à la pollution de l'environnement.

La corrélation entre le tabagisme et les cancers du poumon ou du larynx est réellement impressionnante. Nous citerons aussi le rôle de l'exposition permanente à de nombreux carcinogènes chimiques, soit sur le lieu de travail, soit même en milieu domestique. Il en est de même pour l'exposition à des agents carcinogènes physiques : insolation abusive (ultraviolet), irradiation par des rayonnements ionisants.

En définitive, l'environnement de l'homme dans la civilisation technologique est imprégné par un nombre considérable de substances douées de propriétés carcinogènes. Certaines d'entre elles tels l'amiante ou le chlorure de vinyle ont été considérées comme inoffensives et de ce fait utilisées à très vaste échelle pendant des décennies avant que l'on ne constate leur réelle nocivité.

Il est vrai que la multiplication des substances organiques de synthèse — plusieurs milliers de nouveaux composés sont commercialisés chaque année — soulève de difficiles problèmes d'évaluation de leurs propriétés toxicologiques à l'heure actuelle.

Depuis la découverte en 1775 du cancer du scrotum des ramoneurs, l'étude épidémiologique de certaines catégories de travailleurs de l'industrie chimique et l'expérimentation animale ont permis de montrer qu'un grand nombre de composés minéraux ou organiques — de synthèse ou d'origine naturelle — sont doués de propriétés carcinogènes.

Au cours des années 30, la mise en évidence d'une fréquence anormale de cancers de la vessie chez des ouvriers travaillant à la fabrication de la benzidine, une matière première essentielle pour l'industrie des colorants, donna une démonstration irréfutable du rôle de la pollution de l'environnement dans la genèse de ces affections. Alors que le cancer de la vessie se rencontre à la fréquence de 13,2 cas pour 100 000 dans la population américaine, il atteint 21 % des travailleurs ayant été affectés à une unité de fabrication de benzidine !

Les premiers cas de mésothéliome pulmonaire, affection autrefois rarissime, associés à une exposition professionnelle à l'amiante, furent observés en 1950. La croissance rapide de l'asbestose depuis cette date est indiscutablement liée à l'augmentation considérable de l'usage de l'amiante comme isolant thermique, matériau de construction ainsi que pour la fabrication de divers éléments des véhicules à moteur.

C'est seulement en 1974 que l'on découvrit le rôle joué par le chlorure de vinyle dans l'induction d'angiosarcomes hépatiques chez les travailleurs de l'industrie des matières plastiques. Des travaux ultérieurs ont révélé que l'exposition à cette substance se traduisait aussi par une augmentation considérable des cancers des systèmes respiratoire et lymphatique.

A l'heure actuelle, l'atmosphère, les eaux et l'alimentation humaine sont contaminées dans les pays industrialisés par de très nombreuses substances douées de propriétés carcinogènes. Une difficulté majeure dans l'identification de la nocivité potentielle d'un composé chimique — en sus du nombre immense de substances à tester — tient en la longueur du temps de latence qui sépare le début de l'exposition à un carcinogène et l'apparition des symptômes cliniques de la maladie (tableau I-1).

On constate que plusieurs dizaines d'années peuvent s'écouler avant que des manifestations pathologiques n'apparaissent. Ainsi, l'emploi considéré comme inoffensif d'une substance pendant 10 à 15 ans peut lui conférer une réputation d'innocuité alors qu'elle peut induire des cancers à une haute fréquence après un temps de latence d'une trentaine d'années ! Dans le cas des amines aromatiques (tableau I-1) nous voyons que des tumeurs peuvent apparaître trente ans après une exposition de quelques mois à un environnement contaminé par ces substances !

Tableau I-1. — Période de latence précédant l'induction de tumeurs chez des travailleurs exposés a 78 amines aromatiques*.

Durée de la période de latence (en années)	Pourcentage de travailleurs présentant des tumeurs en fonction de leur durée d'exposition aux amines. (en années)					
	jusqu'à 1	1	2	3	4	5 et plus
jusqu'à 5	0	0	0	0	0	0
10	0	0	0	0	0	11
15	0	17	22	0	10	45
20	4	17	22	40	30	69
25	9	17	22	70	70	88
30	9	17	48	70	80	94

De toute façon, les études épidémiologiques ne peuvent constituer un procédé acceptable de contrôle de la nocivité potentielle de substances chimiques car dans cette hypothèse, cela revient *de facto* à accepter qu'un groupe d'individus joue en quelque sorte le rôle de cobayes humains. Dans les cas les plus favorables, leurs résultats conduisent à interdire *a posteriori* l'usage des substances alors qu'elles ont déjà exercé, parfois depuis longtemps, des ravages dans l'hygiène publique.

L'expérimentation animale apparaît donc comme un outil indispensable pour la détection des carcinogènes potentiels. Elle présente toutefois l'inconvénient d'être fort longue (des mois et parfois des années).

Une difficulté considérable résulte par ailleurs du nombre immense de substances chimiques présentes dans l'environnement de l'homme, lequel s'élève à plus de deux millions de composés différents ! Seulement 6 000 d'entre eux ont été étudiés quant à leurs potentialités carcinogènes en laboratoire, alors que les spécialistes estiment qu'entre 10 et 15 % des composés organiques seraient carcinogènes.

Actuellement, on peut classer les principaux carcinogènes de la façon suivant (tableau I-2).

Il apparaît en définitive que les substances carcinogènes ne sont pas distribuées de façon erratique mais correspondent au contraire à des classes bien définies de composés chimiques.

---

* D'après W. Hueper, *in* Environmental quality, 1975 (1976), Washington DC 20 402, p. 27.

Tableau I-2. — Principales classes de carcinogènes

Classe ou exemple	Principale cause d'exposition de l'homme
Radiations ultraviolettes	Exposition abusive à la lumière solaire («bains de soleil»)
ionisantes	Usages médicaux, scientifiques et industriels des rayons x et γ
Radionucléides	Usages médicaux, scientifiques, industrie nucléaire
Aflatoxines	Substances naturelles provenant du développement de certains champignons dans des produits alimentaires
Hormones stéroïdes (diéthylstilbestrol)	Additifs alimentaires des animaux domestiques. Médicament
Hydrocarbures polynucléaires	
Anthracène	Fumée de tabac
Benzopyrène	Combustion du charbon, des fuels et des essences
Composés organohalogénés	
Chlorure de vinyle	Monomère dans l'industrie des matières plastiques à l'état de trace dans les aliments contenus dans des emballages en matières plastiques (PCV)
Aldrine - Dieldrine	Insecticides
Bischlorométhyléther	Impureté dans certaines résines synthétiques
Amines aromatiques :	
- β-naphtylamine	Caoutchouc synthétique
- Benzidine	Fabrication des colorants
- Diazoïques p. diméthylamino-azobenzène	Colorant alimentaire (abandonné) utilisé pour colorer en jaune la margarine (jaune de beurre)
- Cyclamates	Édulcorants, additifs alimentaires
- Nitrosamines	Adjuvants des caoutchoucs. Produits de façon présomptive par la métabolisation des nitrites contenus dans les aliments
Poussières métalliques :	
- Béryllium	Alliages légers
- Chromates	Pigments de peintures
- Cadmium	Industrie électronique, stabilisant des matières plastiques, etc.
- Arsenic	Pesticides, industrie pharmaceutique

Toutefois, il existe de grandes variations à l'intérieur de chaque catégorie de carcinogènes chimiques selon leur activité et leur structure précise ; ainsi, le bis-chlorométhyléther est potentiellement carcinogène à des concentrations de l'ordre de quelques parties par milliards. Dans le même groupe de composés, le bis-chloroéthyléther apparaît comme un carcinogène beaucoup plus faible nécessitant des concentrations cent fois plus fortes pour induire de tels effets.

Pour terminer, nous ferons quelques remarques sur la validité de l'expérimentation animale.

Pour des raisons matérielles évidentes, on ne peut travailler en laboratoire sur des nombres importants d'animaux. Supposons qu'un composé induise à une concentration donnée un effet carcinogénique par mille individus. Un test histopathologique effectué au laboratoire sur cent rats aura de grandes chances de laisser cet effet inaperçu. Or, une incidence de $1^o/_{oo}$ dans les populations humaines pour les cancers provoqués par l'usage d'un tel composé serait absolument inadmissible. Compte tenu des limitations expérimentales, on est donc contraint de travailler à des concentrations beaucoup plus fortes que celles auxquelles le composé se rencontrera dans l'environnement de l'homme et sur un nombre restreint d'animaux d'expérience, de 50 à 300 par dose en règle générale. Cela implique une connaissance de la relation effet-dose pour extrapoler aux plus faibles concentrations ce dont nous allons discuter dans le sous-chapitre suivant (voir p. 33).

Enfin, la plupart des expériences se faisant sur les rongeurs, ceci implique une certaine erreur quand on l'extrapole à l'homme compte tenu des différences de sensibilité spécifique. Mais cela dépasse le cas des carcinogènes et constitue un problème très général en écotoxicologie.

La tératogenèse affecte la descendance des individus exposés à des polluants variés. Elle peut résulter soit d'anomalies du développement embryonnaire provoquées *in ovo* ou *in utero* par l'exposition à des agents toxiques, soit de l'induction de mutations non létales dans le génotype des descendants avant la fécondation.

Divers polluants, dont des pesticides, présentent un fort pouvoir tératogène. L'usage à vaste échelle d'un défoliant, le 2, 4, 5 T, au cours du conflit vietnamien souleva à la fin des années 60 une légitime émotion à la suite de la découverte d'anomalies congénitales dans la descendance de femmes gestantes qui vivaient dans les zones densément traitées.

Des études ultérieures ont montré que la majeure partie sinon la totalité des effets tératogènes observés étaient dus à une impureté, la dioxine, qui a de nouveau défrayé la chronique lors de la catastrophe de Seveso, en juillet 1976 (cf. p. 123 et suiv.).

L'affaire de la thalidomide, cet hypnotique responsable de graves anomalies de l'embryogenèse des membres chez les embryons exposés à cette substance du 23e au 40e jours de la gestation, illustre bien aussi les conséquences redoutables qui peuvent résulter de l'absorption de tels agents tératogènes.

C. – LA RELATION DOSE – RÉPONSE EN ÉCOTOXICOLOGIE

Une question particulièrement fondamentale à laquelle l'écotoxicologue se trouve confronté en permanence tient en la détermination de la relation exacte entre la dose et l'effet dans le cas des imprégnations à long terme par les divers micropolluants qui contaminent la biosphère.

1º *Cumulation des doses et effets génotoxiques*

On peut en particulier se demander si l'absorption continue de toxiques à des concentrations infinitésimales peut ou non induire des effets génotoxiques (mutagenèse, carcinogenèse). Un exemple d'actualité, auquel aucune réponse catégorique n'a encore été donnée, tient en la détermination des taux de mutation et de cancérisation que provoqueront dans les populations humaines l'accroissement faible mais inévitable de la radio-activité du milieu naturel lié au développement de l'industrie nucléaire.

Courbe dose-réponse — En d'autres termes, on peut se demander :
— si la cumulation des effets provoqués par l'exposition à des traces de micropolluants est totale, partielle ou nulle.
— s'il existe un seuil au-dessous duquel ne peut résulter aucun effet consécutif à l'action d'un toxique chimique ou de radiations, ou bien au contraire, si toute exposition, aussi faible soit-elle, se traduit par des conséquences minimes mais irréversibles.

La réponse à de telles questions est fort complexe. Dans bien des cas, on ne sait encore quel est l'aspect réel de la courbe dose-effet pour les expositions à long terme à de faibles concentrations de micropolluants malgré son importance capitale pour la protection de notre environnement.

On peut classer les courbes dose-effet en quatre catégories distinctes selon les éventualités suivantes :

1 Les effets à long terme de l'exposition permanente à de faibles doses sont plus néfastes que la prise dans un bref intervalle de temps d'une quantité équivalente de toxique.

2 Il y a sommation totale d'effets irréversibles quelle que soit la durée et les modalités de l'intoxication.

3 La cumulation des doses absorbées par unité de temps n'est que partielle par suite de l'efficacité des phénomènes de détoxification et de restauration, il n'y a pas sommation absolue d'effets irréversibles.

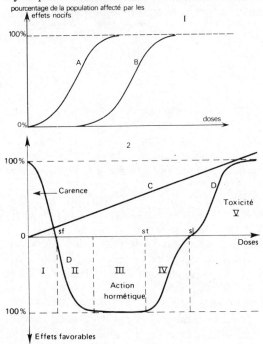

Fig. I-10. — *Principaux types de courbes dose-réponse.*

En 1, on distingue des sigmoïdes sans seuil (A) ou avec seuil (B).

En 2, la droite C figure le cas où la relation dose-effet est linéaire ce qui implique l'absence de seuil. En D, nous avons figuré le cas plus complexe d'une substance aux effets bénéfiques à faibles doses mais qui devient nocive au-delà d'une certaine valeur (sf : seuil à partir duquel se manifestent les effets favorables ; st : seuil de toxicité ; sl : seuil de létalité).

4 Les effets des faibles doses sont bénéfiques, la toxicité ne se manifestant qu'à partir de certaines concentrations.

Aux deux premières éventualités correspondent des courbes dose - réponse sans seuil, au contraire, les deux dernières impliquent l'existence d'un seuil.

On connaît en réalité plusieurs exemples concrets qui montrent la grande variation d'aspect des courbes dose - réponse selon la nature de la substance et du phénomène toxicologique étudié.

Exemples. — Divers composés carcinogènes présentent des courbes dose - réponse du premier groupe ce qui les rend particulièrement dangereux. Ainsi, Druckrey et Kupfmuller (1949) ont démontré, dans un mémoire devenu classique, l'effet cumulatif d'un puissant agent carcinogène, le paradiméthylaminoazobenzène, mieux connu sous le nom de jaune de beurre (ancien colorant employé dans la fabrication des margarines !). Ces auteurs mirent en évidence l'action strictement cumulative de ce composé dans l'induction d'hépatomes chez le rat, quelle que soit l'importance des phénomènes de dégradation et d'excrétion.

Ultérieurement, Druckrey (1958) montra que le paradiméthylaminostilbène induisait un cancer du conduit auditif chez le rat à une dose cumulée d'autant plus faible que la durée d'exposition est plus forte (Tableau I-3).

Tableau I-3. — RELATION DOSE-EFFET DANS L'INDUCTION DE CANCER DU CONDUIT AUDITIF DU RAT PAR LE PARADIMÉTHYLAMINOSTILBÈNE (DRUCKREY et coll., 1958)

Dose journalière (en mg/kg)	Temps nécessaire pour l'induction de l'effet (en j.)	Dose annulée nécessaire pour provoquer l'effet carcinogène (en mg/kg)
3,4	250	852
2,0	342	685
1,0	407	407
0,5	560	280
0,2	675	135
0,1	900	90

La carcinogenèse est obtenue lors d'une exposition de 250 jours à raison de 3,4 mg/kg/j soit une dose cumulée de 850 mg. En revanche, il suffit d'une dose cumulée de 90 mg si l'exposition est prolongée pendant 900 j à raison de 0,1 mg/kg/j !

Forme des courbes dose-réponse. — *a)* **Courbes linéaires.** — La courbe dose-réponse paraît être linéaire dans certaines circonstances, même aux faibles concentrations. Tel semble être le cas de certains effets des radiations ionisantes. Ainsi, le rapport publié à ce sujet par l'Académie Nationale des Sciences de New York (1972) admet que l'induction de leucémies myéloïdes correspond à un effet cumulatif de 100 %, l'incidence de cette affection s'élevant à 3 cas par 10^6 personnes par an et par Rem.

Des courbes dose - réponse linéaires sont aussi des plus probables dans les cas d'induction d'effets mutagènes sur des cellules de mammifères en culture exposées à de faibles concentrations d'aflatoxine ou de Captane (Legator et coll., 1969).

Bien que dans ces deux premières éventualités, il ne soit pas encore possible de conclure de façon catégorique, il faut bien convenir que les courbes dose - réponse seraient sans seuil.

Cette constatation revêt une gravité particulière lorsque l'on s'interroge sur des problèmes écotoxicologiques d'actualité comme ceux relatifs à l'imprégnation des populations humaines par divers composés organohalogénés (DDT, cyclodiènes chlorés, BPC). Quels risques sont également associés à l'irradiation au niveau du poumon des populations par le Kr^{85} rejeté dans l'atmosphère par les réacteurs électronucléaires à l'eau légère dont le nombre va doubler tous les 3 ans jusqu'à l'an 2000 si l'on suit certaines prospectives technocratiques ?

b) **Courbes sigmoïdes.** — Un 2e type de courbes dose - réponse résulte de l'existence de processus de détoxification et de restauration qui interviennent au niveau des cellules et des organes avec d'autant plus d'efficacité que l'exposition chronique aura été réalisée à des doses plus faibles.

Dans ce cas, les courbes dose - réponse auront un aspect de sigmoïde avec seuil de sorte que l'on pourra définir une valeur minimale de l'exposition à partir de laquelle apparaissent les effets néfastes et un domaine de dose sans effet. Il semble par exemple que l'effet mutagène des radiations ultraviolettes soit de ce type.

L'existence de processus de détoxification constitue aussi un facteur qui concourt à diminuer la nocivité relative des faibles doses : l'alcool éthylique, assez facilement métabolisable par les Mammifères, semble présenter un seuil de nocivité. Il en est de même pour divers autres toxiques. Nous n'avons personnellement pu par exemple, mettre en évidence d'effets significatifs des insecticides utilisés à doses infralétales sur la longévité des insectes.

c) **Courbes traduisant des effets antagonistes.** — Un dernier type de courbe dose - réponse, plus complexe, correspond à des substances naturelles indispensables aux êtres vivants à de très faibles doses, mais qui peuvent devenir dangereuses voire très toxiques à de plus fortes concentrations. Toute une série d'oligo-éléments minéraux et organiques présentent de telles courbes. C'est par exemple le cas du Cobalt, du Fluor, des Vitamines A et D, etc. Il s'agit donc de constituants fondamentaux de la cellule vivante ou de certains organismes, nécessaires à l'état de trace dans l'alimentation mais dont l'absorption continue, même à des doses relativement faibles, peut provoquer de graves désordres (fluorose, hypervitaminose A par exemple).

Ainsi, bien que le fluor soit un élément indispensable à l'ossification, l'homme ne peut ingérer sans risque plus de 1,5 ppm dans l'eau de boisson de façon permanente. Pris en excès, le fluor provoque en effet une grave affection, la fluorose, qui se traduit d'abord par des troubles de la denture et du squelette, puis par une cachexie progressive. Par ailleurs, le fluor pris de façon continue dans l'alimentation, présente la particularité d'induire des troubles graves à des concentrations nettement inférieures à celles qui peuvent provoquer une intoxication aiguë en une seule absorption. Quelques cg/j suffisent dans le cas d'absorptions répétées alors que plus d'un gramme de FNa est nécessaire pour l'apparition d'une intoxication aiguë.

Luckey et Venugopal (1977) ont proposé le terme d'hormétines pour désigner toute substance (corps simple ou composé organique) douée de propriétés stimulantes à faibles doses pour la physiologie des organismes mais qui deviennent toxiques au-delà d'une certaine concentration. En sus des oligo-éléments minéraux ou organiques précités, ces auteurs estiment que peut-être près de 50 % de l'ensemble des substances potentiellement toxiques auraient une action stimulante pour les êtres vivants à faibles doses. Il est par exemple bien connu que divers insecticides augmentent la fécondité et la fertilité des femelles d'insectes à concentrations infra-létales (cf. par exemple in F. Ramade, 1967). Il faut bien convenir que dans le cas de telles substances, la courbe dose-réponse ne présentera pas un mais deux seuils. La courbe D (fig. I-10 II, p. 35) figure les variations de la réponse d'un organisme à des doses croissantes d'un oligo-élément (cobalt par exemple). Il existe cinq domaines dans ce graphe. Les domaines I et II correspondent aux concentrations insuffisantes (zone de carence). En I, cette carence provoque une mortalité décroissante avec la concentration. En II, on atteint le seuil sf à partir duquel les effets favorables commencent à se manifester ; toutefois, le domaine II correspond à une zone de déficience, les concentrations de la substance considérée demeurant insuffisantes pour assurer une physiologie normale. Aussi, des phénomènes biologiques essentiels comme la croissance ou la reproduction s'effectueront à des taux inférieurs à la normale. En III nous sommes dans le domaine des concentrations auxquelles se rencontre la substance dans les conditions écologiques usuelles. Il s'agit du domaine où est atteint l'optimum des effets physiologiques favorables (domaine d'action hormétique).

En IV est atteint le seuil st à partir duquel apparaissent des effets toxiques liés à une concentration excessive. Dans le domaine IV, ces derniers se traduiront par des déficiences physiologiques (croissance ralentie par exemple). Enfin, en V, on entre dans le domaine de la létalité et l'on retrouve une courbe dose-réponse classique, de type sigmoïde avec seuil.

Potentialité cumulative. — En définitive, l'existence d'une potentialité d'action cumulative des doses absorbées, pour de nombreux toxiques, rend ce phénomène fort préoccupant.

Celle-ci se manifeste par exemple pour divers pesticides. Elle se traduit par l'apparition de troubles physiotoxicologiques après l'absorption d'une quantité totale du composé nocif nettement inférieure à celle qui est nécessaire pour provoquer une intoxication aiguë. Ainsi, la DL 50 du β-HCH absorbé *per os* en une seule ingestion est des plus élevées chez le rat (environ 6 000 mg/kg !). En revanche, l'alimentation de ce même animal avec des doses inférieures à 10 mg/kg provoque après quelques mois l'apparition de graves lésions hépatiques.

Un autre aspect inquiétant des potentialités de cumulation des effets de certains micropolluants auxquels l'homme peut être exposé en permanence résulte de leur possibilité de transfert dans la descendance.

Ainsi, l'administration à des rattes gravides d'aliments contaminés par des carcinogènes puissants (nitrosamines) provoque la formation de tumeurs cérébrales chez les descendants quand ils atteignent l'âge adulte, malgré l'innocuité apparente des doses administrées aux femelles gestantes (carcinogenèse transplacentaire).

Des phénomènes de transmission d'effets cumulatifs ont aussi été observés après intoxication avec des métaux lourds : diverses lésions congénitales provenant de l'accumulation de méthyl-mercure dans le cerveau des fœtus ont par exemple affecté des enfants exposés *in utero* à cette substance à Minamata.

2º *La notion de dose maximale tolérable et ses limites*

L'étude des effets nocifs produits par l'exposition permanente de vertébrés homéothermes aux principaux agents polluants et en particulier la connaissance des courbes dose - réponse qui les caractérisent constitue une démarche essentielle de l'écotoxicologie. Elle présente aussi une importance capitale pour la protection de la santé humaine dans la civilisation technologique contemporaine par suite de la contamination croissante de notre environnement par d'innombrables substances nocives.

L'air et la nourriture, dont l'homme dépend inexorablement dès sa naissance, et qui sont des plus exposés aux divers polluants, ont donné lieu à un grand nombre d'études écotoxicologiques.

Ces investigations ont conduit les experts à définir des doses maximales dites admissibles pour les principaux contaminants présents dans ces milieux. Ces doses sont considérées comme inoffensives pour notre espèce, même en cas d'exposition ininterrompue pendant toute la vie. De même ont été établis des seuils maximaux tolérables pour le bruit (dans les lieux de travail) et pour les radiations ionisantes (pour les travailleurs de l'industrie nucléaire et pour l'ensemble de la population).

Évolution de la notion de dose admissible. — En réalité, un examen rétrospectif des normes édictées au cours des dernières décennies montre que les divers comités de spécialistes chargés de fixer ces doses maximales réputées admissibles ont eu tendance à réviser systématiquement en baisse les seuils fixés, au fur et à mesure que progressait la connaissance physiotoxicologique de chaque polluant. Le cas du DDT est fort significatif. Les experts de la FDA (1) finirent par recommander le niveau zéro pour les résidus de cet insecticide dans le lait avant de l'interdire sur l'ensemble du territoire américain. De même, dans le cas du mercure, un nombre de plus en plus grand de toxicologues considèrent comme trop élevé le seuil maximal admis dans l'alimentation humaine par l'OMS, soit 0,5 ppm, et suggèrent de l'abaisser au moins à 0,2 ppm.

On ne peut donner une réponse générale au problème de la fixation d'une dose maximale admissible. Tout dépend du type de courbe dose - réponse caractérisant le polluant considéré, comme le démontrent les quelques exemples cités plus haut.

---

(1) La FDA (Food and drugs administration) est responsable aux États-Unis de la législation et de la répression des fraudes sur les aliments, les médicaments et les cosmétiques.

Les exemples. — On ne peut prendre comme règle générale les quelques cas bien connus où peut être incontestablement distingué un seuil au-dessous duquel n'existe aucun effet nocif.

Lorsque l'exposition à long terme provoque une cumulation absolue des doses absorbées, il faut bien convenir que la courbe dose - réponse est sans seuil.

A l'heure actuelle, il semble bien que la majorité des effets mutagènes et carcinogènes des radiations ionisantes et de la plupart des composés chimiques doués de telles propriétés soient de ce type.

Dans une telle éventualité, il doit falloir admettre que l'on ne peut plus parler de dose maximale admissible ni de dose maximale sans effet.

La dose maximale tolérable. — Ces diverses considérations ont conduit les toxicologues à substituer à ces vocables celui de *dose maximale tolérable* et à évoquer le concept du rapport bénéfice/risque pour justifier les seuils édictés.

Comment justifier autrement l'usage de certaines substances dont le pouvoir carcinogène est bien connu ? N'a-t-on pas évoqué au récent congrès de carcinologie de Florence (octobre 1974) le cas de 17 substances douées de telles propriétés pathogéniques dont neuf sont produites à raison d'au moins 1 000 tonnes par an dans le monde ? Le terme de seuil de sécurité a été proscrit au cours de la discussion sur les doses maximales de ces composés à ne pas dépasser en milieu professionnel et pour l'ensemble de la population, car elles ne peuvent être considérées comme sans effet, même si elles ne réduisent pas sensiblement l'espérance de vie. En réalité, les micro-doses auxquelles sont exposés les habitants des zones industrielles ou les travailleurs des industries chimiques présentent des effets cumulatifs dont les conséquences peuvent parfois se manifester après plus de vingt ou trente années d'imprégnation.

Qui prend le risque ? — Nous entrevoyons là un des aspects les plus inquiétants de l'idéologie technocratique contemporaine. En effet, la prise du risque (en général pour autrui) dans le domaine toxicologique est le fait de comités d'experts créés par l'administration dans lesquels les personnalités scientifiques — les seules réellement compétentes sur le plan écotoxicologique — sont le plus souvent minoritaires. C'est à de tels comités, composés surtout de hauts fonctionnaires et de représentants des industries concernées qu'incombe de faire la balance entre les risques possibles pour la santé humaine et les bénéfices éventuels qui peuvent résulter de l'usage de telle ou telle substance.

En de pareilles conditions, on doit bien convenir que des décisions dont les conséquences lointaines pourraient être capitales pour le devenir de populations entières sont prises par des structures administratives dont la compétence est virtuelle si l'on songe à la multiplicité des problèmes nouveaux qui surgissent et dont seuls quelques experts sont réellement conscients. En outre, dans les pays industrialisés, la décision de promouvoir la fabrication de tel ou tel composé ou de développer une nouvelle technologie (cas du nucléaire par exemple) a toujours été prise par le passé avant d'évaluer ses conséquences écologiques exactes.

Est-ce un hasard si certains toxicologues — en particulier Truhaut et De Tomatis — ont déploré au congrès de carcinologie de Florence (octobre

1974) que l'on ait attendu l'apparition d'angiosarcomes hépatiques chez des ouvriers travaillant dans les cuves de fabrication des polychlorovinyles pour prendre aujourd'hui des mesures coûteuses et difficiles ? Est-il nécessaire de rappeler que l'expérimentation animale sur le chlorure de vinyle, bien qu'insuffisante, avait toutefois démontré voici déjà plusieurs années la carcinogénicité de ce produit, mais que ces résultats n'avaient pas été pris en considération par les commissions compétentes chargées de la réglementation de ce produit ?

De même n'est-il pas fortuit que l'Académie Nationale des Sciences ait demandé dès 1970 aux États-Unis que soit confiée « à une organisation réellement indépendante de l'organisme responsable de la pollution radio-active (l'AEC), la responsabilité de contrôler la libération de toute matière radio-active dans l'environnement ».

Les lacunes des connaissances. — Un des aspects les plus lacunaires, sinon inquiétants, du concept bénéfice-risque, tient au fait que chaque comité d'experts définit de façon unidimensionnelle une dose maximale tolérable pour chaque polluant *pris isolément* et dans le meilleur des cas pour un mélange de quelques substances du même groupe (pesticides par exemple).

Il s'agit là d'une carence grave car elle conduit à ignorer, sur le plan épidémiologique, la possibilité de potentiation entre des contaminants correspondant à des usages différents (additifs alimentaires et pesticides par exemple), et surtout, elle omet de prendre en considération l'ensemble des micro-doses auxquelles l'homme se trouve exposé.

Cela peut paraître d'autant plus surprenant que les exemples de synergie abondent dans la littérature toxicologique. Ils se rencontrent dans le cas des contaminants alimentaires, et aussi dans celui des aéropolluants. Ainsi, l'association de l'oxyde de carbone aux oxydes d'azote, celle de la fumée de tabac et de l'amiante (1), ou des hydrocarbures polycycliques carcinogènes avec certains solvants (n-dodécane par exemple) sont bien connues pour exalter les potentialités toxicologiques de ces composés.

Même le synergisme entre polluants chimiques et radiations ionisantes ne peut être exclu *a priori*. Cook (1971) cite une étude épidémiologique effectuée sur une population de mineurs d'uranium américains fumeurs de cigarette. Alors que l'incidence du carcinome pulmonaire aurait dû être de 15,5 cas compte tenu de sa fréquence moyenne dans cette catégorie socio-professionnelle (mineurs), elle s'élève en réalité à 60 cas. On ne peut manquer d'envisager dans cette étude l'existence d'une potentiation entre fumée de tabac et irradiation du parenchyme pulmonaire par le radon et les particules de radium contenu à l'état de traces dans le minerai.

Il apparaît donc que la notion de dose maximale tolérable sera entachée d'une erreur d'estimation inéluctable aussi longtemps qu'elle méconnaîtra ces phénomènes de synergie.

---

(1) Un travailleur de l'industrie de l'amiante, qui de plus est fumeur, a 8 fois plus de chances de périr d'un cancer du poumon qu'un fumeur de même intensité tabagique qui n'a aucun contact avec ce matériau. Ce même travailleur a 92 fois plus de chances de périr de cette affection que les non-fumeurs employés dans cette industrie !

Association de plusieurs micropolluants. — Mais il existe une erreur fondamentale à nos yeux qui conduit à sous-estimer de façon systématique la nocivité de la pollution à laquelle nous sommes exposés. Celle-ci provient du fait que l'on ne tient pas compte dans l'évaluation des doses maximales tolérables d'une sommation éventuelle des effets de micropolluants variés.

a) **Établissement des doses maximales tolérables.** — Rappelons tout d'abord comment sont déterminées ces doses maximales tolérables.

Leur établissement implique une expérimentation à long terme sur des animaux de laboratoire. Ces derniers sont élevés dans une atmosphère contenant une concentration connue d'aéropolluant ou nourris avec une alimentation contaminée avec des doses données de la substance étudiée.

L'expérimentation se fait dans la quasi-totalité des cas avec un seul composé toxique. On évalue de la sorte quelle est la valeur de la plus faible concentration du toxique susceptible de provoquer à long terme des troubles décelables à l'aide de méthodes histologiques ou autres. Notons toutefois que certaines anomalies observées en microscopie électronique, telle la prolifération du réticulum endoplasmique dans les hépatocytes par suite de l'action de composés organo-halogénés ne sont pas prises en considération par les comités d'homologation sous prétexte que l'on ne sait associer un trouble pathologique précis à de telles modifications cytologiques !

Une fois la dose minimale connue, on fixe le maximum admissible dans l'air où les aliments en divisant cette dernière par 50 ou par 100 (en règle générale).

L'opération est en fait plus complexe dans le cas des contaminants alimentaires car elle conduit à fixer une dose journalière admissible exprimée en ppm (DJA) qui tient compte du type d'aliment susceptible d'être contaminé et de la quantité ingérée chaque jour par un individu moyen. L'établissement de ces doses est donc entaché de graves lacunes méthodologiques.

Tout d'abord, ces expérimentations dites à long terme dépassent rarement deux à trois ans alors que c'est pendant toute sa vie que l'être humain sera exposé aux mêmes substances.

Par ailleurs, certains groupes de population au régime alimentaire particulier peuvent absorber des doses plus fortes que celles tolérées par la législation. Un tel cas fut par exemple observé chez plusieurs milliers d'habitants du pays de Galles qui faisaient une grosse consommation de pain d'algues contaminées par du ^{106}Ru rejeté dans un estuaire par l'usine de traitement de combustibles irradiés de Windscale (d'après Foster et coll., *in* Ramade, 1978).

Cependant, la principale critique de cette méthode d'évaluation du rapport bénéfice-risque tient à ce qu'en aucun cas l'homme n'est exposé à un seul ou à un petit nombre de toxiques.

b) **Le problème de la multiplicité des polluants.** — Aujourd'hui, la nourriture est systématiquement contaminée par des résidus pesticides, par des additifs alimentaires (colorants, parfums, stabilisants, émulsifiants, etc.), par des traces de substances médicamenteuses utilisées en zootechnie (antibiotiques, sulfamides, etc.), les populations des pays industrialisés ingèrent des médicaments trop souvent prescrits sans modération (350 millions de pilules de tranquillisants, 800 millions de pilules de somnifères et 250 millions de pilules d'Amphétamines ont été consommées en Angleterre en 1964 (1)), en outre l'air des villes constitue aujourd'hui un véritable coktail de micropolluants (SO_2, Pb, oxydes d'azote, CO, poussières d'amiante, de Carbon black, etc.), enfin, toutes les populations sont exposées aux rayons X de la radiographie médicale, à ceux de nos écrans de télévision, aux radionucléides dispersés dans l'environnement par les usages pacifiques ou militaires de l'atome...

Quel écotoxicologue pourrait encore admettre que la somme de ces centaines de microdoses individuellement réputées tolérables, auxquelles l'homme est exposé en permanence, atteigne une valeur totale qui le soit encore ?

Quand on songe au nombre élevé de polluants auxquels le citadin est exposé par voie respiratoire et digestive, on ne peut manquer de faire une corrélation entre cette contamination croissante et la plus grande fréquence des maladies dégénératives en milieu urbain.

D. — INFLUENCE DES FACTEURS ÉCOLOGIQUES SUR LA MANIFESTATION DE LA TOXICITÉ

L'action des substances toxiques sur les espèces vivantes est conditionnée par les divers facteurs écologiques propres à chaque écosystème et à l'environnement de l'homme.

On peut diviser ces derniers en facteurs intrinsèques, particuliers à l'espèce considérée, de nature biotique, et en facteurs extrinsèques, qui définissent les conditions particulières au milieu considéré de nature à la fois abiotique et biotique.

I. — INFLUENCE DES FACTEURS INTRINSÈQUES

Variations taxonomiques. — Font partie des facteurs intrinsèques les caractères biologiques propres à l'espèce considérée ainsi que ceux qui se rapportent à la souche ou lignée laquelle peut se définir comme un groupe d'individus possédant un pool de gènes communs. Font également partie des facteurs intrinsèques les caractères particuliers à chaque écophase (stade du cycle vital caractérisé par des exigences écologiques spécifiques) enfin l'état physiologique (normal ou déficient) propre aux individus considérés.

a) **Polluants artificiels.** — Il existe de grandes variations de sensibilité aux polluants selon le groupe taxonomique et même à l'intérieur d'une même famille ou dans toute autre subdivision systématique plus étroite. Il en résulte, en certains cas, une véritable toxicité sélective d'un polluant sur tel ou tel élément constituant la communauté. Ainsi la DL 50 du phosphamidon, un insecticide organophosphoré varie de 1 à 30 selon l'espèce considérée ; le

---

(1) D'après THOMSON cité par GRIMM (1965).

tableau I-4 permet à titre d'exemple de comparer la toxicité de quelques pesticides pour quatre espèces d'oiseaux dont trois appartiennent à la même famille, celle des Gallinacés.

Tableau I-4. — DL 50 EXPRIMÉE EN PPM DE QUELQUES PESTICIDES
(absorbés par voie orale) pour diverses espèces aviennes.
I = Insecticide   H = Herbicide

DL 50 Espèce	DDT (I)	Lindane (I)	Fenthion (I)	Phosphamidon (I)	Paraquat (H)
Colinus virginianus	611	882	30	24	981
Coturnix c. japonica	568	425	86	89	970
Phasianus colchicus	311	561	202	77	1 468
Anas platyrhynchos	1 869	> 5 000	231	712	4 048

De même, la toxicité de la pénicilline varie de 6 mg/kg chez le cobaye, à 1 800 mg/kg chez la souris, soit une DL 50 trois cents fois supérieure (*nec* Truhaut, 1974).

De tels écarts de sensibilité se manifestent aussi dans la toxicité à long terme de divers composés nocifs.

Ainsi, le TOCP, déjà cité plus haut, induit chez l'homme et la poule domestique une démyélinisation des axones médullaires et périphériques alors qu'il est inactif chez divers autres primates (*Macacus rhesus* par exemple et chez les rongeurs !).

Les variations de sensibilité aux agents toxiques selon les espèces ont d'ailleurs été la cause de graves erreurs dans les tests pharmacologiques. Rappelons par exemple l'insensibilité relative de la ratte à la thalidomide qui fut cause de graves accidents tératologiques par suite de l'usage de cet hypnotique chez des femmes gestantes. L'expérimentation animale aurait parfaitement révélé sa nocivité si elle avait été pratiquée sur la lapine ou la souris, espèces pour lesquelles ce composé est fortement tératogène.

b) **Toxiques naturels.** — Il existe aussi de grandes variations de sensibilité à des agents toxiques naturels selon les espèces :

L'amanitine α, un des principes nocifs de l'amanite phalloïde, présente une toxicité à la dose de 0,1 mg/kg pour la souris et l'homme alors que le rat lui est dix fois moins sensible (1 mg/kg). De même, la DL 100 de la phalloïdine, le toxique prépondérant en masse dans ce champignon est de l'ordre de 3 ppm pour la souris et au minimum de 100 ppm pour les gastéropodes pulmonés. Ceci explique l'insensibilité relative des limaces à l'amanite phalloïde dont le péridium porte souvent la trace des morsures de ces mollusques (Heim, 1963).

De telles variations de sensibilité aux poisons naturels se rencontrent aussi chez les Vertébrés. Parmi les divers téléostéens d'eau douce, seule la famille des salmonides, et en particulier la truite, peut développer des hépatomes sous l'effet de l'aflatoxine.

Les cailles (*Coturnix coturnix L.*) sont résistantes à l'alcaloïde contenu dans les graines de ciguë, la cicutine de sorte que les individus qui s'en sont nourris deviennent dangereux pour le consommateur humain par suite de l'imprégnation de leurs muscles par cette substance (*nec* Truhaut, 1974).

De telles variations de sensibilité aux substances toxiques se rencontrent aussi chez les végétaux. Ainsi, certaines phanérogames tels le plantain (*Plantago lanceolata*) ou la Stellaire (*Stellaria media*) peuvent croître dans une atmosphère renfermant plus de 1 ppm d'anhydride sulfureux alors qu'aucun lichen ne peut survivre d'une exposition prolongée à 30 ppb de ce même gaz.

c) **Application des variations de sensibilité.** — C'est précisément sur ces variations de toxicité selon le groupe taxonomique qu'est fondé l'usage des herbicides : la diffusion des dérivés de l'acide phénoxyacétique en céréaliculture résulte de la plus forte résistance des graminées à ces substances alors que les adventices du groupe des dicotylédones lui sont très sensibles.

Rôle de l'écophase. — La sensibilité aux divers contaminants varie aussi beaucoup selon le stade du cyle vital (écophase) des organismes considérés.

Chez les vertébrés, les jeunes et *a fortiori* les embryons sont en règle générale beaucoup plus vulnérables à l'action de tel ou tel polluant que les adultes.

Il en est de même chez les invertébrés dont les larves sont la plupart du temps de sensibilité supérieure à celle des adultes. On peut rapporter cette moindre résistance au métabolisme plus intense des jeunes organismes en croissance qui les conduit à absorber, mobiliser et faire circuler entre les divers tissus de plus grandes quantités de toxique pour un même niveau de contamination du milieu.

A l'opposé, la résistance aux substances toxiques est maximale chez les œufs pourvus d'un épais chorion et en dormance, ou chez les nymphes diapausantes d'insectes holométaboles, chez lesquelles le métabolisme est très ralenti. Ainsi, les chrysalides de nombreux lépidoptères présentent une forte résistance à l'acide cyanhydrique alors que ce gaz est très toxique pour les papillons adultes.

Il existe aussi des variations significatives de sensibilité au cours de la vie imaginale. Chez la mouche domestique adulte, la résistance aux insecticides varie du simple au quadruple selon l'âge.

Rôle de la souche. — Il existe à l'intérieur d'une même espèce vivante d'importantes variations de sensibilité aux agents polluants et autres toxiques selon le groupe génétique — la souche — considéré.

Ces faits sont bien connus des entomologistes ou des pharmacologues qui travaillent sur des organismes inférieurs : bactéries, champignons pathogènes p.e. L'existence de souches de bactéries résistantes aux antibiotiques dont certaines sont même devenues dépendantes de ceux-ci, ou celle de champignons phytopathogènes résistants aux fongicides, d'insectes résistants aux insecticides, etc. révèle les énormes écarts de sensibilité à une même substance qui peuvent séparer diverses souches d'une espèce déterminée.

L'étude de ces phénomènes de résistance constitue d'ailleurs un important chapitre de l'écotoxicologie et peut apporter des enseignements essentiels à la bonne compréhension de la génétique écologique, à celle des phénomènes d'adaptation et en définitive à l'explication des mécanismes fondamentaux de l'évolution.

A l'opposé, certaines souches peuvent présenter une hypersensibilité à certains agents toxiques. La notion d'idiosyncrasie, ou intolérance congénitale, traduit la présence d'une telle sensibilité, de nature héréditaire, consécutive à la déficience du génome, par opposition aux phénomènes d'allergie qui constituent une intolérance acquise et non génotypique. Ces idiosyncrasies résultent dans la plupart des cas de la déficience d'un ou de plusieurs systèmes enzymatiques capables de métaboliser la substance causant cette hypersensibilité.

En toxicologie humaine sont bien connus les cas d'intolérance de certains groupes ethniques circaméditerranéens à des substances naturelles contenues dans la fève commune, ou celle de la race blanche aux dérivés nitrés des phénols alors que les Noirs et les Jaunes leur sont plus résistants. A l'opposé, les Noirs Américains ont montré une sensibilité particulière à un composé antipaludique, la primaquine, par suite de la déficience d'une enzyme, la glucose 6 phosphate - deshydrogénase, intervenant dans la voie des pentoses. De même, l'intolérance au lactose des adolescents et des adultes de divers groupes ethniques des régions tropicales provient de l'incapacité de leur intestin à synthétiser la lactase, enzyme responsable de l'hydrolyse de ce diholoside.

Variation avec la morbidité. — Il existe enfin un ensemble d'interférences entre états pathologiques et activité des toxiques. Des différences organiques associées à divers cas de morbidité peuvent accroître la sensibilité aux agents polluants. Ainsi, les maladies hépatiques qui affectent nécessairement la capacité de détoxification des individus ou des lésions rénales s'accompagnent d'une moindre résistance aux toxiques. Par ailleurs, il semble que les déficiences thyroïdiennes et corticosurrénaliennes sensibilisent aussi aux effets des polluants. De même, la malnutrition accroît inévitablement la sensibilité à ces substances.

Par ailleurs, la réceptivité des organismes à divers agents pathogènes est accrue par divers composés toxiques. Ainsi, l'incorporation d'insecticides au sol stimule le pouvoir infectieux de mycoses à *Beauveria* et à *Metarhizium* pour les larves de scarabaeides.

Une démonstration expérimentale de cette interférence entre agents toxiques et infectieux a été apportée sur des cellules hépatiques humaines. L'addition de DDT à des cultures *in vitro* d'hépatocytes provoque une augmentation de leur sensibilité à divers virus.

II. — ROLE DES FACTEURS EXTRINSÈQUES

Quelle que soit leur toxicité, les divers polluants rejetés dans le milieu naturel vont être exposés à l'action des facteurs écologiques abiotiques (température, eau, lumière, etc.) et biotiques (microorganismes décomposeurs). Ces derniers par leur action conjuguée vont tendre à neutraliser ces substances en les transformant en dérivés moins toxiques.

Activation naturelle de polluants. — Toutefois certaines réactions des polluants avec les facteurs biogéochimiques peuvent conduire au contraire à l'apparition de composés dont la toxicité peut être égale ou même supérieure à celle du polluant initial.

Ainsi, le parathion, un puissant insecticide organophosphoré peut être oxydé sous l'influence de facteurs abiotiques ou de systèmes biologiques selon le schéma général suivant :

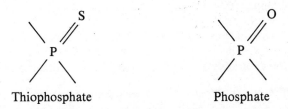

Thiophosphate   Phosphate

Ainsi, lorsqu'un animal absorbe du parathion, certaines oxydases cellulaires le transforment en para-oxon beaucoup plus toxique. En effet, la DL 50 *per os* du parathion est de 7 mg/kg chez le rat, mais elle n'est que de 0,7 mg/kg pour le para-oxon.

Libéré dans les eaux, ce même parathion sera lentement hydrolysé et les produits d'hydrolyse conduiront à la formation, par une réaction secondaire de pp' dinitrophénol, substance assez stable et très nocive pour divers animaux aquatiques.

Activation par interaction de polluants. — Il existe aussi divers cas où des agents polluants peuvent réagir entre eux pour conduire à la formation de substances encore plus toxiques que le composé initial.

Ainsi, les peroxy-acyl-nitrates (PAN) se forment dans des atmosphères fortement polluées par des oxydes d'azote et des hydrocarbures à condition que le climat soit ensoleillé.

Dans un premier temps, l'ozone contenu dans ces atmosphères va réagir avec les hydrocarbures et formera des peroxyacycles

$$R - \underset{\underset{O}{\|}}{C} - O - O - \qquad (1)$$

puis, dans un second temps, se produira la réaction

$$R-\underset{\underset{O}{\|}}{C}-O-O- + NO_2 \rightarrow R-\underset{\underset{O}{\|}}{C}-O-O-NO_2 \quad (2)$$
$$\phantom{R-\underset{\underset{O}{\|}}{C}-O-O- + NO_2 \rightarrow R-\underset{\underset{O}{\|}}{C}-O-O-NO_2 \quad} \text{PAN}$$

Les PAN apparaissent donc comme des contaminants produits par interaction de polluants primaires, leur toxicité est, toutes choses égales par ailleurs, des centaines de fois supérieure aux polluants dont ils dérivent !

Interférence pollution-bactérie. — Les microorganismes représentent un facteur biogéochimique d'importance considérable. Ils peuvent s'attaquer à la quasi-totalité des polluants chimiques, même à des composés *a priori* très stables et les transformer en substances en général moins toxiques mais parfois aussi dangereuses, sinon plus, que le composé initial.

Ainsi a-t-on pu montrer que le DDT pouvait être transformé par des bactéries édaphiques en acétonitriles, substances dont la nocivité n'est pas négligeable.

De même, Jensen et Jernolov (1969) ont mis en évidence le rôle fondamental joué par des bactéries benthiques dans la conversion de mercure minéral et de dérivés organomercuriels en méthyl mercure, dont la toxicité est redoutable.

Interférence avec les facteurs atmosphériques. — Les facteurs abiotiques du milieu (température, hygrométrie ; pH et teneur en oxygène dissous pour les écosystèmes aquatiques) jouent un rôle fondamental dans la nocivité des polluants. La toxicité des agents polluants pour les animaux poïkilothermes, pour l'ensemble des organismes aquatiques et dans une certaine mesure, pour les homéothermes, est conditionnée par ces facteurs abiotiques.

La température par exemple, joue un rôle essentiel dans l'action des insecticides sur les insectes. Selon la substance considérée, le coefficient de température peut être positif ou négatif.

E. — MÉTHODES ANALYTIQUES DE DÉTECTION DES POLLUANTS

L'étude de la contamination des divers habitats et des êtres vivants par les agents polluants soulève des difficultés analytiques considérables.

La détection de substances toxiques présentes à des concentrations inférieures à la ppm et souvent de l'ordre de la ppb (= partie par milliard) fait appel à des techniques de microanalyse fort élaborée qui dépassent l'objet de cet ouvrage.

La découverte de la *chromatographie en phase gazeuse* avec capture d'électrons et son application à l'étude des composés organohalogénés permettent de déceler des traces de ces substances, même à des concentrations aussi infimes que la partie par trillion (ppt) soit 10^{-12} !

Cette technique a permis — entre autres succès dans l'identification de polluants majeurs — de séparer les biphényles polychlorés des insecticides organochlorés dont ils seraient pratiquement indiscernables par toute autre technique analytique.

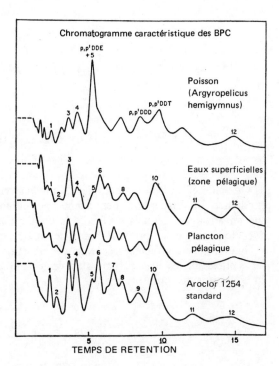

FIG. I-11. — *Chromatogrammes en phase gazeuse du DDT et de Biphényles polychlorés (BPC).*
En sus des pics du DDT et de ses dérivés (DDE et DDD) on remarque 12 pics correspondant aux BPC. Ces diagrammes ont été obtenus par analyse d'échantillons d'eau de mer et de divers organismes (plancton, poissons) prélevés dans les zones pélagiques de l'Atlantique central. En bas est figuré le chromatogramme d'un BPC (Arochlor 1254) qui sert de référence. (D'après HARVEY, MIKLAS et coll., 1973.)

Dans un autre domaine, *la spectroscopie de flamme et d'absorption atomique rend d'inestimables services dans la détection des métaux lourds et autres polluants minéraux.*

Nous citerons aussi, comme technique analytique intéressant l'écotoxicologie, la chromatographie en couche mince, qui est de plus en plus utilisée dans la détection de substances naturelles toxiques et de divers micropolluants.

Nous ne nous étendrons pas sur ces méthodes et renvoyons le lecteur à l'abondante littérature spécialisée qui s'y rapporte.

CHAPITRE II

LA POLLUTION DE LA BIOSPHÈRE

On peut définir l'écotoxicologie comme la science dont l'objet est l'étude des modalités de dispersion des agents polluants dans la biosphère et des mécanismes par lesquels s'effectue la contamination des divers écosystèmes. L'écotoxicologie se propose aussi de mettre en évidence l'interaction des polluants avec les facteurs écologiques abiotiques et biotiques et de préciser leurs effets sur les êtres vivants au niveau de l'individu, de la population et de la communauté tout entière.

A. — LES POLLUTIONS

I. — DÉFINITION

Fort utilisé de nos jours, le terme de pollution désigne l'ensemble des rejets de composés toxiques que l'homme libère dans l'écosphère, mais aussi les substances qui sans être vraiment dangereuses pour les organismes exercent une influence perturbatrice sur l'environnement.

Polluer signifie étymologiquement profaner, souiller, salir, dégrader ; ces vocables ne prêtent pas à équivoque et nous paraissent tout aussi adéquats que les longues définitions données par les experts.

Parmi celles-ci, nous retiendrons la suivante, publiée dans un rapport rédigé en 1965 par le comité scientifique officiel de la Maison Blanche, intitulé : « Pour restaurer la qualité de notre environnement ».

« La pollution, dit ce rapport, est une modification défavorable du milieu naturel qui apparaît en totalité ou en partie comme un sous-produit de l'action humaine, au travers d'effets directs ou indirects altérant les critères de répartition des flux d'énergie, des niveaux de radiation, de la constitution physico-chimique du milieu naturel et de l'abondance des espèces vivantes. Ces modifications peuvent affecter l'homme directement ou au travers des ressources agricoles, en eau et autres produits biologiques. Elles peuvent aussi l'affecter en altérant les objets physiques qu'il possède, les possibilités récréatives du milieu ou encore en enlaidissant la nature. »

Cette définition englobe en réalité toute action par laquelle l'homme dégrade la biosphère.

Mais il faut prendre aussi en considération, en sus des polluants créés de façon artificielle par la civilisation moderne, ceux qui existent dans la nature et dont l'homme accroît la fréquence. Doivent être rangées dans ce groupe les aflatoxines, les diverses toxines bactériennes liées aux manipulations des aliments par l'industrie, la pollution micro-biologique des eaux, etc.

II. — HISTORIQUE DES POLLUTIONS

L'histoire des pollutions reflète fidèlement les progrès de la technologie.

Les premières causes de contamination de l'environnement apparurent au Néolithique. A cette époque, la découverte de l'Agriculture permit la sédentarisation des groupes humains et donc la création de cités où la densité des populations dépassa pour la première fois de beaucoup celle qui caractérise toute autre espèce de Mammifère, fût-elle des plus grégaires. Cependant, ces sources de pollution demeurèrent des plus limitées. Elles provenaient de la contamination micro-biologique des eaux par les effluents domestiques et plus rarement de la manipulation de divers métaux non ferreux toxiques par des méthodes primitives.

Pendant toute la période historique et jusqu'aux débuts de l'ère industrielle, qui se situe au XVIIIe siècle en Europe, les pollutions furent toutefois des plus limitées. Il faut attendre la naissance de la grande industrie, au milieu du siècle dernier, pour que la contamination de l'eau, de l'air et parfois des sols devienne localement préoccupante dans les alentours des installations minières ou métallurgiques et dans les grandes cités industrielles surpeuplées.

Mais quelle que soit l'importance des problèmes de pollution qui se sont manifestés jusqu'à la seconde guerre mondiale, aucun d'entre eux n'a présenté le caractère angoissant que confèrent la technologie moderne et la croissance des dernières décennies aux émissions des foyers industriels et urbains, à l'accumulation des déchets, à la libération de substances nouvelles extraordinairement toxiques dans l'air, les eaux et les sols...

Les plus graves questions d'écotoxicologie auxquelles nous sommes aujourd'hui confrontés proviennent du rejet dans l'environnement de substances à la fois très nocives et peu biodégradables sinon indestructibles...

Aux anciennes causes de pollution dont l'importance a crû de façon exponentielle viennent aujourd'hui s'ajouter de nouvelles qui résultent en particulier du développement de la chimie organique et de l'industrie nucléaire...

B. — CAUSES ET IMPORTANCE DE LA POLLUTION DE LA BIOSPHÈRE

I. — GÉNÉRALITÉS

L'immense majorité des nuisances propres à la civilisation industrielle provient de ce qu'elle a perturbé le flux d'énergie naturel et de ce qu'elle a rompu le cycle de la matière en produisant des quantités croissantes de déchets non biodégradables donc non recyclables.

De nos jours, population et pollution croissent de façon accélérée, tandis que le pouvoir autoépurateur de l'écosphère est de plus en plus compromis par la dispersion de résidus toxiques et varie en sens inverse, tendant vers sa neutralisation complète... Mais en outre, le gaspillage propre aux pays occidentaux, dont les structures sociologiques actuelles incitent au renouvellement fréquent des biens de consommation, non seulement lorsqu'ils sont usagés, mais aussi quand ils sont passés de mode, concourt à faire croître dans d'énormes proportions l'importance des pollutions. Aujourd'hui, l'usure est incorporée dès la chaîne de fabrication. De plus, la suppression précoce et fréquente des modèles commercialisés rend impossible le remplacement des pièces usagées, contraignant le consommateur, fût-il réfractaire à l'action des mass media publicitaires, au renouvellement entier des objets.

Ainsi, le volume des résidus jetés à la décharge est-il artificiellement gonflé par l'obsolescence des biens de consommation, érigée en système dans notre société.

Cette dilapidation scandaleuse d'énergie et de matières premières conduira tôt ou tard l'humanité vers un déficit insurmontable en produits de base pour les activités industrielles et agricoles s'il n'y est pas mis un terme dans les plus brefs délais.

Cependant, d'autres facteurs, de nature sociologique, aggravent aussi la pollution de l'environnement dans les pays industrialisés.

L'urbanisation accélérée figure sans aucun doute parmi les plus préoccupants d'entre eux. Au début du siècle, plus de la moitié de la population européenne vivait dans les campagnes — sauf en Grande-Bretagne. Tel était le cas de la France jusqu'en 1939. Aujourd'hui, 80 % des habitants de notre pays vivent en ville, l'exode rural s'est amplifié au cours des dernières décennies, dépeuplant les provinces au profit de métropoles millionnaires. La région parisienne, dont l'extension s'amplifie avec la politique des villes nouvelles, compte à elle seule dix millions d'habitants soit deux fois la population de la Finlande tout entière ! La plus gigantesque mégalopole du monde s'étend sur la côte Est des États-Unis, de Boston à Washington et compte près de quarante millions d'habitants à l'heure actuelle !

La concentration des industries et de l'habitat sur les mêmes lieux, relativement peu étendus eu égard aux densités de population atteintes, multiplie les nuisances dans les pays dits développés. Il est certain que l'urbanisation accélérée intervient pour une part prépondérante, de même que l'industrialisation anarchique, dans l'intensification des phénomènes de pollution. Cette tendance est amplifiée par l'amenuisement incessant des zones boisées périurbaines, lesquelles livrées à une promotion immobilière effrénée font l'objet de convoitises diverses, alors que leur rôle indispensable dans l'épuration de l'air, devrait les rendre inaliénables.

La conjonction de ces divers facteurs a provoqué au cours de ces dernières décennies un accroissement de la pollution beaucoup plus rapide que celui de la population dans les pays industrialisés. Aux États-Unis par exemple, l'indice de pollution *per capita* s'est élevé de 1 000 % entre 1946 et 1970 tandis que la population n'a crû « que » de 46 % pendant la même période.

II. – LES PRINCIPALES SOURCES DE POLLUTION

La croissance de la pollution de l'écosphère est à la fois de nature quantitative et qualitative.

En sus de l'augmentation de la production et de la consommation *per capita* autorisée par les progrès de la technologie intervient une diversification incessante dans la nature des substances polluantes libérées par l'homme dans le milieu naturel. La chimie organique moderne, par exemple, permet chaque année la commercialisation de plusieurs centaines de substances nouvelles, souvent très novices pour les êtres vivants, dont la fabrication à vaste échelle, à raison de plusieurs milliers de tonnes par an est en général entreprise avant toute étude de leurs propriétés toxicologiques et écologiques.

On peut distinguer en définitive trois principales causes de contamination de l'écosphère dans la civilisation industrielle :

la production de l'énergie ;
les activités de l'industrie chimique ;
les activités agricoles.

Pour chacune de ces causes fondamentales de pollution existent des sources situées en amont, au niveau de la fabrication et en aval à celui de l'utilisation par le consommateur.

1º La production d'énergie, source essentielle de pollution

En ces temps de crise énergétique, le consommateur occidental, qu'il s'agisse de personnes morales ou physiques, est obnubilé par le problème des ressources énergétiques et... de leur prix. Cependant, pour l'écologiste, la crise de l'énergie a commencé bien avant que le grand public... et les hommes politiques ne soient préoccupés par l'éventuelle pénurie de produits pétroliers. Un des éléments essentiels de la crise de l'énergie, prise au sens le plus large, tient dans les multiples pollutions associées à ses divers usages dans la civilisation contemporaine.

La véritable boulimie énergétique qui s'est emparée des pays industrialisés, outre qu'elle implique le gaspillage effréné de ressources naturelles à la fois peu abondantes et non renouvelables comme le pétrole, joue un rôle prépondérant dans la contamination de l'environnement par d'innombrables substances toxiques.

Les combustibles fossiles. — *a*) **Le charbon.** — C'est à partir du XVIIIe siècle, époque à laquelle l'on commença à faire appel à la houille pour les besoins en combustibles des citadins et des industries que l'on observa les premières pollutions atmosphériques. Le fameux smog londonien (« pea-soup ») en constitua une des manifestations les mieux connues du profane.

Au cours du XIXe siècle, en particulier après 1860, l'extraction du charbon et du pétrole s'effectua à un rythme sans cesse accru pour subvenir aux besoins énergétiques de la grande industrie et pour alimenter les nouveaux modes de transport : chemins de fer, navires à vapeur.

En 1900, le charbon couvrait 90 % des besoins mondiaux d'énergie contre 4 % seulement pour le pétrole.

Depuis, le gaz naturel est venu s'ajouter à ces combustibles tandis que la part du pétrole ne cessait de croître au détriment du charbon. Ainsi, de 1929 à 1971, la production mondiale de houille ne s'est accrue que de 70 % alors que celle de pétrole augmentait de 1 000 % dans le même laps de temps.

En France, le charbon couvrait 51 % des besoins énergétiques nationaux en 1950 et seulement 10 % en 1972 ! A l'heure actuelle, les hydrocarbures subviennent à 73 % de la consommation énergétique de l'Europe occidentale.

b) **Le pétrole.** — A ces changements qualitatifs survenus dans les sources d'approvisionnement s'est ajoutée une fantastique croissance des quantités d'énergie consommées. Aux États-Unis, celles-ci se sont élevées de 70 fois en un siècle. En France, les importations de pétrole sont passées de 5 millions de tonnes en 1939 à 100 millions de tonnes en 1972. Au niveau mondial, la production pétrolière a crû de 250 % de 1960 à 1972, année ou l'extraction s'est élevée à 2,6 milliards de tonnes !

Une autre donnée permet de saisir l'importance de la colossale consommation d'énergie propre à notre civilisation : la masse totale de combustibles fossiles brûlée en 1969 était égale à 5 % de la production primaire brute annuelle due à la photosynthèse dans l'ensemble de la biosphère.

Nous vivons donc aujourd'hui à l'ère du pétrole, bien que son utilisation comme carburant fasse figure d'un sacrilège comparable à celui commis par nos ancêtres qui détruisaient nos forêts afin de produire du charbon de bois.

L'emploi des hydrocarbures fossiles intervient à tous les niveaux d'activité dans notre civilisation, tant en amont de la production industrielle (usines, centrales thermiques) qu'en aval (automobile, usages domestiques). En effet, malgré la dilapidation inouïe de ressources non renouvelables que cela représente, pétrole et gaz naturel servent avant tout comme combustibles. En France, 35 % du pétrole importé en 1972 a été brûlé sous forme de fuels industriels, 25 % a servi au chauffage des locaux commerciaux et des habitations, 22 % a été utilisé comme carburant et seulement 7 % comme matière première dans l'industrie chimique pour diverses synthèses organiques.

Les faits précités pourraient paraître éloignés du sujet même de cet ouvrage. Ceci n'est en réalité qu'apparent car ils permettent de souligner l'importance fondamentale de la production et de l'utilisation de l'énergie provenant des combustibles fossiles dans la pollution de l'écosphère.

A tous les stades de l'activité humaine, l'usage des hydrocarbures fossiles les place au premier rang des sources de contamination de l'environnement (Tableau II-1).

Tableau II-1. — Principales causes de pollution associées a l'usage des hydrocarbures fossiles

Activité	Cause de pollution	Milieu pollué	Nature des polluants
Extraction	Fuite de puits « Off Shore »	Océan	Pétrole brut
Transport	Accidents, « dégazage »	«	«
Raffinage	Rejet d'effluents gazeux et liquides	Atmosphère eaux continentales mers	divers composés organiques SO_2, mercaptans etc.
Utilisation	combustions incomplètes	Atmosphère	SO_2, oxydes d'azote, hydrocarbures

c) **Les conséquences de la croissance énergétique.** — L'extraction et l'usage du pétrole s'accompagnent d'innombrables pollutions et de bien d'autres non-sens écologiques. Les marées noires et autres fuites de pétrole contaminent l'océan mondial, leur raffinage pollue les eaux continentales. L'implantation des raffineries saccage bien des sites littoraux et dévaste de riches terrains agricoles car le choix de leur lieu d'édification ferait parfois douter du bon sens du certains « aménageurs ».

Tel est en particulier le cas de l'insensé développement des transports routiers de fret ou de la circulation automobile urbaine, grands dévoreurs d'espace et gaspilleurs de carburant. Lentement mais sûrement, voies express en tout genre, bretelles, autoroutes, dévastent le milieu urbain et empiètent sans cesse sur les zones rurales, les massifs forestiers reculés et les rares îlots de nature miraculeusement conservés de notre vieille Europe. En outre, cette prolifération automobile permet aux foules urbaines maintenues de façon quasi délibérée dans l'ignorance totale des problèmes de protection de la nature, de transformer peu à peu en décharges publiques les rares espaces d'intérêt biologique qui subsistent encore aujourd'hui.

Mais par ailleurs, la boulimie énergétique propre aux pays industrialisés s'accompagne d'une contamination sans cesse accrue de l'air, des eaux continentales et des océans par d'innombrables substances polluantes produites par les combustions d'hydrocarbures fossiles. Cette contamination de l'atmosphère et des sols anéantit peu à peu les forêts circumurbaines.

Elle menace aussi de plus la santé humaine en des temps où la recherche systématique du profit maximal prime sur toute considération d'hygiène publique.

Les atermoiements opposés par les pétroliers à la suppression du Plomb dans les essences ou à toute désulfuration significative des fuels viennent à l'appui de nos affirmations. Il suffit pour s'en convaincre de songer aux redoutables conséquences épidémiologiques qui découlent de la pollution de l'air urbain par le SO_2, en particulier de l'inexorable ascension de la bronchite chronique.

L'énergie nucléaire. — Mais de nouvelles inquiétudes, amplifiées par la gravité de la crise de l'énergie dans les pays occidentaux se sont manifestées au cours des dernières années. Elles résultent du développement accéléré de l'industrie nucléaire.

Aux appréhensions justifiées qu'a suscitées la pratique des essais dans l'atmosphère d'engins de « dissuasion » et à la multiplication de ces armements est venue récemment s'ajouter la crainte d'une pollution généralisée et insidieuse par les rejets d'effluents dilués, contaminés par divers radio-nucléides, qui proviennent des réacteurs nucléaires et surtout des usines de traitement de combustible irradié indispensable à tout développement de l'énergie atomique.

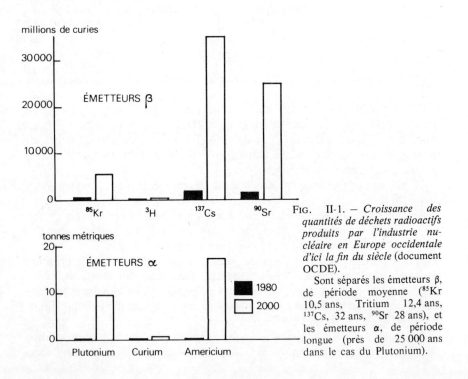

FIG. II-1. — *Croissance des quantités de déchets radioactifs produits par l'industrie nucléaire en Europe occidentale d'ici la fin du siècle* (document OCDE).

Sont séparés les émetteurs β, de période moyenne (^{85}Kr 10,5 ans, Tritium 12,4 ans, ^{137}Cs, 32 ans, ^{90}Sr 28 ans), et les émetteurs α, de période longue (près de 25 000 ans dans le cas du Plutonium).

Encore limitée à l'heure actuelle, la production de déchets radioactifs va croître à un rythme inquiétant d'ici la fin du siècle. Ainsi, la production de ^{137}Cs atteindra selon l'OCDE $5\,000 \times 10^6$ curies en 1980 et 35×10^9 curies en l'an 2000. Celle de plutonium irrécupérable sera de 200 kg en 1980 et de 10 tonnes en l'an 2000 !

Si les États-Unis voulaient subvenir à tous leurs besoins en électricité avec des centrales de type eau légère, ils devront gérer au début du prochain siècle une production annuelle de déchets équivalente à celle de 8 millions de bombes de type Hiroshima !

A titre d'exemple, une centrale type PWR de 1 000 Mégawatts est capable de produire chaque année 0,6 million de curies de ^{85}Kr, 117 millions de curies de radiostrontium, 114 millions de curies en radioiode, 154 millions de curies de ^{137}Cs etc. En tout, 30 tonnes d'uranium enrichi à 3 % sont nécessaires au fonctionnement de cette centrale chaque année et engendrent donc une masse équivalente de combustibles irradiés contaminés par ces divers déchets, qu'il faut retraiter.

On concevra donc que la manipulation et la gestion d'un tel stock de résidus contaminés par de redoutables radio-éléments présentent des risques qui ne paraissent pas négligeables *a priori* malgré les propos lénifiants de responsables de l'électronucléaire. Les dangers potentiels des radiations ionisantes, en particulier leurs actions mutagène et carcinogène, exigent que les seuils de concentrations réputés admissibles — lorsqu'ils existent — soient fixés avec la plus grande rigueur et non pas révisés en hausse comme certains le suggèrent.

Les nuisances associées à l'énergie. — Parmi les principales nuisances associées à la production et à l'utilisation de l'énergie, on ne saurait omettre une d'entre elles, de nature physique, la pollution thermique. Toutes les machines utilisées par l'homme se caractérisent par un rendement thermodynamique à peine supérieur à 40 % dans le meilleur des cas. En conséquence, lorsque l'homme brûle une masse déterminée de combustibles fossiles ou de matière fissile, 60 % de l'énergie potentielle est perdu dans l'environnement sous forme de basses calories inutilisables. Cette question est particulièrement préoccupante dans le cas des centrales thermiques classiques ou nucléaires qui produisent sur une aire restreinte des quantités colossales d'énergie. Le refroidissement d'une centrale de 1 000 MW nécessite le débit entier de la Seine à l'étiage ! Il s'ensuit un réchauffement des eaux fluviales ou littorales catastrophique pour les êtres vivants limniques et marins. Par ailleurs, si l'on utilise des aéroréfrigérants (Tours de condensation), il peut advenir diverses modifications climatiques locales défavorables.

2º *L'industrie chimique moderne source de polluants variés*

L'évolution de la production chimique. — L'expansion extraordinaire qu'a connue l'industrie chimique au cours des dernières décennies se traduit par la mise en circulation dans la biosphère d'innombrables composés minéraux ou organiques de toxicité souvent élevée. La métallurgie et l'électronique recourent de plus en plus à des métaux et métalloïdes « exotiques » qui ne se rencontrent qu'à l'état de traces ou ne figurent pas dans les constituants normaux de la matière vivante : mercure, cadmium, niobium, arsenic, antimoine, vanadium, sélénium, etc. sont aujourd'hui employés couramment dans diverses branches industrielles. Quant à la chimie organique, elle met en circulation des composés artificiels en nombre sans cesse accru. Chaque année sont synthétisées plus de 50 000 molécules nouvelles et 500 nouvelles substances sont commercialisées à vaste échelle sans que leurs propriétés toxicologiques n'aient donné lieu à des études suffisantes pour garantir l'innocuité de leur usage...

En France, l'industrie produit chaque année 30 millions de tonnes de déchets divers. Aux États-Unis, où les problèmes de pollution atteignent aujourd'hui des dimensions catastrophiques, inégalées partout ailleurs — sauf sans doute au Japon — il se rejette chaque année 125 millions de tonnes de matières solides dans lesquelles on dénombrait 48 milliards de boîtes de conserve vides, 26 milliards de bouteilles et fûts enfin 65 milliards d'emballages métalliques et plastiques, en 1965 !

Les agents polluants. — On ne saurait dresser ici une liste exhaustive des innombrables composés organiques, rarement inoffensifs, rejetés tant en amont qu'en aval de l'activité industrielle moderne : aldéhydes, phénols, fluorures, amines diverses, détersifs, etc. sont dispersés dans le milieu naturel et se retrouvent soit dans l'air, soit dans les eaux et contribuent chacun pour leur part à la contamination des divers écosystèmes.

La dispersion dans l'environnement de matières plastiques variées : polyéthylène, chlorure de polyvinyle, polyuréthane, polystyrènes etc. est de nature préoccupante à l'heure actuelle. N'oublions pas que ces substances, outre des traces de monomère pas toujours inoffensives, renferment divers stabilisants, polymérisants et agents plastifiants dont la toxicité est fort mal évaluée. La combustion incomplète des matières plastiques, leur rejet dans les eaux continentales et les océans, semblent jouer un rôle significatif dans la contamination de l'environnement par les biphényles polychlorés (BPC) substances similaires au DDT et par le cadmium, métal très toxique et carcinogène utilisé comme stabilisateur de certains de ces polymères synthétiques.

Dispersion planétaire de certains toxiques. — Un autre aspect, non moins préoccupant, de la pollution de la biosphère par l'industrie chimique réside en l'étendue des surfaces exposées aux innombrables substances toxiques produites par les activités humaines. Jusqu'à une date récente, celles-ci se localisaient autour des zones urbaines et industrielles. Mais depuis la fin de la dernière guerre mondiale, la contamination du milieu naturel par les produits de la technologie moderne s'étend à des régions de plus en plus reculées et l'on peut affirmer que la menace est aujourd'hui à l'échelle planétaire.

Si l'opinion publique est depuis longtemps informée de la dispersion globale des retombées radioactives provoquées par l'expérimentation d'engins dits « de dissuasion », elle ignore souvent que le même phénomène se produit avec un grand nombre d'éléments toxiques minéraux ou organiques. On s'est de la sorte beaucoup moins inquiété — jusqu'à une date assez récente — de la contamination de l'ensemble de l'écosphère, océan mondial inclus, par de nombreux produits de la chimie de synthèse. Aussi, on trouve à l'heure actuelle des fragments de plastique dérivant en pleine mer des Sargasses. L'ensemble de l'atmosphère et de l'hydrosphère est peu à peu empoisonné par des composés persistants et de toxicité pernicieuse tels l'hexachlorobenzène (HCB), substance aux nombreux usages industriels ou les Biphényles Polychlorés (BPC) déjà nommés. On trouve de la sorte des traces de ces composés organohalogénés dans l'organisme de mammifères du Grand Nord canadien ou dans celui des poissons pélagiques, et aussi d'animaux antarctiques !

Il en est de même d'autres substances, comme le Mercure, très utilisé dans l'industrie, en particulier pour la catalyse, qui à l'image des composés précédents persiste dans l'ensemble des écosystèmes et contamine de façon insidieuse tous les réseaux trophiques.

L'océan mondial constitue en définitive le réceptacle final, l'ultime zone d'accumulation de tous les résidus toxiques produits par la technologie moderne. Aussi doit-on dès à présent s'étonner que la civilisation contemporaine continue avec une telle persévérance à la considérer à la fois comme une poubelle et comme un garde-manger, usages *a priori* incompatibles !

3° *L'agriculture moderne*

Les causes. — *a*) **Les engrais.** — Elle représente également une importante source de pollution du milieu naturel. L'usage massif d'engrais chimiques, le recours systématique aux pesticides ont certes permis une augmentation très significative et parfois même spectaculaire des rendements agricoles dans les pays développés.

Malheureusement, la hausse de productivité des terres de culture ainsi obtenue s'est accompagnée d'une multitude d'effets indésirables ou nocifs liés à la contamination croissante de la biosphère par ces substances.

L'extension de l'usage de la fumure minérale par apport de composés azotés, de phosphates et de sels de potasse a joué un rôle déterminant dans cette augmentation des rendements ; la consommation mondiale de fertilisants, qui n'excédait pas 7 millions de tonnes en 1945, a dépassé 53 millions de tonnes en 1968 et atteint 65 millions de tonnes en 1974, Chine exclue.

b) **Les pesticides.** — De même, l'usage des pesticides connaît une expansion considérable, non seulement dans les pays développés et sur les cultures tropicales d'exportation, mais aussi dans l'ensemble du Tiers-Monde où la prétendue « révolution verte » a augmenté les exigences en traitements anti-parasitaires car elle a propagé des variétés moins résistantes aux divers ravageurs des cultures que les souches cultivées autochtones.

La production américaine de pesticides est passée de 45 000 t en 1946 à 515 000 t en 1971 (matières actives pures) ! Près de trois millions de tonnes de DDT ont été dispersées dans la biosphère depuis la découverte de cet insecticide. On estime qu'au moins le quart de ce tonnage est entreposé dans l'hydrosphère à l'heure actuelle et qu'il y persistera pendant plusieurs décennies, même s'il était totalement interdit dès à présent dans le monde, ce qui est loin d'être le cas aujourd'hui.

Les masses de pesticides actuellement utilisées en agriculture sont donc très considérables si l'on réfléchit à la toxicité ou à la persistance (parfois à ces deux propriétés en même temps) extraordinaires de la plupart de ces composés dont la majorité possèdent en un mot une très intense activité biocide.

L'insertion des pesticides dans les réseaux trophiques n'est plus à démontrer. Elle concerne en dernière analyse l'homme qui se trouve particulièrement exposé car notre espèce est située, ne l'oublions pas, au sommet de la pyramide écologique.

c) **La pollution des aliments.** — La contamination de l'alimentation humaine constitue un des problèmes d'environnement les plus préoccupants à l'heure actuelle. En effet, il s'en faut de beaucoup que les pesticides soient les seules substances chimiques qui polluent les aliments. L'usage des antibiotiques, des sulfamides et même d'hormones en zootechnie conduit aussi à une contamination fort inquiétante de nos chaînes trophiques. Que penser alors de l'usage volontaire des additifs alimentaires, lequel conduit à polluer notre nourriture par des colorants, parfums, stabilisants, émulsifiants, etc. dont le moins qu'on puisse en dire est qu'ils ne sont pas favorables à la santé du consommateur ? L'usage de ces substances ne peut être justifié par aucune considération diététique et devrait être formellement proscrit.

Pollutions et équilibres écologiques globaux. — En définitive, le problème des pollutions est multiforme. Il concerne directement l'homme au travers de la contamination des milieux inhalés et ingérés.

Cependant, l'ampleur des effets écologiques prévisibles ou inattendus n'est pas moins préoccupante.

La masse et la diversité croissante des polluants rejetés dans l'environnement par la technologie moderne conduisent aujourd'hui à s'interroger sur leurs effets globaux à l'échelle de la biosphère.

L'introduction probable de divers contaminants de façon simultanée dans tel ou tel écosystème doit faire envisager l'éventualité d'actions synergistes au niveau écologique. Les composés que l'homme disperse dans la biosphère sont sans doute étudiés avec soin, en règle générale sur quelques types d'organismes pris isolément. Il faut toutefois prendre conscience des limites de telles méthodes. En effet, les agents polluants se rencontrent de façon simultanée, en mélange dans tel ou tel biotope et agissent sur des biocoenoses extrêmement complexes. Il est à peu près impossible de simuler en laboratoire, en quelque sorte *in vitro*, un écosystème ou même un fragment de ce dernier...

On oublie donc souvent que les toxiques dispersés dans la biosphère réagissent non pas sur quelques espèces particulièrement sensibles mais sur un ensemble de communautés. Par ailleurs, certains facteurs écologiques abiotiques ou biotiques peuvent exalter la toxicité de substances réputées peu nocives soit en favorisant leur dispersion, soit en leur faisant subir des modifications chimiques.

Enfin, certaines pollutions peuvent interférer avec les phénomènes biogéochimiques et perturber le fonctionnement de la biosphère.

N'a-t-on pas récemment émis l'hypothèse que la pollution de l'océan mondial par le pétrole pourrait modifier le cycle de l'eau, donc le régime des pluies ? En effet, le pétrole, doué de propriétés tensio-actives, diminue la formation d'aérosols marins. Or les sels injectés dans l'atmosphère par ce processus jouent un rôle essentiel dans la formation des centres de condensation à partir desquels se condense la vapeur d'eau atmosphérique.

Il apparaît donc que les conséquences des pollutions dépassent largement le cadre des effets sur telle ou telle espèce mais se manifestent aussi à l'échelle synécologique.

C. — CLASSIFICATION DES POLLUTIONS

La présentation logique de toute étude relative aux effets des pollutions impose une classification de ces dernières.

Cette entreprise se présente en réalité comme fort ardue car on ne peut la mener à bien sans faire appel à plusieurs critères simultanément.

On peut certes grouper les polluants selon leur nature : physique, chimique, biologique, etc. ou de façon écologique soit par l'étude de leurs effets à des niveaux de complexité croissante : espèce, population, communautés, soit selon le milieu dans lequel ils sont émis et exercent leur action nocive... Enfin, on peut se placer sur le plan purement toxicologique et considérer la manière par laquelle les polluants pénètrent dans les organismes : inhalation, ingestion, contact, etc.

En fait, aucune des méthodes précédentes, prise individuellement, n'est satisfaisante car une même substance peut présenter diverses modalités d'action. L'anhydride sulfureux libéré dans l'air sera entraîné par exemple dans les eaux continentales qu'il acidifiera, il sera aussi absorbé par les plantes et rejeté par leurs racines sous forme de sulfate, passant donc dans les sols. Il agit aussi bien sur les végétaux que sur les animaux. Il peut être inhalé en tant que polluant de l'air ou ingéré quand il sert de conserver dans l'industrie alimentaire, etc.

Le tableau II-2 figure la classification que nous avons adoptée. Celle-ci s'efforce de réaliser un compromis entre les divers critères de répartition envisageables sans pour autant nous dissimuler le caractère artificiel propre à une telle entreprise.

D. — MÉCANISMES DE DISPERSION ET DE CIRCULATION DES POLLUANTS

La pensée technocratique contemporaine commet deux erreurs fondamentales lorsque sa réflexion porte sur des problèmes de pollution.

La première consiste à considérer que les effluents nocifs ne pourront exercer leurs méfaits que dans le voisinage immédiat du point de rejet. La seconde postule que les substances toxiques se dilueront rapidement dans l'air, les sols et les eaux, de sorte que leur concentration baissera au-dessous des seuils de nocivité fixés par les experts. Ces deux propositions sont toujours associées et considérées comme complémentaires.

L'expérience infirme hélas trop souvent cette conception par trop simpliste qui méconnaît la complexité des mécanismes biogéochimiques caractérisant l'écosphère. Le rejet des polluants dans l'environnement est un phénomène complexe, il ne saurait être limité à l'aspect fallacieusement ponctuel du panache de fumée de la cheminée ou à l'émissaire d'égout déversant ses effluents dans la mer.

Tableau II-2. — CLASSIFICATION DES POLLUANTS.

Nature des polluants	Atmo-sphère	Écosystèmes		
		Conti-nentaux	Limniques	Marin
1) *Polluants physiques*				
Radiations ionisantes	+	+	+	+
Pollution thermique			+	+
2) *Polluants chimiques*				
Hydrocarbures et leurs produits de combustion	+	+	+	+
Matières plastiques	+	+	+	+
Pesticides		+	+	+
Détersifs			+	+
Composés organiques de synthèse divers	+	+	+	+
Dérivés au Soufre	+	+	+	
Nitrates		+	+	+
Phosphates		+	+	+
Métaux lourds	+	+	+	+
Fluorures	+	+		
Particules minérales (aérosols)	+	+		
3) *Polluants biologiques*				
Matières organiques mortes			+	+
Microorganismes pathogènes	+	+	+	+

Dans la quasi-totalité des cas, les substances libérées dans l'écosphère vont être entraînées fort loin du point de rejet. La circulation atmosphérique et hydrologique les dispersera de façon progressive dans l'ensemble de l'écosphère.

1º Circulation atmosphérique des polluants

Passage des polluants dans l'air. — Les mouvements atmosphériques jouent un rôle fondamental dans la dispersion des polluants et leur répartition dans les divers biotopes. Tout composé organique ou minéral, même s'il est solide peut théoriquement passer dans l'air. Direct dans le cas des gaz, ce passage s'effectue sous forme d'aérosols pour les liquides à faible tension de vapeur et à l'état de fines particules dans le cas des solides non sublimables.

Certains des contaminants ainsi introduits par l'homme dans l'atmosphère en sont des constituants naturels.

L'anhydride sulfureux, le gaz carbonique, les oxydes d'azote, ou même le mercure s'ajoutent aux quantités normalement présentes dans l'air. Celles-ci proviennent des divers processus biogéochimiques donc des phénomènes naturels comme le volcanisme.

D'autres substances polluantes : radionucléides, pesticides, agents plastifiants, etc. sont exclusivement d'origine technologique.

Les lois générales de circulation atmosphérique. — La connaissance des lois générales de circulation des masses d'air dans la troposphère et dans la stratosphère est donc essentielle pour comprendre les mécanismes par lesquels s'effectue la contamination de la biosphère.

Ces lois ont été précisées au cours de diverses investigations menées depuis quelques décennies à l'aide d'aéronefs, de ballons-sondes de hautes performances et plus récemment grâce aux divers satellites météorologiques.

a) **Les mouvements horizontaux.** — Le sens et la vitesse des courants stratosphériques et troposphériques sont aujourd'hui connus avec précision. Ainsi a-t-on pu montrer l'existence d'un vent dominant d'ouest qui souffle au niveau de la tropopause (1), dans l'hémisphère Nord. Sa vitesse, de 35 m/s en moyenne, permet un transit circumterrestre de toute substance injectée à ce niveau en 12 jours ! Cela explique la célérité avec laquelle les particules émises par une éruption volcanique ou par une explosion nucléaire se dispersent dans l'ensemble de l'atmosphère planétaire.

b) **Les mouvements verticaux.** — A ces courants horizontaux se combinent des mouvements verticaux des masses d'air qui permettent une circulation atmosphérique du nord vers le sud. La combinaison des vents ouest-est avec une dérive ascensionnelle au niveau des basses latitudes engendre un type de circulation atmosphérique dénommé cellule de Hadley. Celui-ci permet l'échange des masses d'air entre les deux hémisphères au niveau de la troposphère des régions équatoriales.

---

(1) Limite entre la troposphère, qui correspond aux couches les plus basses de l'atmosphère et la stratosphère, la tropopause est caractérisée par une chute brutale des températures.

Entre l'équateur et les régions polaires viennent se placer en contact avec les cellules de Hadley d'autres cellules, dites de Ferrel, qui assurent le transfert des masses d'air polaires vers les tropiques et des masses d'air tropicales vers les pôles.

Les déplacements verticaux des masses d'air interviennent aussi de façon déterminante dans la circulation et la dispersion des polluants. L'existence de cumulo-nimbus, ces énormes nuages d'orage, qui peuvent s'élever à 18 km d'altitude sous les tropiques, atteste de l'importance de ces mouvements ascensionnels, dont la vitesse dépasse parfois 30 m/s.

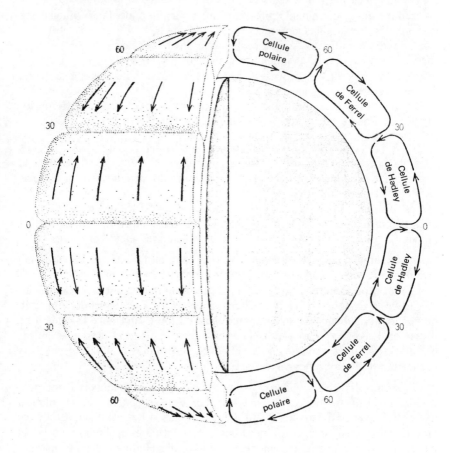

Fig. II-2. — *Modèle général de la circulation atmosphérique.* La combinaison de courants verticaux et horizontaux assure le transfert des masses d'air équatoriales vers les pôles et réciproquement ainsi que les échanges entre les deux hémisphères (D'après Oort, 1970.)

Le temps de résidence. — Si la diffusion des polluants est des plus rapides — quasi immédiate même — au niveau de la troposphère, elle s'effectue au contraire très lentement dans la stratosphère à cause de la faible vitesse d'échange entre couches d'air d'altitude différente. Les mouvements verticaux y atteignent tout au plus quelques cm/s de sorte que des particules introduites à ce niveau peuvent y séjourner des années. On a pu calculer que la durée moyenne pendant laquelle une particule insédimentale (1) demeure dans la

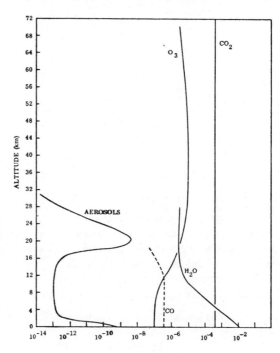

Fig. II-3. — *Répartition de divers constituants naturels et (ou) produits par l'activité humaine dans l'atmosphère en fonction de l'altitude.* Remarquer l'accumulation de particules solides insédimentables au niveau de la stratosphère. (D'après Varney et Mac Cormac, 1971).

stratosphère est comprise entre 2 et 3 ans à l'altitude de 30 km, elle est de 1 an dans la basse stratosphère (entre 15 et 18 km). Ce temps moyen de résidence desparticules microscopiques n'est plus que de deux mois au niveau de la tropopause (limite trophosphère - stratosphère) et de 30 jours dans la troposphère moyenne (vers 6 000 m). Les aérosols ne séjournent qu'une semaine dans la basse troposphère, au-dessous de 3 000 m d'altitude (Fig. II, 4).

a) **Facteurs modifiant le temps de résidence.** — En fait, ce temps de résidence est d'autant plus prolongé qu'il s'agit d'une substance pour laquelle n'existent pas ou peu de mécanismes physico-chimiques efficaces permettant leur extraction de l'atmosphère puis leur transformation et leur accumulation dans les eaux et les sols.

---

(1) Les particules insédimentables ou « aérosols » sont des particules microscopiques qui ne peuvent se déposer par gravitation, le mouvement brownien leur conférant une accélération supérieure à celle de la pesanteur à cause de leur faible masse.

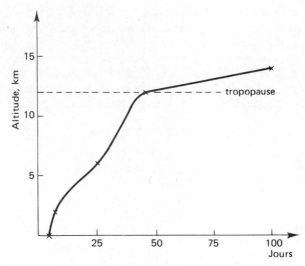

Fig. II-4. — *Temps de séjour moyen des particules insédimentables en fonction de leur altitude.* (D'après Bowen, *in* Lenihan et Fletcher, 1977.)

De tels processus font défaut pour divers composés volatils de synthèse peu réactifs libérés dans l'air, comme les Fréons, composés organiques chlorofluorés et *a fortiori* pour les gaz rares radioactifs dont l'absence totale de réactivité chimique est bien connue.

Il apparaît donc un risque d'accumulation d'éléments qui peuvent persister pendant une durée indéterminée, mais prolongée, dans l'atmosphère.

b) **Le cas du Krypton 85.** — Cette question est particulièrement préoccupante pour le ^{85}Kr produit par les réacteurs nucléaires, dont la période est de 10,5 ans. Si les programmes électronucléaires actuellement en cours de développement dans divers pays du monde sont menés à bien, en l'absence de technique de stockage du ^{85}Kr produit par ces réacteurs, les quantités de gaz rare radioactif libérées dans l'atmosphère seraient telles qu'il faudrait mettre des 1985 sous radioprotection l'ensemble des personnels travaillant dans l'industrie de l'air liquide !

2º *Passage des polluants de l'atmosphère dans l'eau et les sols*

Les mécanismes d'échange. — Fort heureusement, à quelques rares exceptions près, les polluants atmosphériques ne séjournent pas *ad infinitum* dans l'air. Les précipitations les ramènent à la surface du sol et (ou) dans l'hydrosphère.

Les particules solides sont entraînées mécaniquement ou par dissolution, les substances gazeuses sont également dissoutes dans les eaux pluviales. Les polluants circulent ensuite à la surface des continents, cheminant dans les sols et contaminant les nappes phréatiques. En outre, le jeu du lessivage et de l'érosion hydrique intervient de façon essentielle dans le transfert des polluants des sols vers l'hydrosphère. En définitive, les phénomènes géochimiques vont

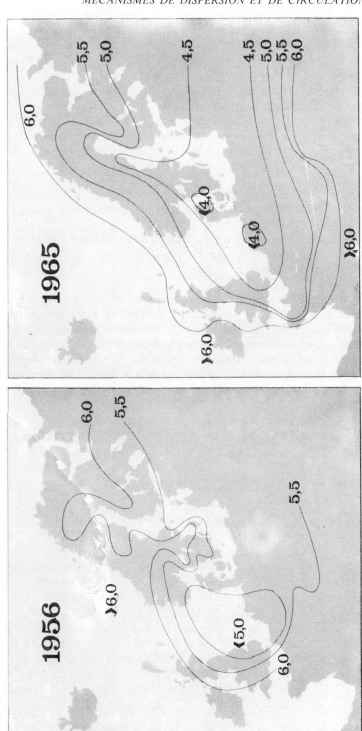

Fig. II-5. — *Rôle des vents dans le transfert de la pollution.* La forte acidification des eaux de pluie tombant sur le Sud de la Scandinavie est actuellement attribuée au déplacement de masses d'air fortement polluées par le SO_2, amenées par les Vents de Sud-Ouest, en provenance des zones industrielles de Grande-Bretagne et du Bénélux (D'après ODEN, 1969). Remarquer aussi la forte acidification survenue entre 1956 et 1965 consécutive à la hausse de la consommation des fuels lourds riches en soufre pendant cette période.

avoir pour conséquence d'amener la masse des polluants émis par l'homme, tôt ou tard, dans l'océan mondial qui constitue en définitive l'ultime réceptacle des agents toxiques et autres contaminants produits par la civilisation technologique.

Le rôle fondamental du cycle de l'eau dans le transfert des polluants fut démontré lors de l'étude des retombées radioactives consécutives aux expériences d'engins nucléaires A et H au cours des années 50.

Bien d'autres études analytiques ont confirmé que le jeu combiné de la circulation atmosphérique et des précipitations pouvait transférer les polluants fort loin de leurs zones d'émission.

Exemples. — On a par exemple pu démontrer que les neiges qui tombent dans les zones centrales de l'inlandsis antarctique sont contaminées au DDT (Peterlee, 1969).

On retrouve de la même façon des quantités non négligeables de cet insecticide persistant et d'une substance voisine, le lindane dans des sols de Laponie suédoise qui n'ont jamais été traités par ces pesticides (Oden *in* Lundholm, 1970).

L'étude du pH des eaux de pluie montre que celui-ci s'est sérieusement abaissé à la suite de l'usage sans cesse accru de fuels lourds, riches en soufre. Les zones où les pluies sont plus acides sont certes celles où l'industrie se concentre mais aussi, on a remarqué le même phénomène dans des régions peu urbanisées de Scandinavie méridionale et dans l'est de la mer du Nord. L'acidité des pluies dans ces régions s'explique par le transfert des masses d'air polluées provenant du Sud de la Grande-Bretagne sous l'effet des vents dominants d'Ouest.

En conclusion, le jeu combiné des divers facteurs géochimiques assure la dispersion et la répartition des polluants dans l'ensemble de la biosphère.

3º *Transfert et concentration des polluants dans la biomasse*

La contamination des divers milieux par les agents polluants va se traduire par leur transfert dans les êtres vivants.

Influence de la dégradabilité. — Ici intervient une notion importante, celle de *dégradabilité*. Fort heureusement, un grand nombre de substances dispersées dans l'environnement sont instables. L'action des facteurs physico-chimiques les décomposera très vite en dérivés peu ou pas toxiques. Dans bien des cas, les microorganismes — bactéries édaphiques ou aquatiques — joueront un rôle actif dans cette décomposition, on dit alors que la substance est biodégradable.

Malheureusement, si le plus grand nombre de substances organiques et même d'éléments minéraux peuvent être convertis par le jeu des facteurs biogéochimiques en des formes de toxicité atténuée voire même nulle, il existe aussi toute une série de polluants peu ou pas biodégradables : substances organochlorées, certains dérivés des métaux lourds par exemple.

Les composés non dégradables. — *a*) **Étendue de la contamination.** — La grande persistance de ces derniers agents contaminants dans les écosystèmes va alors favoriser leur passage dans les communautés végétales puis animales c'est-à-dire dans l'ensemble des réseaux trophiques de chaque biocœnose.

L'étude systématique de la contamination d'animaux terrestres ou marins à régime carnivore ou ichtyophage a révélé au cours des dernières années l'étendue de la pollution de la biosphère par les substances non biodégradables.

Tel est le cas des composés organohalogénés comme le DDT et divers autres insecticides ou des biphényles polychlorés, substances chimiquement apparentées au DDT.

L'analyse de divers oiseaux pélagiques de l'ordre des Procellariiformes (pétrels et puffins) qui vivent dans les zones les plus reculées des mers et des océans, révèle l'étendue de la contamination de l'écosphère par ces substances (Tableau II-3).

Tableau II-3. — Contamination de diverses espèces d'oiseaux de mer pélagiques *(Procellariiformes)* par le DDT, ses métabolites et les BPC. (D'après Risebrough in Ramade, 1974.)

Espèce	Lieu de capture (lieu de reproduction)	Tissu analysé	DDT et ses métabolites (en ppm)	BPC (en ppm)
Fulmarus glacialis	Californie (Alaska)	Oiseau entier	7,1	2,3
Puffinus creatopus	Mexique (Chili)	«	3,0	0,4
« *griseus*	Californie (Nlle Zélande)	« graisses	11,3 / 40,9	1,1 / 52,6
« *gravis*	New Brunswick (Atlantique austral)	« / «	70,9	104,3 !
Pterodroma cahow	Bermudes (*id.*)	Oiseau entier	6,4	—
Oceanodroma leuchorhoea (Petrel de Leach)	Californie (*id.*)	graisses *ex ovo*	953 !	351 !
Oceanites oceanicus (Petrel de Wilson)	New Brunswick (Antarctique)	graisses	199 !	697 !

De nombreuses espèces aviennes appartenant à ce groupe sont aujourd'hui menacées de disparition, les fortes doses de composés organohalogénés auxquelles elles ont été exposées les ayant stérilisées de façon partielle ou totale. Nous citerons par exemple le pétrel des Bermudes (*Pterodroma cahow*), espèce devenue très rare à la suite de la surexploitation de ses colonies par des chasseurs au siècle dernier.

Le déclin de cette espèce provient de la contamination des individus reproducteurs par les composés organohalogénés qui polluent l'océan. Depuis la fin des années 50, la reproduction ne se fait plus avec succès et l'espèce régresse de 3,25 % par an de sorte que son extinction est proche car il n'en subsisterait plus qu'une quinzaine de couples.

b) **Particularités de leurs effets polluants.** — L'importance de la contamination de la biosphère par les composés organohalogénés tient à leur grande stabilité chimique et par voie de conséquence à leur faible biodégradabilité.

La durée de demi-vie du DDT dans l'eau est estimée à une dizaine d'années, celle de la Dieldrine à plus de vingt ans ! On comprendra aisément que dans ces conditions, de telles substances, dont les affinités pour certains constituants cellulaires sont des plus élevées, puissent passer sans difficulté dans la biomasse.

De même, la rémanence des composés organohalogénés dans les sols favorise leur incorporation dans les êtres vivants car ils demeureront pendant très longtemps dans les biotopes contaminés sans subir de transformations notables. Le tableau II-4 figure à titre d'exemple les proportions d'insecticides organochlorés que l'on retrouve dans un sol limoneux.

Tableau II-4. — Proportion d'insecticides organochlorés persistant dans les sols plus de 14 ans après un traitement (d'après Nash et Woolson, 1967).

Insecticide	*pourcentage persistant après 14 ans*
Aldrine	40
Chlordane	41
Heptachlore	16
HCH	10
Toxaphène	45
	pourcentage persistant après 17 ans
DDT	39

En présence de concentreurs biologiques dans les biocœnoses la plupart des êtres vivants peuvent absorber les contaminants présents dans l'environnement et les concentrer dans leur organisme.

c) **Concentration par les êtres vivants.** — Ce phénomène est connu de longue date par suite de l'existence d'espèces capables d'accumuler des substances naturelles (des concentrations plusieurs dizaines de milliers de fois supérieures à celles auxquelles elles se rencontrent dans les sols ou les eaux.

Ainsi, l'aptitude des algues du genre *Fucus* ou des laminaires à concentrer l'iode présente dans l'eau de mer a été mise à profit depuis fort longtemps pour l'extraction industrielle de cet élément.

Ce phénomène de concentration biologique s'observe également avec les diverses substances minérales ou organiques rejetées par l'homme dans le milieu naturel.

Ainsi, le Plutonium rejeté dans l'océan par les effluents dilués des usines de traitement de combustibles irradiés peut être concentré jusqu'à 3 000 fois par le phytoplancton par rapport à sa dilution dans l'eau de mer et jusqu'à 1 200 fois par les algues benthiques.

C'est d'ailleurs à la suite de pollutions radioactives que furent signalés les premiers cas connus de concentration d'agents polluants. Dès 1954, Foster et Rostenbach observaient que le Phosphore^{32} se trouvait à une concentration 1 000 fois supérieure à celle de l'eau dans le phytoplancton de la rivière Columbia qui recevait les effluents des réacteurs plutonigènes d'Hanford.

d) **Les concentrateurs biologiques.** — *Le plancton.* — L'étude de la pollution par les composés organohalogénés a également permis de mettre en évidence dans de nombreuses biocœnoses de véritables « concentreurs biologiques » capables de pomper littéralement les traces infimes d'agents polluants présents dans les sols ou les eaux, voire l'atmosphère (cas des lichens) et de les accumuler dans leur organisme.

Au premier niveau trophique, les végétaux, surtout les espèces riches en lipides — c'est le cas du phytoplancton en milieu aquatique et des plantes oléagineuses en milieu terrestre — peuvent retenir des taux assez élevés de composés organohalogénés très lipophiles.

On rencontre dans les carottes, dont les racines sont riches en dérivés terpéniques, une concentration en Dieldrine ou heptachlore de valeur égale à celle du sol dans lequel elles sont cultivées. On retrouve 0,67 ppm d'heptachlore, insecticide du groupe des cyclodiènes — comme la Dieldrine — dans des Arachides croissant dans une terre traitée à raison de 0,14 ppm de cet insecticide. De nombreuses analyses ont montré que ces substances peuvent se retrouver dans les parties aériennes des plantes vertes par translocation radiculaire.

Le phytoplancton présente une étonnante capacité d'accumulation des composés organohalogénés.

Alors que les biphényles polychlorés n'excèdent guère la concentration de 0,1 ppb dans les eaux superficielles de l'Atlantique Nord, on en détecte 200 ppb dans le phytoplancton récolté dans cette région océanique.

Le record de concentration de ces mêmes BPC est sans doute détenu par le phytoplancton marin qui croît dans le golfe du Saint-Laurent. Alors que les BPC n'existent qu'à des concentrations inférieures aux seuils de détection dans cette zone, on y a relevé jusqu'à 3 050 ppb dans des prélèvements phytoplanctoniques (Ware et Addison, 1973).

Les maillons supérieurs des chaînes trophiques. — Mais on rencontre aussi des concentreurs biologiques aux niveaux supérieurs des chaînes alimentaires.

Les Oligochètes lombriciens présentent une capacité considérable de concentration des insecticides organochlorés présents dans les sols. Les vers de terre, au régime détritiphage, doivent ingérer chaque jour une masse d'humus égale à plusieurs fois leur poids corporel afin de subvenir à leurs besoins nutritifs. De la sorte, des *Lumbricus terrestris* peuvent accumuler le DDT dans leur organisme à une concentration plusieurs dizaines de fois supérieure à celle où cet insecticide se rencontre dans l'humus dont ils se nourrissent.

Certains animaux aquatiques possèdent aussi une capacité d'accumulation surprenante des composés organohalogénés. Les mollusques bivalves, à régime microphage peuvent atteindre des coefficients de concentration très considérables. N'oublions pas qu'une huître de 20 g (parties molles) doit filtrer 48 litres d'eau par jour pour répondre à ses besoins alimentaires. Ainsi, des huîtres américaines, *Crassostraea virginica*, ont-elles pu accumuler du DDT dans leurs tissus à un taux 70 000 fois supérieur à celui de l'eau de mer dans laquelle ces huîtres étaient cultivées !

Les poissons peuvent aussi accumuler les insecticides organochlorés présents dans l'eau. Ce transfert s'effectue paradoxalement non pas par ingestion mais par voie transtégumentaire. Ces animaux possèdent en effet de nombreuses glandes muqueuses cutanées qui semblent jouer un rôle dans la résorption des pesticides contenus dans l'eau. En outre, l'intense circulation d'eau au niveau branchial, indispensable pour assurer une oxygénation suffisante du sang, intervient pour favoriser la pénétration de ces substances dans leur organisme. Dans ces conditions, un vairon américain *(Pimephales promelus)* peut, après plusieurs mois de séjour dans une eau contaminée par de faibles traces d'Endrine, concentrer cet insecticide à un taux 10 000 fois supérieur à celui du milieu ambiant.

4° *Transfert et concentration des polluants dans les chaînes trophiques*

Généralités. — En définitive, de nombreux êtres vivants, sinon tous, peuvent accumuler à des degrés divers dans leur organisme toute substance peu ou pas biodégradable.

Il va en résulter un phénomène de transfert et d'amplification biologique de la pollution à l'intérieur des biocœnoses contaminées.

Chaque chaîne trophique sera le site d'un processus de concentration des toxiques persistants dans la biomasse au fur et à mesure que l'on remonte les divers niveaux de la pyramide écologique.

Les teneurs observées dans les tissus des espèces situées au sommet des chaînes alimentaires seront d'autant plus élevées, toutes choses égales par ailleurs, que le composé sera plus stable et la chaîne plus longue.

C'est ainsi que s'expliquent les taux de concentration toujours plus élevés, pour une même substance, en milieu aquatique que dans les écosystèmes terrestres.

L'affaire de Minamata. — Ainsi, dans l'affaire de la baie de Minamata, au Japon, la concentration du méthyl mercure dans les chaînes trophiques marines atteignait un taux 500 000 fois supérieur à celui des eaux de la baie (Ui, 1972).

En effet, dans les écosystèmes limniques, et marins, on compte souvent 5 ou 6 niveaux trophiques contre 3 ou 4 en règle générale dans les milieux continentaux.

Dès le début des années 60 fut apportée la preuve concrète des phénomènes d'amplification écologique de la pollution par des composés organiques persistants.

La pollution du Clear Lake par le DDD. — Le cas célèbre du Clear Lake (Hunt et Bischoff, 1960) constitua la première démonstration écotoxicologique de ce phénomène.

Le lac californien fut traité au DDD, un insecticide voisin du DDT, à plusieurs reprises entre 1949 et 1957, dans le but d'éliminer un petit moucheron *(Chaoborus astictopus)*, dont la pullulation incommodait les baigneurs, bien qu'il ne pique pas.

En conséquence, le DDD s'accumula dans la chaîne trophique limnique :

eau → phytoplancton → zooplancton → poissons → poissons → oiseaux
                                                microphages macrophages piscivores

niveaux
trophiques   I   II   III   IV   V

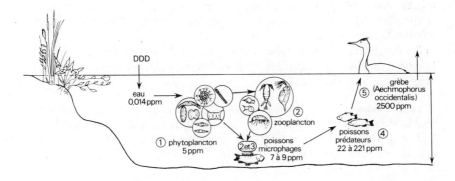

Fig. II-6. — *Exemple de transfert et de concentration d'un agent polluant dans une chaîne alimentaire* : cas du Clear Lake, en Californie, contaminé par un insecticide organochloré, le DDD. (D'après les données numériques de Hunt et Bischoff, 1960.)

Le tableau II-5 figure les concentrations de DDD relevées dans la biomasse du Clear Lake aux divers niveaux trophiques à la fin des années 50.

Tableau II-5. — Concentration du DDD
dans les chaînes trophiques du Clear Lake
(d'après Hunt et Bischoff, 1960)

Élément ou Espèce	Niveau trophique	Concentration (en ppm)
Eau	0	0,014
Phytoplancton	I	5
Poissons planctonophages	II et III	7 à 9
Poissons prédateurs	III et IV	
Micropterus salmoïdes		22 à 25
Ameirus catus		22 à 221
Oiseaux piscivores (grèbes)	V	2 500 (dans les graisses)

La teneur en DDD relevée dans les graisses de grèbes *(Aechmophorus occidentalis)* atteignait 2 500 ppm soit un coefficient de concentration de 178 500 par rapport aux eaux du lac. En conséquence, il ne subsistait plus, à la fin des années 50, qu'une trentaine de couples de grèbes sur le Clear Lake, pour la plupart stériles, alors que la population initiale s'élevait à plus de 3 000 oiseaux.

De nombreux exemples relatifs aux insecticides organochlorés montrent de la même manière les capacités de concentration de ces substances dans les écosystèmes continentaux.

Contamination des agroécosystèmes. — L'étude de la contamination de la chaîne trophique conduisant du sol aux serpents dans des zones cultivées du Sud des États-Unis a montré un processus d'accumulation d'un autre insecticide, l'Aldrine, dans la biomasse.

sol (débris végétaux) → Vers de terre → crapauds → serpents
(Allobophora caliginosa) *(Bufo americanus)* *(Thamnophis sertalis)*
niveaux trophiques I   II   III   IV

Les sols renfermaient en moyenne 0,08 ppm d'Aldrine, les lombrics 0,56 ppm, les crapauds 2,31 ppm, les serpents, 10,5 ppm soit un coefficient de concentration supérieur à 1 000 (Korshgen, 1970).

L'hexachlorophène. — Bien d'autres démonstrations de concentration de composés organiques dans les chaînes trophiques ont été apportées. N'a-t-on pas récemment montré que l'Hexachlorophène, cet agent bactériostatique largement utilisé dans l'industrie des cosmétiques (savons, talcs, déodorants etc.) qui donna lieu en France à des empoisonnements de nourrissons voici quelques années, présentait une forte capacité de bioconcentration dans les chaînes trophiques ? On a relevé 14 à 16 ppb (parties par milliard) dans les effluents rejetés par une station d'épuration d'une grande ville américaine,

335 ppb dans les Oligochètes tubificides, 1 338 ppb dans des Écrevisses enfin 27 800 ppb dans des insectes aquatiques. Cette substance peut donc être potentiellement présente dans des poissons dulçaquicoles qui se nourriraient de ces divers invertébrés contaminés (Sims et Pfaender, 1975).

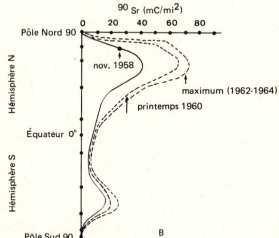

Fig. II-7. — *Distribution des retombées radioactives en fonction de la latitude à la suite des expérimentations d'engins nucléaires dans l'hémisphère Nord.* En sus des échanges de masses d'air entre les deux hémisphères, ce diagramme montre que les retombées ont été maximales au niveau des cercles polaires (66° Nord et Sud). Ceci explique *pro parte* la forte contamination de la chaîne trophique des lapons. (*in* Ramade, 1974).

Contamination par les radionucléides. — L'étude de la contamination des chaînes trophiques par les radionucléides apporte aussi une excellente illustration des phénomènes de concentration de polluants dans la biomasse.

Les radiobiologistes ont ainsi pu souligner les risques élevés de contamination auxquels les expérimentations d'engins nucléaires dans l'atmosphère exposent les populations septentrionales vivant sous de hautes latitudes.

Miettinen (1965) a étudié la contamination des Lapons par le ^{90}Sr et le ^{137}Cs. Ces derniers sont exposés aux retombées de ces dangereux radionucléides (le Strontium se fixe dans les os, le Césium dans les muscles, l'un étant voisin du calcium, l'autre du potassium) car ils s'insèrent dans la chaîne trophique :

sol ⟶ lichen ⟶ Rennes ⟶ lait ↘
         (*cladonia*)   ↘ viande ↗ lapon

végétal autotrophe ⟶ Herbivore ⟶ carnivore

niveaux trophiques   I   II   III

Miettenen a remarqué un fort coefficient d'accumulation des radioéléments apportés par l'atmosphère aux lichens. Plus récemment, des auteurs suédois travaillant aussi en Laponie ont montré que ces mêmes cryptogames accumulaient le Plutonium, élément très peu assimilable, à ces concentrations très élevées (de 3 220 à 4 290 fois par rapport à la teneur des couches superficielles du sol !).

Cette capacité exceptionnelle de bioconcentration provient de la physiologie particulière de ces végétaux et aussi de la nature du sol des toundras lapones.

En effet, les sols boréaux sont très pauvres en éléments minéraux nutritifs. Aussi mobilisent-ils rapidement le Strontium et le Césium qui de ce fait sont très vite absorbés par les plantes. Ainsi, leur taux dans les lichens se trouve plusieurs milliers de fois supérieur à celui qui s'observe dans le sol des toundras. Une nouvelle concentration s'effectue dans l'organisme des Rennes qui se nourrissent de lichens et les Lapons se contaminent en absorbant le lait et en mangeant la viande de Renne. En conséquence, ces derniers étaient exposés au milieu de la dernière décennie à une dose moyenne d'irradiation 55 fois supérieure à celle des habitants d'Helsinki.

5° Conclusion

Ces diverses investigations montrent combien la pollution de l'environnement ne saurait en aucun cas être considérée comme un phénomène ponctuel.

Il est faux de compter sur la dilution pour qu'une nuisance se disperse de façon homogène dans les sols, les eaux ou l'atmosphère. La répartition n'est jamais uniforme entre les divers milieux et à l'intérieur de ces derniers même si le transfert s'effectue sur de grandes distances. Certains écosystèmes paraissent plus menacés que d'autres (Toundra pour les retombées

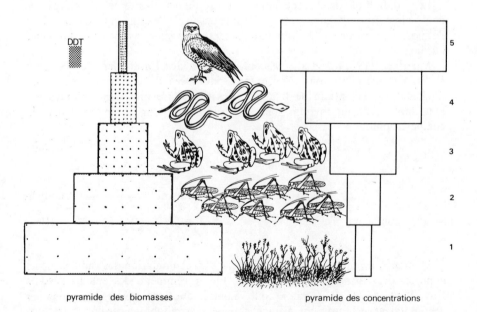

Fig. II-8. — *Aspect inversé des pyramides écologiques* ; celle des biomasses à gauche et celle des concentrations à droite.

radioactives, estuaires à cause du rejet d'eaux polluées par les fleuves). Mais en outre se produisent des phénomènes de concentration biologique des substances libérées par l'homme dans le milieu naturel. Il se produit un effet de focalisation de la pollution à l'intérieur des chaînes alimentaires qui transfère les substances toxiques dispersées dans l'écosphère vers les espèces situées aux niveaux trophiques les plus élevés (carnivores primaires et super prédateurs).

Si l'on applique aux polluants le principe de construction des pyramides écologiques en figurant leur taux moyen de concentration à chaque niveau trophique, on constate que cette pyramide des concentrations présente un aspect rigoureusement inversé par rapport à celle des biomasses.

Ainsi, par le jeu des chaînes alimentaires, l'homme qui est situé au sommet de toutes les pyramides écologiques, s'expose en quelque sorte à un « effet boomerang » des agents polluants.

En conséquence, les normes établies sur des critères simplistes de dilution inerte, par le jeu des facteurs physiochimiques, telles que les définissent la plupart des réglementations actuelles, au mépris des enseignements les plus élémentaires de l'écologie, constituent-elles une aberration inadmissible.

CHAPITRE III

POLLUTIONS CHIMIQUES

L'étude de la circulation des substances toxiques et autres polluants dans l'écosphère montre qu'elles ne s'échangent pas de façon identique entre ses trois compartiments. Nous avons déjà évoqué les difficultés de classement des polluants chimiques eu égard à leur ubiquité. On peut toutefois distinguer plusieurs groupes en fonction de la nature des écosystèmes dans lesquels ils se rencontrent de façon prépondérante et exercent leurs effets nocifs.

Une première catégorie de polluants correspond aux substances qui exercent leurs effets néfastes sur l'ensemble des biocœnoses terrestres, limniques et marines.

Une seconde catégorie réunit des contaminants propres aux écosystèmes continentaux (terrestres et/ou limniques). Bien que ces polluants, à l'image des précédents effectuent pour la plupart leur cycle biogéochimique entre les continents, l'atmosphère et l'océan, ils n'atteignent pas encore des concentrations suffisantes à l'heure actuelle dans ce dernier compartiment biosphérique pour y exercer des effets néfastes sur les biocœnoses qui le peuplent ou sur l'homme, par voie de consommation des produits de la pêche.

Enfin une dernière catégorie de polluants chimiques correspond aux substances dont les effets nocifs s'exercent exclusivement sur des organismes aquatiques.

I. – POLLUANTS EXERÇANT LEURS EFFETS TOXIQUES A LA FOIS DANS LES ÉCOSYSTÈMES CONTINENTAUX ET MARINS

A. – COMPOSÉS ORGANOHALOGÉNÉS

Parmi les innombrables substances polluantes libérées par la technologie moderne, les composés organohalogénés occupent une place particulièrement importante, pas seulement à cause de leurs effets écotoxicologiques mais aussi par suite du grand intérêt historique que présente leur étude dans la compréhension des phénomènes de pollution de la biosphère.

La fabrication des composés organohalogénés de synthèse par l'industrie chimique mondiale, qui a commencé voici une cinquantaine d'années a connu depuis lors une diversification et une croissance ininterrompues.

De propriétés physicochimiques fort variées, ces substances trouvent leur application dans tous les secteurs d'activités, qu'ils soient industriels, médicaux ou domestiques.

Plus personne n'ignore l'existence du DDT, dont le sigle est devenu pour le profane synonyme d'insecticide. Ce pesticide est fabriqué à raison de plus de cent mille tonnes par an dans le monde depuis 1945... de même, la production de certaines matières plastiques, les polychlorovinyles, atteint aujourd'hui plus de 7 millions de tonnes par an ; quant aux Fréons, ces hydrocarbures chlorofluorés, ils servent universellement de caloporteurs dans les machines frigorifiques et comme gaz propulseurs dans ces bombes aérosols aux innombrables usages dont la ménagère des pays occidentaux ne semble plus pouvoir se passer... Mais quels que soient les mérites et en certains cas les grands services rendus par ces substances, nul ne saurait éluder pour autant les problèmes de pollution fort préoccupants, inhérents à leur rejet irréfléchi, voire délibéré, dans le milieu naturel.

I. – STRUCTURE CHIMIQUE

Mais avant d'aller plus loin dans notre exposé, il s'impose de rappeler rapidement la structure chimique des grandes catégories de composés organohalogénés d'usage courant.

On peut subdiviser ces substances en deux groupes d'importance inégale : les organochlorés et les organofluorés.

Dans un cas comme dans l'autre, il s'agit de dérivés halogénés d'hydrocarbures aliphatiques, aromatiques ou hétérocycliques.

1° *Les composés organochlorés*

Ils représentent de fort loin la *principale catégorie* tant par le nombre de substances que par les tonnages produits.

Les insecticides organochlorés. — Ils sont fabriqués de nos jours en quantités considérables bien qu'en date récente, plusieurs d'entre eux aient été frappés d'interdiction d'usage partielle ou totale dans divers pays industrialisés (ce qui n'empêche pas l'exportation...).

Le DDT fut historiquement le premier insecticide de synthèse utilisé à vaste échelle. Son sigle est une abréviation de Dichloro Diphényl Trichloréthane, nomenclature chimique de cette substance dans les pays anglo-saxons.

Initialement employé dans la lutte contre les insectes vecteurs au cours de la dernière guerre, il fut par la suite utilisé dans le monde entier pour détruire les insectes nuisibles aux cultures et aux forêts. En outre, on en a fait un usage prolongé pendant plusieurs décennies contre les moustiques vecteurs du paludisme dans de vaines tentatives d'éradication mises en échec par l'apparition de souches d'*Anopheles* résistantes à cet insecticide.

Le DDT a donc été dispersé en quantités considérables dans la biosphère. En l'absence de données statistiques fiables, il n'est pas déraisonnable d'évaluer à près de 3 millions de tonnes la quantité totale de cet insecticide répandue dans l'environnement depuis 1943. La quasi-totalité des terres cultivées du monde, toutes les régions impaludées et de nombreuses zones humides, siège d'endémies parasitaires, plusieurs dizaines de millions d'hectares de forêts holarctiques ont été exposés à une ou plusieurs reprises, parfois chaque année, à cette substance.

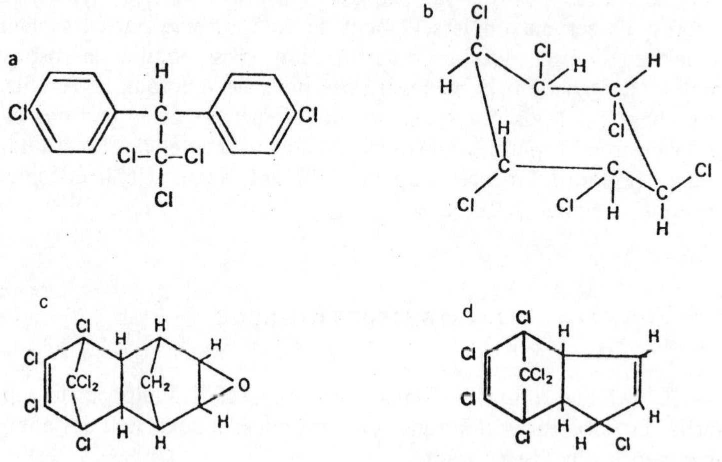

Fig. III-1. — *Structure moléculaire de quelques insecticides organochlorés. a)* DDT ; *b)* Lindane ; *c)* Dieldrine ; *d)* Heptachlore.

Le lindane — isomère de l'hexachlorocyclohexane (HCH) — est l'un des insecticides les plus puissants que l'on ait jamais découvert. En règle générale, il est de 5 à 20 fois plus toxique pour les insectes que le DDT selon l'espèce considérée. Il a surtout été employé pour lutter contre les insectes phytophages mais aussi en entomologie médicale et vétérinaire.

L'aldrine, la dieldrine, l'heptachlore, le chlordane, dérivés chlorés du cyclopentadiène, sont beaucoup moins connus du profane, bien que leur usage dans la lutte contre les ravageurs des cultures ait été parfois plus intense que celui du DDT par exemple.

La plupart d'entre eux sont aujourd'hui interdits d'usage en Amérique du Nord et en Europe à cause de leurs redoutables particularités écotoxicologiques.

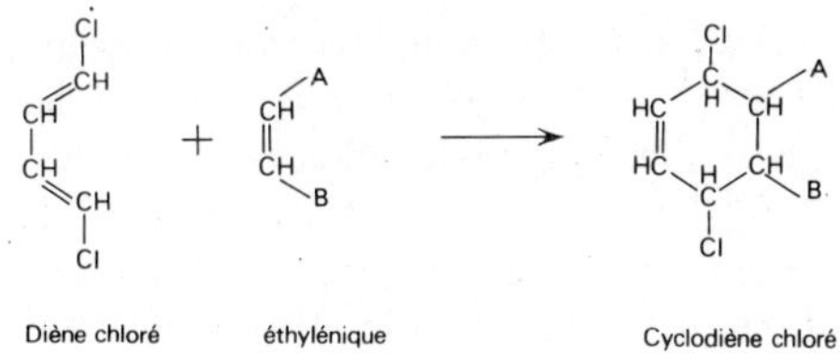

Fig. III-2. — *Mécanisme de la réaction de Diels-Alder conduisant à la synthèse des insecticides du groupe des « Cyclodiènes » Chlorès.*

Ces molécules hétérocycliques possèdent une toxicité nettement supérieure à celle des autres insecticides organochlorés tant pour les Vertébrés que pour les Invertébrés. Douées d'une stabilité chimique considérable, elles peuvent persister pendant des décennies dans les eaux, les vases benthiques et certains sols sans subir de biodégradation importante.

L'hexachlorobenzène (HCB), autrefois employé comme fongicide (désinfection des semences, peintures antifongiques) apparaît aujourd'hui comme un contaminant très répandu dans divers milieux. Malgré la grande discrétion des firmes susceptibles de le synthétiser sur ses usages éventuels, la fréquence et l'importance des résidus de cette substance détectés dans la plupart des organismes vivants suggèrent une utilisation industrielle importante, seule capable d'expliquer une contamination aussi étendue.

Les biphényles polychlorés (BPC). — Ils doivent leur nom à leur structure chimique qui consiste en un groupement biphényle dont les noyaux aromatiques comportent un nombre variable de chlore.

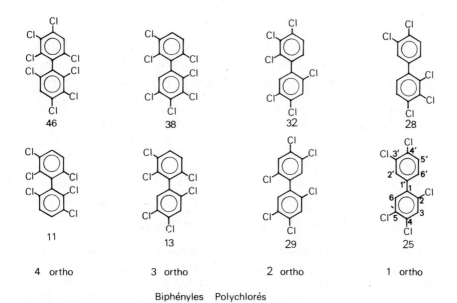

Fig. III-3. — *Exemples de structure moléculaire de Biphényles polychlorés* (BPC). Remarquer l'analogie de conformation de ces substances avec le DDT (fig. V-1).

Les BPC ne sont pas des produits purs. Ce sont des mélanges très complexes de molécules de Biphényles à divers degrés de chloration. En théorie, leur squelette moléculaire peut donner lieu à 189 arrangements différents contenant de 1 à 8 atomes de chlore. Les mélanges commerciaux comportent de 4 à 8 chlores par molécule ce qui permet déjà 102 espèces chimiques différentes. Ils sont vendus sous diverses dénominations : « arochlor », « phenochlor », « chlophen », etc. ces préparations différant par leurs propriétés physico-chimiques et leur teneur en Chlore comprise entre 32 et 62 % en poids.

Les BPC furent utilisés pour la première fois en 1929 dans la construction de transformateurs électriques et de condensateurs, à cause de leur pouvoir isolant et de leur grande stabilité à la chaleur.

Outre leurs usages électrotechniques, ils sont aussi employés comme agents plastifiants dans l'industrie des matières plastiques, comme antifongiques dans les peintures et la cartonnerie, comme matière « inerte » (?) de dilution des pesticides et même de détergents, etc. Les industries chimiques concernées tiennent secrètes leurs statistiques de production. Cependant, la production US est à elle seule estimée à plusieurs dizaines de milliers de tonnes par an.

La similarité de structure moléculaire des BPC et du DDT confère à ces substances des propriétés toxicologiques fort proches de celles de cet insecticide.

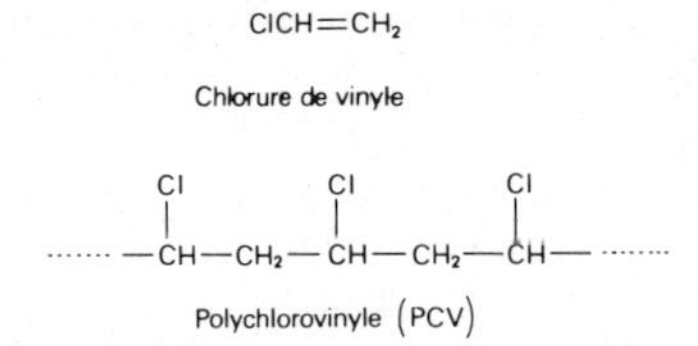

Fig. III 4. — *Formule du chlorure de vinyle et du Polychlorovinyle* (— PCV) *matière plastique d'usage universel.*

Les Polychlorovinyles (PCV). — Ce sont des matières plastiques obtenues par polymérisation du Chlorure de vinyle. Fabriqués à des tonnages considérables, ces matériaux servent à d'innombrables usages. Outre la pollution physique inhérente au rejet de bouteilles et autres emballages plastiques en PCV, leur emploi dans l'industrie alimentaire soulève aujourd'hui de sérieuses questions écotoxicologiques. On retrouve, en effet, à des teneurs variables des traces du monomère, qui s'est avéré carcinogène, aussi bien dans les aliments solides que liquides conservés dans des emballages en PCV.

2º Les composés organofluorés

Il existe un grand nombre de substances de ce groupe donnant lieu à une fabrication industrielle. Toutefois, généralement beaucoup plus onéreux que les composés organochlorés, leur usage est de ce fait nettement moins répandu.

1º Les *Fréons ou Foranes* sont des hydrocarbures aliphatiques chlorofluorés de faible poids moléculaire. Parmi les dérivés du méthane, nous citerons le Fréon 11 ($CFCl_3$) et le Fréon 12 (CF_2Cl_2). Dérivé de l'éthane, le Forane 114 $CF_2Cl - CF_2Cl$ est aussi d'usage très répandu.

Fort utilisés dans l'industrie des machines frigorifiques et comme propulseurs dans les bombes aérosols, ces gaz sont remarquablement inertes et de faible toxicité. L'expansion de leur emploi a été de l'ordre de 15 % par an pendant la dernière décennie. La production mondiale annuelle s'élevait à quelque 300 000 tonnes pour le Fréon 11 et 500 000 tonnes pour le Fréon 12 en 1972 !

2° *Pesticides organofluorés*. Divers insecticides organofluorés ont donné lieu à une fabrication industrielle. Le dimefox, composé fluorophosphoré, doué de propriétés systémiques, rend la sève toxique par translocation radiculaire ; il a été utilisé contre des insectes piqueurs-suceurs (pucerons du houblon par exemple). De même, divers dérivés de l'acide fluoracétique possèdent d'intéressantes propriétés insecticides. Douées d'une très haute toxicité aiguë pour les Vertébrés, ces diverses substances n'ont jamais présenté un large usage et sont aujourd'hui quasiment abandonnées ou interdites d'emploi.

II. – MÉCANISMES DE CONTAMINATION DE LA BIOSPHÈRE

Les sources de pollution de la biosphère par ces substances sont aussi diverses que leurs usages.

Une cause essentielle de contamination se situe en amont, au niveau des usines qui les préparent. Il n'est d'ailleurs pas fortuit que les plus graves affaires de pollution des eaux, tant en milieu limnique que marin, aient été le fait des industries synthétisant ces substances.

Parmi les cas les plus célèbres figure celui de la Montrose chemical, en Californie. Cette firme rejetait ses résidus de fabrication du DDT dans le Pacifique, contaminant ainsi les poissons sur une vaste étendue du plateau continental (Jones, 1971).

De même, la pollution du Rhin en aval de Rotterdam ainsi que celle du littoral hollandais de la mer du Nord par la Dieldrine et la Telodrine étaient le fait de l'usine préparant ces insecticides.

Le problème est identique pour les BPC où les industries fabriquant ces substances ou qui en font une utilisation massive interviennent de façon prépondérante dans la contamination des milieux aquatiques. Holden a pu montrer, par exemple, que les rejets industriels dans l'estuaire de la Clyde correspondent au minimum à 1 tonne par an de BPC. Duke et coll., 1971, incriminent en premier lieu les industries concernées dans la pollution par les BPC du littoral de la Floride.

En aval, les utilisateurs individuels de composés organohalogénés contribuent aussi de façon significative à la dispersion de ces substances dans l'environnement. Le cas le plus typique est celui des bombes aérosols aux fréons dont l'usage est avant tout individuel.

Certaines bombes déodorantes contenaient encore en récente date un autre composé organohalogéné, l'hexachlorophène, un puissant antiseptique, très toxique pour les mammifères. Celui-ci donna lieu à une certaine actualité lors de l'affaire du talc Morhange...

On retrouve aujourd'hui cette substance antiseptique très stable dans les effluents liquides de toutes les grandes villes.

Enfin, l'incinération sauvage des ordures ménagères et des rejets industriels qui s'accompagne de combustions incomplètes, constitue aussi un facteur de contamination atmosphérique non négligeable par les BPC et d'autres composés OH.

A l'opposé des causes précédentes de pollution, qui sont pour la plupart non intentionnelles, l'usage des pesticides constitue un cas délibéré de dispersion dans le milieu naturel de substances douées de propriétés biocides étendues.

En outre, la stabilité chimique considérable des insecticides organochlorés exalte leurs potentialités de contamination. Ils persistent de la sorte très longtemps dans le milieu naturel ce qui facilite leur transfert par les facteurs biogéochimiques vers des régions fort éloignées des lieux où ils ont été utilisés.

Les traitements effectués par des machines au sol ou par voie aérienne constituent une cause directe de pollution de l'atmosphère. Dans le meilleur des cas, un peu plus de 50 % de la matière active est immédiatement entraînée dans l'air au moment de l'application. De plus, les phénomènes de codistillation avec la vapeur d'eau, même dans le cas de la Dieldrine ou du DDT, molécules de faible tension de vapeur, entraînent dans l'air une importante fraction de l'insecticide qui s'est déposée sur le feuillage ou sur le sol.

Circulation atmosphérique et contamination des autres compartiments biosphériques. — En définitive, le passage dans l'atmosphère des substances organohalogénées sous forme gazeuse ou de particules figurées entraînées par les vents donnera lieu à une contamination générale de la troposphère. Ces composés seront ensuite ramenés à la surface du sol ou de l'océan par les précipitations en des lieux souvent fort reculés.

Les phénomènes de ruissellement et de lessivage s'accompagnent par ailleurs d'une accumulation dans les sols. Ils contribuent aussi à la contamination générale des eaux continentales superficielles et des nappes phréatiques. Enfin, les fleuves déverseront les effluents contaminés dans le plateau continental, au niveau des estuaires, l'océan constituant le réceptacle terminal comme pour tous les autres déchets de l'activité humaine...

En définitive, les mécanismes de circulation atmosphérique associés aux particularités du cycle biogéochimique de l'eau vont assurer la dispersion des composés organohalogénés dans l'ensemble des compartiments de la biosphère.

On possède depuis quelque temps les preuves concrètes de la circulation à l'échelle globale de ces substances et de leur échange par le jeu des facteurs géochimiques entre les continents, l'atmosphère et l'hydrosphère.

Dès le début des années 60, des prélèvements d'air effectués dans la basse stratosphère au-dessus du Grand Nord Canadien révélaient la présence de traces d'insecticides organochlorés. De même, la mise en évidence de résidus de ces pesticides dans divers animaux antarctiques (phoques et manchots en particulier) était rapidement attribuée à une contamination *in situ* de ces espèces, Peterlee (1969) décelant des traces de DDT dans les neiges tombant dans la région centrale de l'Inlandsis antarctique.

Rizebrough, Huggett et coll. (1968) ont apporté une autre preuve du transport à grande distance de composés organochlorés. Ces auteurs ont mis en évidence 41 ppb de DDT dans les poussières atmosphériques retombant sur la Barbade. Celles-ci provenaient de particules de sol entraînées par l'érosion éolienne à partir des régions méridionales du Maroc où avaient été réalisés des traitements anti-acridiens. Cet insecticide avait donc accompli un trajet de près de 6 000 km au-dessus de l'Atlantique avant de retomber à la surface de cette île.

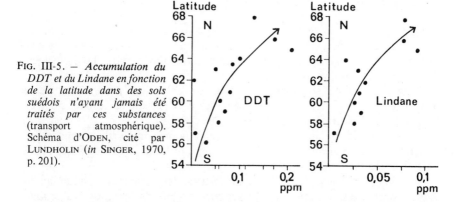

Fig. III-5. — *Accumulation du DDT et du Lindane en fonction de la latitude dans des sols suédois n'ayant jamais été traités par ces substances (transport atmosphérique). Schéma d'Oden, cité par Lundholin (in Singer, 1970, p. 201).*

Un autre argument démontrant la redistribution globale des pesticides organochlorés tient à leur détection dans des sols d'Europe boréale n'ayant jamais fait l'objet de traitement. Oden (1970) a de la sorte décelé des traces de Lindane et de DDT dans des prélèvements de sol effectués dans 500 localités suédoises où ces insecticides n'avaient jamais été utilisés. Fait remarquable, les concentrations sont d'autant plus importantes que le prélèvement est plus septentrional, à l'image de la distribution en latitude des retombées radioactives dans cette zone de l'hémisphère Nord.

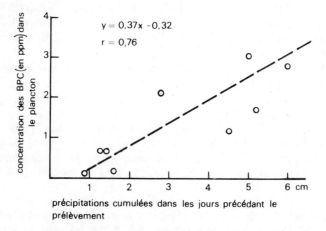

Fig. III-6. — *Corrélation entre l'importance des précipitations dans le Golfe du Saint-Laurent entre 10 et 20 jours avant le prélèvement de plancton et la teneur de celui-ci en BPC (en ppm/poids frais). Il existe une nette corrélation entre la hauteur des pluies et le degré de contamination du plancton preuve d'un apport des BPC à l'Atlantique par voie atmosphérique. (D'après Ware et Addison, 1973.)*

Une dernière preuve du rôle des transferts atmosphériques dans la contamination des continents et de l'hydrosphère par les composés organohalogénés a été apportée par Ware et Addison (1973). Ces auteurs ont mis en évidence une corrélation positive entre la teneur en BPC du phytoplancton marin récolté dans l'Atlantique au large du golfe du St-Laurent et l'importance des précipitations dans cette zone pendant les jours précédant le prélèvement des échantillons analysés.

Incorporation à la biomasse. — La grande stabilité chimique des composés organohalogénés favorise leur incorporation et leur stockage dans les êtres vivants. Nous avons déjà évoqué ces phénomènes au Chapitre II et nous ne les décrirons pas à nouveau en détail.

Rappelons toutefois que le phytoplancton en milieu aquatique, diverses phanérogames en milieu terrestre sont doués d'une étonnante capacité d'accumulation des insecticides organochlorés et des BPC.

Ainsi, la Dieldrine, indosable dans l'eau de la mer du Nord se rencontrait à raison de doses égales ou supérieure à la ppb au large des côtes britanniques au milieu de la dernière décennie (Robinson, 1967).

Actuellement, il semble que la contamination des organismes phytoplanctoniques marins par les BPC soit supérieure à celle des insecticides organochlorés.

Harvey, Miklas et coll. (1973) trouvent un rapport BPC/DDT et métabolites égal à 30 dans 53 prélèvements planctoniques effectués dans des zones pélagiques de l'Atlantique comprises entre le 66° N et le 35° S. Les concentrations de l'ordre de 200 ppb de BPC sont usuelles dans ces zones océaniques reculées et les auteurs relèvent souvent 1 ppm dans le phytoplancton, témoin de l'extraordinaire capacité d'accumulation des composés organohalogénés que possèdent les organismes phytoplanctoniques.

Un grand nombre d'espèces animales se comportent aussi comme des « concentreurs biologiques » avec les BPC et les insecticides organochlorés (Cf. Chap. II, p. 63). De façon générale, ce sont les animaux microphages ou à régime détritiphage qui sont capables d'atteindre les plus forts coefficients de concentration.

En milieu limnique ou marin, outre les mollusques bivalves et autres animaux filtrants, diverses espèces détritiphages : crustacés, Annélides, par exemple, présentent la particularité de « pomper » les composés organohalogénés présents dans le biotope.

Ainsi, des crabes *(Uca pugnax)*, qui s'alimentent de détritus végétaux (débris de plantes aquatiques, bactéries associées, etc.) contenus dans les sédiments littoraux et contaminés par du DDT peuvent accumuler très rapidement des résidus de cette substance dans leurs muscles (Odum, Woodwell et Wurster, 1969).

Transfert et accumulation des composés organohalogénés dans les chaînes trophiques. — Nous avons déjà exposé (Cf. Chap. II) que la plupart des êtres vivants, sinon tous, sont capables de stocker dans leur organisme toute substance stable chimiquement et tel est le cas des composés organohalogénés, avec pour corollaire un phénomène de transfert et d'amplification biologique de la pollution à l'intérieur des biocœnoses contaminées. Chaque chaîne alimentaire sera donc le site d'un processus de concentration des organohalogénés au fur et à mesure que l'on remonte les divers niveaux trophiques qu'elle comporte.

On connaît actuellement un grand nombre de cas où les insecticides organochlorés se sont accumulés de façon très considérable dans les chaînes trophiques.

Le cas de la contamination par le DDD de la biocœnose du Clear Lake est aujourd'hui devenu classique, car ce fut un des premiers exemples qui démontra les redoutables conséquences écologiques de ces phénomènes insidieux.

On dispose ainsi de nombreuses preuves expérimentales de ces phénomènes de concentration des insecticides organohalogénés en milieu terrestre. (Cf. Chap. II, p. 70 et suiv.).

En date plus récente (fin des années 60) divers travaux ont commencé à apporter la preuve que d'autres composés que les insecticides organochlorés, les BPC étaient également capables de s'accumuler dans les réseaux trophiques, phénomène n'ayant rien de paradoxal, eu égard à leur parenté structurale avec le DDT.

Dutsman et coll. (1971) ont étudié la cinétique des BPC dans les biocœnoses littorales de la côte orientale de Floride (Escambia bay). Ces auteurs relèvent les teneurs suivantes : eau — jusqu'à 275 ppb, huîtres 2 à 3 ppm, crevettes (*Peneus duorarum*) 1,5 à 2,5 ppm, poissons (*Lagodon rhomboides*) 6 à 12 ppm.

Importance et étendue de la contamination de la biosphère par les composés organohalogénés. — Le jeu des facteurs biogéochimiques a conduit à contaminer la totalité des écosystèmes terrestres, limniques et marins par ces substances. A l'heure actuelle, chaque m^2 de la planète a reçu son quantum moléculaire d'insecticides organochlorés et de BPC (transfert atmosphérique).

La biomasse est contaminée même dans les zones les plus reculées, exemptes de toute activité humaine.

Outre les cas précités des pétrels et puffins, oiseaux pélagiques qui passent la majorité de leur existence en haute mer (Cf. Tableau II-3, p. 61), bien d'autres exemples révèlent l'étendue de la pollution de l'océan mondial. Ainsi, des thons (*Thunnus albacares*) capturés dans les parages des îles Galapagos renfermaient 0,02 ppm de DDT, d'autres individus de cette espèce pris dans les zones pélagiques, au large de l'Équateur, titraient 40 ppb de BPC (par rapport au poids frais).

Harvey et coll. (1973) ont montré que la totalité du zooplancton et du necton vivant dans l'Atlantique du 66e degré N au 35e S renfermait des doses de DDT et de BPC supérieures à la ppb et souvent de l'ordre de la ppm. Des superprédateurs (*Carcharhinus longimanus*), capturés dans les zones centrales de cet océan titraient jusqu'à 13 ppm de BPC dans leurs graisses hépatiques.

L'extension de la contamination par les composés organohalogénés en milieu terrestre est attestée par la mise en évidence d'insecticides organochlorés et de BPC dans un grand nombre d'espèces aviennes peuplant les zones subarctiques boréales. Ainsi, des aigles chauves de l'Alaska (*Haliethus leucocephalus*) titrent 1,65 ppm de DDT (par rapport au poids frais), des faucons pèlerins (*Falco peregrinus*) de la même région renferment 95 ppm de

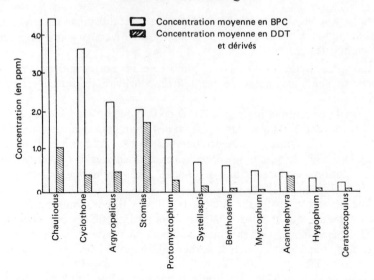

Fig. III-7. — *Importance de la contamination de divers organismes mésopélagiques prélevés dans l'Océan Atlantique entre le 66°N et le 35°S.* La teneur dans les lipides des BPC et du DDT et de ses dérivés est exprimée en ppm. (D'après HARVEY, MIKLAS et coll., 1974).

DDT et de ses métabolites (par rapport au poids sec) dans leurs muscles pectoraux ! Même des ours et des renards polaires tués sur l'inhospitalière côte Ouest du Groenland renferment des teneurs assez importantes en DDT, DDE, lindane, heptachlore et aldrine (Clausen et coll., 1974).

Au voisinage de zones densément peuplées et industrialisées, comme les rives de la mer Baltique, la pollution par les composés organohalogénés peut atteindre des niveaux catastrophiques. Jensen et coll. (1969) relevaient jusqu'à 36 000 ppm de DDT et ses métabolites et 17 000 ppm de BPC dans les lipides de pygargues (*Haliethus albicilla*) nichant sur le littoral de cette mer !

Situé au sommet de la pyramide écologique, l'homme ne peut échapper à la contamination par ces substances. Des analyses faites voici plus de dix ans montraient que l'Américain moyen titrait déjà 12,9 ppm de DDT dans ses graisses, le Français, 5,2 ppm, l'Allemand 2,3 ppm et le Britannique 2,2 ppm (Hayes, 1963).

On a pu également mettre en évidence des traces de BPC dans le tissu adipeux et le sérum humain. En 1971, on a pu établir que 91,7 % de la population de l'État du Michigan renfermait des résidus de BPC, à un taux supérieur à la ppm chez 47,2 % de l'effectif étudié (Fishbein *in* Kraybill et coll., 1972).

Le niveau de contamination du lait de femme par le DDT a été jugé assez élevé par les responsables de la santé publique de l'État de Californie pour qu'ils déconseillent l'allaitement des nourrissons au lait maternel à la fin de la dernière décennie !

Les teneurs excessives de DDT observées provenaient de la pollution de la chaîne trophique :

sol ⟶ herbages ⟶ bovins ⟶ lait ⟶ femme.

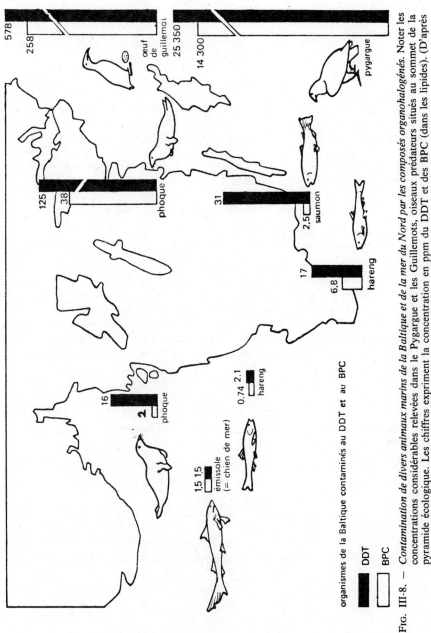

FIG. III-8. — *Contamination de divers animaux marins de la Baltique et de la mer du Nord par les composés organohalogénés. Noter les concentrations considérables relevées dans le Pygargue et les Guillemots, oiseaux prédateurs situés au sommet de la pyramide écologique. Les chiffres expriment la concentration en ppm du DDT et des BPC (dans les lipides). (D'après* JENSEN *et coll., in* Nature *1969, vol. 224, p. 247 mais modifié par* BARDE *et* GARNIER, *1971.)*

III. — CONSÉQUENCES DÉMOÉCOLOGIQUES ET ÉCOPHYSIOLOGIQUES DE LA POLLUTION PAR LES COMPOSÉS ORGANOHALOGÉNÉS

Effets sur les populations animales

Tout changement à long terme et écologiquement significatif dans une population est toujours difficile à mettre en évidence et à rapporter à des causes précises. On dispose toutefois à l'heure actuelle de preuves concrètes qui démontrent le rôle déterminant des divers composés organochlorés dans la régression ou au contraire la pullulation de nombreuses populations animales.

Effets sur les Invertébrés. — On a constaté très tôt divers effets néfastes résultant de la dispersion d'insecticides organochlorés sur de vastes surfaces. Ceux-ci découlent de ruptures d'équilibres biologiques qui proviennent d'une modification de la concurrence interspécifique induite par le pesticide.

a) **Effets sur l'entomofaune.** — L'usage du DDT contre les ravageurs des *Citrus*, en Californie s'est traduit par la prolifération d'une cochenille des agrumes (*Aonidiella aurantii*), par suite de la destruction des prédateurs et parasites de cette espèce (De Bach et coll., *in* Huffaker, 1965).

Dans d'autres cas l'élimination des concurrents alimentaires d'une espèce phytophage par l'insecticide s'accompagne de la pullulation de cette dernière. On dénombrait à la fin des années 50, dans la vallée de Canete au Pérou six nouvelles espèces d'insectes nuisibles au cotonnier, celles-ci étaient apparues à la suite de traitements hebdomadaires de cette culture avec des insecticides organochlorés.

L'emploi systématique de pesticides persistants favorise par ailleurs l'apparition de souches d'insectes résistantes à ces toxiques. On signalait de la sorte au début de cette décennie l'existence de telles souches dans plus de 250 espèces d'Arthropodes nuisibles aux végétaux et dans 150 espèces vectrices de graves affections parasitaires ou virales.

b) **Effets sur les invertébrés limniques et marins.** — A l'opposé, un grand nombre d'espèces d'invertébrés terrestres limniques ou marins présentent une forte sensibilité aux composés organohalogénés.

Les traitements aériens répétés avec le DDT des forêts de Conifères du New-Brunswick au Canada, sur des surfaces proches de dix millions d'hectares, pendant plus de quinze années successives, ont provoqué une importante raréfaction des invertébrés aquatiques des nombreux tributaires des rivières Miramichi et Sevogle. Les larves de divers insectes dulçaquicoles : Éphéméroptères, Perlides, Trichoptères, dont s'alimentent les jeunes saumons, furent quasiment éliminées pendant la période suivant chaque traitement (Keenleyside, 1967). Il en est résulté une diminution de 85 % du nombre de saumons capturés dans cet état au cours des années 60 (Kerswill, 1967).

On a pu montrer par ailleurs que les Mollusques lamellibranches voient le développement de leurs œufs et leur survie larvaire fortement affectés par les insecticides organochlorés.

Davis et Hidu (1969) ont étudié les effets de ces substances sur deux espèces (*Mercenaria mercenari* et *Crassostraea virginica*). Ils ont mis en évidence un effet sur le développement à des concentrations inférieures à la ppm (Tableau III-1).

Tableau III-1. — Effets de divers insecticides organochlorés sur le développement des œufs et la survie larvaire de mollusques lamellibranches
(d'après Davis et Hidu, 1969)

Insecticide	Concentration (en ppm)	Espèce	Comparaison / Témoin	
			pourcentage de développement	pourcentage de survie larvaire
Aldrine	0,25 1	*Mercenaria mercenaria*	90 17	75 0
DDT (en suspension)	0,2 2	idem	91 60	88 94
Dieldrine	0,025 0,25	*Crassostraea virginica*	95 67	69 58
Endrine	0,025 0,25	idem	100 52	79 67
Toxaphène	0,25 1	*M. mercenaria*	89 51	33 0

D'autres recherches plus récentes ont montré que d'infimes concentrations d'insecticides organochlorés ou de BPC perturbaient la croissance des mollusques. Une ppb d'Arochlor 1254 suffit pour provoquer une diminution de 20 % de la croissance de la coquille chez l'huître *Crassostraea virginica*.

Les crustacés du zooplancton présentent une hypersensibilité à ces diverses substances. La transformation des nauplii en adultes est inhibée chez le copépode *Pseudodiaptomus cornatus* par seulement 0,01 ppb de DDT ! Aucune crevette (*Penaeus duorarum*) ne survit 48 h à 100 ppb de BPC (Arochlor). Le record d'hypersensibilité aux BPC est détenu par l'Amphipode *gammarus oceanicus* dont le seuil létal après 30 jours de contacts avec l'Arochlor 1254 est inférieur à 0,10 ppb !

Effets sur les vertébrés. — *a*) **Action sur les poissons.** — La pollution par les composés organohalogénés se traduit par des effets toujours néfastes sur les populations de Vertébrés contaminées.

Celle-ci est responsable de la raréfaction de divers Salmonides. Ainsi, la pollution du lac Michigan par le DDT et ses métabolites s'est traduite par la quasi-disparition du Saumon coho (*Oncorhynchus kisutch*) et du Kiyi (*Coregonus kiyi*) autrefois abondants dans ce lac.

Les œufs et les jeunes alevins de poissons présentent en effet une nette sensibilité aux composés organohalogénés.

Une concentration de 5 ppm de DDT dans l'eau provoque 48,3 % de mortalité dans les œufs embryonnés de carpe. Celle-ci s'élève à 93,7 % avec le chlordane et 100 % avec la Dieldrine et l'endrine.

Nos collaborateurs Habib Boulekbache et Catherine Speiss ont montré qu'une ppm de Lindane baissait de 20 % le taux d'éclosion d'œufs de Truite et provoquait de graves anomalies morphogénétiques, en particulier dans la région caudale des alevins.

Une concentration de 1 ppm est fatale aux alevins de poissons marins et provoque de spectaculaires ralentissements de la croissance chez les jeunes.

Chez les Téléostéens d'eau douce, aucune espèce ne présente une CL 50 après 48 h supérieure à 20 ppb, sauf avec le Lindane.

La sensibilité des poissons aux BPC paraît également très considérable. La CL 100 après 45 jours est de l'ordre de 5 ppb pour *Leiostomus acanthurus*. Chez la Truite arc-en-ciel (*Salmo gairdneri*) la CL 50 de composés voisins des BPC, les Terphényles, est de 10 ppb après 48 h d'exposition !

b) **Action sur l'avifaune.** — De nombreuses populations aviennes ont été victimes de la pollution par les composés organochlorés.

Dans la majorité des cas, la quasi-disparition de certaines espèces peuplant de vastes territoires ne résulte pas d'intoxications aiguës, provoquant une mortalité spectaculaire chez les adultes. Elle provient de désordres physiologiques plus discrets qui affectent le potentiel biotique des individus contaminés.

Les écologistes s'alarmèrent au cours de la dernière décennie de la raréfaction de nombreuses espèces d'oiseaux ichtyophages et de rapaces jusqu'alors florissantes.

Plusieurs faucons, en particulier le Faucon pèlerin (*Falco peregrinus*), ont présenté une baisse catastrophique de leurs effectifs. Cette espèce a même totalement disparu de certaines régions en Scandinavie, en Grande-Bretagne et aux États-Unis. En France, il s'est aussi considérablement raréfié. Le Balbuzard pêcheur (*Pandion haliethus*) a présenté un sévère déclin de ses effectifs sur la côte orientale U.S. La colonie du Connecticut, qui comptait quelque 150 couples en 1952 était tombée à 10 individus en 1970 (Peakall, 1970) avec une moyenne de 0,23 jeune par nid fertile, bien au-dessous du taux de remplacement nécessaire pour que la population se maintienne (Wiemeyer et coll., 1975).

La contamination par les insecticides et les BPC des proies dont se nourrissent les rapaces ichtyophages constitue la cause essentielle de leur déclin. Il ne subsiste plus aujourd'hui par exemple qu'environ 1 500 couples de pygargues à tête blanche sur l'ensemble du territoire U.S. dont il est l'emblème national. Un autre aigle pêcheur, le Pygargue (*Haliethus albicilla*) a quasiment disparu d'Europe, ses principales aires de nidifications, implantées autour de la mer Baltique, présentent toutes une forte contamination par les composés organochlorés (fig. III-8).

En Grande-Bretagne et en Scandinavie, l'épervier (*Accipiter nisus*), l'aigle royal et divers Strigiformes se sont aussi beaucoup raréfiés.

On a pu mettre également en rapport avec une diminution du succès de reproduction consécutive à la pollution par les organochlorés l'important déclin de nombreuses colonies d'oiseaux d'eau et de rivage encore florissantes dans un passé récent.

Koeman et coll. (1967) ont par exemple montré que la régression catastrophique des colonies de Sternes caugeck (*Sterna sandwicensis*) du littoral hollandais (50 000 couples en 1952, seulement 150 en 1965 !) résultait d'une réduction du potentiel biotique de cette espèce fortement contaminée par les résidus de Dieldrine et de Telodrine présents dans les invertébrés et les poissons du littoral de la mer du Nord.

De même, on décelait dès 1964 d'importantes doses de résidus de DDT et d'autres insecticides organochlorés dans 17 espèces d'oiseaux de mer britanniques (Moore et Tatton, 1965).

Le cas de raréfaction le plus spectaculaire d'une espèce avienne que l'on peut attribuer sans aucune contestation possible aux seules conséquences de la pollution par les composés organochlorés est celui des colonies de Pélicans bruns (*Pelecanus occidentalis*) des États-Unis.

Tant la sous-espèce orientale (*P.O. carolinensis*) que celle de Californie (*P.O. Californicus*) ont présenté un déclin catastrophique au cours des 15 dernières années. Les colonies de Louisiane ont totalement disparu. Celle des îles Anacapa (Californie méridionale) passa de 3 000 couples en 1960 à seulement 300 en 1969. Ces derniers présentèrent au cours de cette année là plusieurs tentatives de couvaisons infructueuses. Sur 1 200 pontes, seulement cinq jeunes viables naquirent !

Action sur la fécondité des oiseaux. — Les premières études sur les potentialités néfastes des insecticides organochlorés furent réalisées en laboratoire par de Witt (1965) ainsi que par Genelly et Rudd (1955).

Dans un mémoire aujourd'hui classique, ces derniers auteurs montraient que la Dieldrine, le DDT et le Toxaphène incorporés à raison de 25 à 100 ppm dans l'alimentation de faisans provoquaient une forte baisse du nombre d'œufs pondus et atténuaient la viabilité des jeunes.

Depuis lors, de nombreux chercheurs ont contribué à l'analyse des processus physiologiques par lesquels les composés organohalogénés amenuisent le potentiel biotique des espèces aviennes. De nombreux facteurs concourent pour diminuer la fécondité. Parmi les effets dont l'influence est déterminante, nous citerons le retard dans la date de la première ponte, une baisse du nombre d'œufs pondus, parfois même la stérilité totale des femelles et leur incapacité d'effectuer une couvée de remplacement.

Il fallut cependant attendre la fin de la dernière décennie pour prendre connaissance et surtout avoir la preuve concrète d'un phénomène essentiel dans la raréfaction de diverses espèces aviennes consécutif à la pollution par les composés organochlorés : la fragilisation de la coquille des œufs dont la calcification ne se fait plus normalement.

Ratcliffe (1967, 1970) fut le premier à attirer l'attention sur ce phénomène. Cet auteur fut intrigué par la corrélation troublante existant en Grande-Bretagne entre le taux d'insecticides organochlorés présents dans certains œufs de Rapaces, la fragilité anormale de la coquille et la fréquence des échecs de reproduction observés dans ces espèces. Chez le Faucon pèlerin, cet auteur remarquait que l'on avait cité seulement trois cas d'œufs endommagés au nid entre 1904 et 1950 dans 109 aires étudiées alors que l'on en dénombrait 47 dans 168 aires visitées entre 1952 et 1961 !

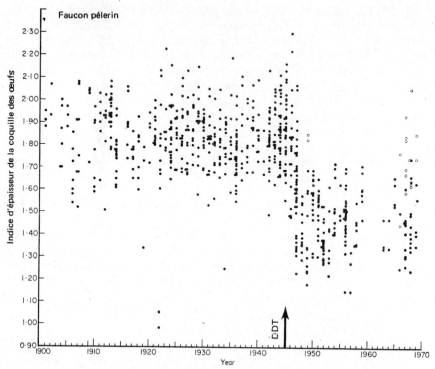

Fig. III-9. — *Effets de la pollution de l'environnement par le DDT en Grande-Bretagne sur l'épaisseur de la coquille des œufs de Faucon pèlerin.* L'étude biométrique d'œufs conservés en muséum depuis le début du siècle et de spécimens prélevés en récente date montre une brutale diminution de l'indice d'épaisseur de la coquille après 1946 date où commença l'utilisation à vaste échelle de cet insecticide. (D'après RATCLIFFE, 1970.) ● Œufs provenant d'Angleterre, ○ œufs provenant des Highlands écossais.

Ratcliffe put montrer dans une étude comparative d'échantillons d'œufs conservés dans les divers musées britanniques avec ceux prélevés en récente date dans les nids de diverses espèces de rapaces que l'indice d'épaisseur coquillière (rapport poids de la coquille sur longueur axiale de l'œuf) présentait une subite diminution en 1945-46 années marquant le début de l'utilisation à vaste échelle des insecticides organochlorés.

Les conclusions de ces recherches furent par la suite largement corroborées par d'autres auteurs.

Ainsi, la mensuration de 23 658 œufs de 25 espèces aviennes différentes prélevées depuis le début du siècle jusqu'à nos jours, effectuée par Hickey et Anderson (1972) a confirmé cette diminution significative de la résistance de la coquille des œufs qui s'est manifestée à partir de 1946 et cela dans des populations aviennes peuplant de vastes zones de l'hémisphère boréal.

Les différences observées peuvent être mises en rapport avec l'importance relative de la contamination selon les régions, avec le régime alimentaire et enfin avec des différences spécifiques de sensibilité aux composés organochlorés.

En définitive, la chute de l'indice d'épaisseur coquillière est actuellement prouvée dans au moins onze familles d'oiseaux : *Gaviidae, Procellariidae, Pelecanidae, phalacrocoracidae, Ardeidae, Accipitridae, Falconidae, Laridae, Scolopacidae, Strigidae, corvidae.*

Le record d'amincissement de la coquille est détenu incontestablement par les œufs de Pélicans des îles Anacapa (Californie).

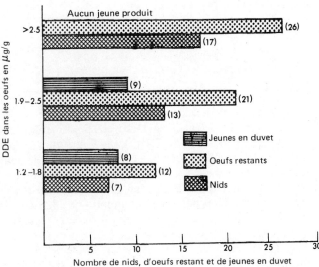

Fig. III-10. — *Corrélation entre la teneur en DDE des œufs et le succès de reproduction des pélicans bruns de Caroline du Sud.* Remarquer l'échec total de reproduction dans les nids dont les œufs renferment plus de 2,5 µg/g de DDE, le métabolite du DDT prépondérant chez les oiseaux. (D'après Blus et coll., 1974.)

Les 2/3 des nids de cette colonie étaient dépourvus d'œufs en 1969 et le 1/3 restant ne comportait que des pontes écrasées et déshydratées (*in* Stickel 1973). Certaines coquilles, quasiment dépourvues de Calcium, étaient réduites à une mince membrane chorionique qui se déchirait dans les mains des collecteurs venus les prélever ! De tels œufs renfermaient dans leurs graisses jusqu'à 2 500 ppm de DDE, le principal métabolite du DDT. En définitive, de tous les nids des 300 couples que comportait cette année-là la colonie, seuls 12 d'entre eux contenaient des couvées apparemment normales.

Les pélicans bruns de la côte orientale des États-Unis ont aussi présenté une nette augmentation de la fragilité de leurs œufs au cours des dernières décennies. Dans les colonies de Caroline du Sud, dont les effectifs totaux ont décru de 5 000 couples en 1960 à 1 200 en 1969, l'indice d'épaisseur coquillière a baissé de 17 % au cours de la même période.

La comparaison de la teneur en résidus de DDT, DDE, DDD, Dieldrine et BPC dans les œufs de ces colonies prélevés dans des couvées normales ou au contraire dans des nids marqués par un échec de couvaison a permis de déceler des différences significatives (Blus et coll., 1974) (Fig. III, 10 et tableau III, 2).

Tableau III-2. — Contamination des œufs de pélicans de Caroline par des composés organochlorés (D'après Blus et coll., 1974)

NID	Moyenne géométrique pondérée en µg de résidus par g par rapport au poids frais de l'œuf				
	DDE	Dieldrine	BPC	DDT	DDD
à reproduction normale	1,77	0,30	5,50	0,11	0,30
à couvaison infructueuse	3,23*	0,49⁺	7,94	0,17	0,46⁺

⁺ significatif au seuil de p 0,025
* significatif au seuil de p 0,005

Une corrélation hautement positive a donc pu être établie entre l'infertilité des couvées et la teneur en DDE et Dieldrine des œufs.

Le rôle du DDT et du DDE dans l'induction du phénomène d'amincissement de la coquille des œufs d'oiseaux a pu être démontré expérimentalement dès la fin des années 60. Ainsi, Heath et coll. (1969) ont observé que l'adjonction de 40 ppm de DDE à l'alimentation de canards cols-verts femelles (*Anas platyrhynchos*) a produit une diminution de 13,5 % de l'indice d'épaisseur des coquilles, ainsi qu'une réduction de 34 % du nombre total de poussins obtenus à l'éclosion.

D'autres recherches effectuées sur des femelles de cette même espèce alimentées avec une nourriture renfermant 1,6 4 et 10 ppm de Dieldrine ont montré que même la plus faible dose de cet insecticide était susceptible de provoquer un amincissement significatif de la coquille (Lehner et Egbert, 1969).

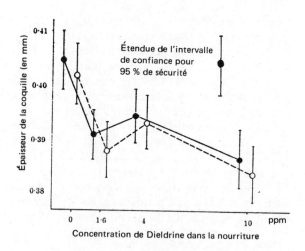

Fig. III-11. — *Influence de la contamination de la nourriture de Canards col-verts (Anas platyrhynchos) avec de la Dieldrine sur l'épaisseur de la coquille des œufs pondus.* = : épaisseur équatoriale, = : épaisseur polaire. (D'après Lehner et Egbert, 1969).

Des expériences similaires conduites sur des Faucons (Porter et Wiemeyer, 1970) et des rapaces nocturnes nord-américains ont aussi montré que le DDE induisait une forte diminution de l'épaisseur coquillière chez ces espèces.

Enfin, les BPC paraissent moins dangereux pour le mécanisme de formation de la coquille chez la Tourterelle, le Col-Vert et des Faucons. Toutefois, il semble que diverses différences liées à la nature des BPC, interviennent. Certains Arochlors sont inactifs alors que l'Arochlor 1254 administré certes à forte dose (100 ppm) dans l'alimentation à des poules a provoqué à la fois une diminution du nombre d'œufs pondus et de l'épaisseur de la coquille.

Perturbation de l'équilibre endocrine des espèces aviennes. — Quelle explication peut-on donner à l'interférence existant entre la pollution par les composés organochlorés et la fonction reproductrice des oiseaux ?

Une première explication avancée suggérait une perturbation de la balance hormonale consécutive aux phénomènes de stimulation des microsomes hépatiques.

On a pu montrer en effet, voici déjà quelques années, que de nombreux toxiques provoquent une prolifération du reticulum endoplasmique dans les hépatocytes des oiseaux et des mammifères. A cette prolifération est associée une stimulation de la synthèse d'enzymes microsomiaux — hydrolases et oxydoréductases — responsables d'une oxydation ou d'une hydrolyse des toxiques. Mais en outre, ces enzymes vont aussi accélérer le catabolisme de diverses substances organiques. Ils provoqueront une hydroxylation accrue des stéroïdes, en particulier des œstrogènes et des androgènes.

Ainsi, Peakall (1967, 1968) put montrer que les microsomes hépatiques de pigeons traités au DDT forment une plus grande quantité de métabolites polaires (hydrosolubles), de l'œstradiol, de la progestérone et de la testostérone que chez les oiseaux normaux.

On comprendra aisément qu'une perturbation de la balance hormonale consécutive à un catabolisme accru des œstrogènes puisse altérer la fécondité des oiseaux et les mécanismes de sécrétion de la coquille, les uns et les autres sous la dépendance de ces hormones. Par ailleurs, certains composés organochlorés, comme le DDE inhibent l'anhydrase carbonique, enzyme qui assure le dépôt du calcium dans la coquille.

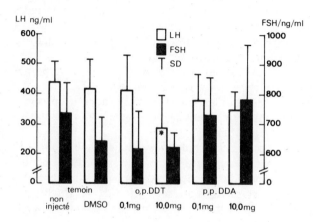

Fig. III-12. — *Effets de l'intoxication par le DDT et certains de ses catabolites sur la sécrétion de gonadostimulines hypophysaires chez des ♀ de rat ovariectomisées.* On note une chute significative de la LH, preuve d'une action œstrogène du DDT. SD = déviation standard. (D'après Gellert et coll., 1972.)

Le phénomène d'amincissement de la coquille observé avec le DDT, la Dieldrine et autres cyclodiènes chlorés, enfin avec certains BPC doit être attribué aux effets conjugués de ces divers désordres physiologiques. Toutefois, nous pensons que le catabolisme accru des diverses hormones sexuelles par les composés organochlorés ne constitue pas la seule cause endocrinologique des troubles observés.

Jusqu'à présent, les physiotoxicologues ont méconnu quasi systématiquement la possibilité d'un dysfonctionnement de l'axe cortex cérébral — hypothalamus — hypophyse consécutif à l'intoxication chronique par les composés organochlorés avec pour corollaire un dérèglement de l'ensemble des fonctions endocrines de l'organisme intoxiqué.

Diverses expériences qui suggèrent l'existence de tels effets ont cependant donné lieu à publication au cours de dernières années.

Ainsi, Gellert, Heinrichs et Swerdloff (1972) ont pu montrer que le O, p'DDT et un de ses métabolites principaux le DDA (acide 2,2 bis parachlorophényl acétique) exercent chez le rat une activité œstrogène en stimulant les muqueuses utérines et vaginales et en réduisant le LH sérique. Ces auteurs considèrent qu'un tel effet doit être mis en rapport avec un feed-back négatif de ces toxiques au niveau de l'hypothalamus ou de l'hypophyse.

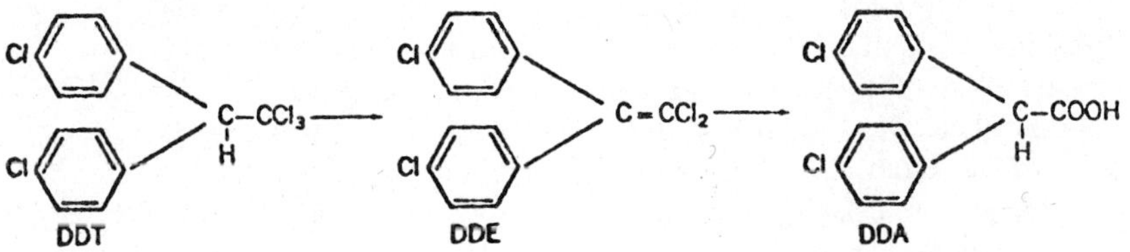

Fig. III-13. — *Étapes métaboliques du DDT chez les Mammifères.* Celui-ci est d'abord converti en DDE puis en acide 2,2 bis parachlorophénylacétique (DDA), hydrosoluble.

Dans nos propres recherches, nous avons mis en évidence une modification d'activité surrénalienne chez la souris exposée à des doses infra létales de Lindane (Ramade et Roffi, 1976) lors d'intoxications subaiguës avec cet insecticide. Nous observons une augmentation significative du poids des surrénales des animaux intoxiqués associée à une hypertrophie corticale de ces glandes. A l'opposé, la Dieldrine, en intoxication chronique (plus de 2 mois) provoque une diminution pondérale des glandes avec atrophie du cortex.

De même, Jefferies et French (1971) ont observé un hyper puis un hypothyroïdisme chez des pigeons nourris à des doses croissantes de DDT.

Les diverses explications de ces modifications d'activité endocrine observées impliquent toutes, un changement de l'activité de synthèse des stimulines hypophysaires sous l'effet de l'insecticide.

Une dernière cause de régression des populations animales sous l'effet des composés organohalogénés tient en un accroissement de la mortalité périnatale et juvénile chez les jeunes issus de femelles exposées à ces substances. Ce phénomène est manifeste chez les oiseaux. La résorption du sac vitellin qui s'effectue dans les derniers jours de la vie embryonnaire et dans ceux qui suivent l'éclosion s'accompagne de la mise en circulation des composés organochlorés qui s'étaient accumulés préférentiellement dans le vitellus, riche en lipides.

On observe de la même manière une forte mortalité chez les alevins de poisson issus d'œufs contaminés au stade de résorption de la vésicule vitelline.

Chez les espèces de Vertébrés à régime insectivore, les jeunes individus dont le métabolisme est intense et dont l'alimentation est par essence polluée par des résidus organochlorés sont particulièrement vulnérables aux traitements insecticides.

Les exemples abondent, dans la littérature ornithologique, où est relatée une forte mortalité de jeunes passereaux insectivores au nid à la suite d'épandages d'insecticides organochlorés réalisés sur leur territoire.

Il semble aussi que la raréfaction des chauves-souris en Amérique du Nord et en Europe puisse être attribuée *pro parte* à l'alimentation des jeunes chéiroptères avec des insectes renfermant des résidus organochlorés.

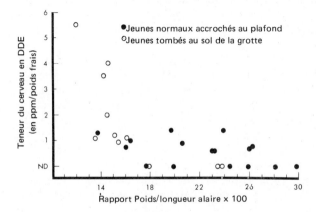

Fig. III-14. — *Corrélation entre l'état général de jeunes chauve-souris* (exprimé par le paramètre Poids / largeur alaire × 100) *et la teneur en DDE de leur cerveau*. Ce diagramme suggère que les jeunes tombés au sol sont plus maigres que ceux qui ont une position normale et que la teneur en DDE de leur cerveau est plus élevée. (D'après Clark et coll., 1975).

Ainsi, dans la colonie de Bracken-Cave au Texas, Clark et coll. (1975) ont observé une proportion anormale de jeunes incapables de demeurer accrochés aux parois ou au plafond de la grotte. Ces derniers tombent donc au sol où ils sont rapidement dévorés par les animaux saprophages et nécrophages qui y vivent.

Une étude sur la corrélation entre la taille des jeunes chauves-souris et les résidus de DDE présents dans leur cerveau suggère une plus forte contamination des individus tombés au sol.

La pollution des insectes servant de nourriture à ces animaux serait donc la cause de la plus forte mortalité juvénile observée.

IV. — MODE D'ACTION DES COMPOSÉS ORGANOHALOGÉNÉS AU NIVEAU CELLULAIRE

Les substances organohalogénées dont nous discutons ici sont des hydrocarbures chlorés ou fluorés. Il s'agit donc de molécules toutes plus ou moins fortement apolaires et par conséquent hydrophobes et lipophiles. Elles présenteront de ce fait une forte affinité pour les membranes cellulaires riches en lipides. Il n'est d'ailleurs pas fortuit que les composés organochlorés se comportent dans la quasi-totalité des cas comme des poisons membranaires. Leur liposolubilité leur confère également une forte affinité pour le tissu nerveux dont les membranes cellulaires sont riches en divers lipides complexes et explique certaines de leurs propriétés neurotropes.

On a pu montrer que le DDT se fixe sur la membrane des neurones et perturbe la fonction nerveuse par blocage de la conduction axonique.

Le Lindane et les diènes chlorés, qui sont aussi de puissants neurotoxiques, agissent aussi sur la conduction nerveuse selon des modalités moins bien comprises à l'heure actuelle.

Enfin, le DDT et la plupart des Cyclodiènes chlorés sont d'efficaces inhibiteurs des ATPases Mg_{++} et Na_+-K_+ membranaires ce qui permet de saisir pourquoi ces substances interfèrent avec la conduction axonique.

C'est également sans doute à l'affinité du Lindane pour les membranes cellulaires qu'il faut attribuer la prolifération du système lysosomial observée dans diverses cellules intoxiquées par cet insecticide (F. Ramade, 1966 ; F. Roux, 1973).

De plus le Lindane perturbe la division cellulaire. Il bloque l'ascension polaire des chromosomes et présente une certaine similarité d'effets avec la Colchicine. Levain et Puiseux-Dao (1974) ont montré qu'il empêchait de la sorte le déroulement normal de l'anaphase et de la télophase chez une algue uni-cellulaire *(Dunaliella euchlora)*. La séparation des cellules-filles demeure incomplète de sorte qu'il se forme des cellules géantes plurinucléées. A 5 ppm, toute croissance de cette espèce phytoplanctonique est inhibée. De même, cet insecticide perturbe la mitose dans les cellules de racine *d'Allium*, avec anomalies de constitution du fuseau et formation incomplète du phragmoplaste.

Ces anomalies de la caryocinèse ont pour conséquence des ruptures de chromatide et donc l'apparition de mutations chromosomiques.

L'inhibition de la multiplication cellulaire par le lindane s'accompagne d'un ralentissement de la morphogenèse chez l'algue unicellulaire géante *Acetabularia*. Les modalités par lesquelles cet insecticide perturbe la division cellulaire restent mal comprises. En effet, si la synthèse de DNA paraît affectée dans les cellules animales en culture, l'incorporation de Thymidine—^{3}H demeure normale dans les cellules de phanérogames (Puiseux-Dao et coll., 1977). Il est possible que le Lindane se comporte comme un poison membranaire et perturbe la synthèse des tubulines dont le rôle est essentiel au cours de la mitose.

De nombreux composés organohalogénés sont capables d'induire des mutations géniques. La mise au point du test d'Ames (cf. Chap. I, p. 25) a permis de démontrer le pouvoir mutagène de plusieurs d'entre eux et non des moindres. Tel est le cas du Chlorure de vinyle et du chlorure de vinylidène utilisés dans la fabrication des matières plastiques et du 2 chlorobutadiène, monomère de base servant à la préparation du caoutchouc synthétique.

V. — CONSÉQUENCES PATHOLOGIQUES INHÉRENTES A L'IMPRÉGNATION DE L'ENVIRONNEMENT PAR LES COMPOSÉS ORGANOHALOGÉNÉS

Le potentiel de mutagenèse inhérent à divers composés organohalogénés constitue un phénomène inquiétant sur le plan sanitaire.

Il est bien connu aujourd'hui que l'immense majorité des composés mutagènes sont carcinogènes et réciproquement.

Les chlorures de vinyle et de vinylidène sont métabolisés par les enzymes des microsomes hépatiques en époxydes induisant des cancers. Le test d'Ames a fourni *a posteriori* une démonstration de leur pouvoir mutagène et donc carcinogène. On avait observé, en effet, depuis quelques années une prolifération des cas d'angiosarcomes hépatiques — tumeur maligne du foie autrefois rarissime dans les populations humaines — chez les ouvriers travaillant au décroûtage des cuves de polymérisation des PCV.

En date plus récente, le chlorure de vinylidène s'est avéré carcinogène dans l'expérimentation animale.

D'autres recherches ont aussi démontré un certain potentiel cancérogène de divers insecticides organochlorés. Turosov et coll. (1973) ont par exemple pu montrer que l'exposition de 6 générations consécutives de souris à des concentrations de DDT dans l'alimentation comprises entre 2 et 250 ppm se traduisait par une augmentation significative de la fréquence des tumeurs hépatiques, même à la plus faible concentration chez les mâles et à partir de 10 ppm chez les femelles. Une forme particulièrement maligne, dénommée hépatoblastome, s'est rencontrée à une fréquence 8 fois supérieure à celle des témoins chez les souris exposées à 250 ppm.

De même, Fitzhugh a pu montrer que l'Aldrine et la Dieldrine incorporées à raison de 10 ppm dans la nourriture de souris provoquent après 2 ans une multiplication par 4 de la fréquence des hépatomes chez cet animal.

Il n'en demeure pas moins exact que les insecticides organochlorés, sont fort heureusement des carcinogènes faibles.

Compte tenu des graves lacunes de l'expérimentation ayant précédé son utilisation à vaste échelle, « une substance comme le DDT aurait pu être un carcinogène dont nous aurions à payer les effets dans le monde entier », Fournier (1974).

Enfin, divers composés organochlorés possèdent des potentialités tératogènes : dans les expériences *in vitro* David et Lutz-Ostertag (1972, 73) observent que le DDT provoque des anomalies dans l'embryogenèse de la caille. Celles-ci se traduisent par des malformations dans l'appareil génital : involution partielle ou totale des canaux de Muller des femelles, féminisation partielle des testicules, maintien du canal de Muller droit femelle, réduction importante du nombre de gonocytes et de l'épaisseur du cortex ovarien (Lutz-Ostertag Y. et Lutz H., 1974).

VI. — EFFETS GLOBAUX DE LA POLLUTION PAR LES COMPOSÉS ORGANOHALOGÉNÉS

1º Action sur la production primaire

Les composés organohalogénés peuvent affecter la production primaire en milieu limnique et marin. En effet, ces substances sont fortement toxiques pour le phytoplancton. Ainsi, le Toxaphène — un camphène chloré apparenté aux insecticides du groupe des cyclodiène — arrête à la dose de 7 ppb toute croissance d'un phytoplancton composé par un mélange d'espèces des genres *Dunaliella, Monochrysis, Protococcus* et *Phaeodactylum*.

La diminution de productivité d'une communauté phytoplanctonique à *Platymonas* et *Dunaliella* sp. exposée à 1 ppm pendant 4 h s'élève à 29 % avec le Lindane, 77 % avec le DDT et 95 % avec le Chlordane (*in* Ramade, 1968).

Wurster a mesuré l'activité de fixation du carbone par la méthode du ^{14}C bicarbonate dans des cultures normales ou intoxiquées par du DDT de diverses espèces de Diatomées et de Dinoflagellés marins (*Skeletonema, Pyramimonas, Peridinium* et *Coccolithus*).

Il a ainsi observé une diminution de l'activité photosynthétique dès une concentration de 10 ppb de cet insecticide dans l'eau de mer. A 50 ppb, la fixation de Carbone par la culture est réduite de 50 %.

Dans un récent travail, Fisher (1975) apporte la preuve que non seulement le DDT mais aussi les BPC (à 10 ppb) peuvent réduire dans d'importantes proportions la production primaire de deux espèces de diatomées marines. Fait intéressant, cet auteur démontre que cette baisse ne provient pas d'une perturbation des mécanismes cellulaires de la photosynthèse mais d'une réduction du taux mitotique de ces espèces avec pour conséquence une diminution de l'activité photosynthétique totale de la culture, celle des cellules prises isolément demeurant inchangée.

La productivité primaire de *Skeletonema costatum* est particulièrement affectée par le DDT. Une concentration de 50 ppb diminue de 92 % le nombre de cellules par ml de culture après 48 heures d'action et donc la production de cette dernière dans la même proportion.

Chez la Diatomée *Thalassiosira pseudonana*, 10 ppb de BPC baissent de 40 % le nombre de cellules de cette espèce par rapport au témoin.

L'extrapolation de ces divers résultats expérimentaux au milieu marin réel conduit cependant à des conclusions divergentes selon les spécialistes.

Pour certains, la présence de résidus insecticides et de BPC dans la totalité des organismes marins (Cf. p. 85) démontre l'existence d'une contamination suffisante pour laisser prévoir une baisse générale de la production primaire de l'océan mondial.

Pour d'autres spécialistes, cette contamination serait sans effet car des souches phytoplanctoniques résistantes à ces faibles doses de composés organochlorés ont déjà été obtenues en laboratoire et devraient donc apparaître spontanément dans les mers contaminées (Moser, Fisher et Wurster, 1972).

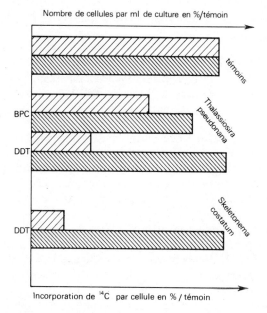

Fig. III-15. — *Influence du DDT et des BPC sur deux espèces de diatomées marines.* L'activité photosynthétique demeure constante à la concentration de 50 ppb mais le nombre de cellules par ml de culture baisse considérablement après 48 h d'action du toxique avec pour conséquence une diminution de la productivité nette par rapport au témoin. (D'après Fisher, 1975.)

Fisher note toutefois à juste titre que la prolifération de telles souches phytoplanctoniques résistantes aux composés organochlorés s'accompagnerait de bouleversements biocœnotiques. Même dans l'hypothèse où la productivité primaire totale de l'océan n'était pas affectée, la raréfaction des espèces phytoplanctoniques sensibles aux organochlorés ne manquerait pas d'altérer la structure des communautés de consommateurs constituant le zooplancton et le necton marins — herbivores et carnivores — situés aux échelons supérieurs des réseaux trophiques.

Par ailleurs, l'apparition de souches résistantes, susceptibles de ce fait d'accumuler sans dommage physiologique apparent de plus grandes quantités de substances organochlorées se traduira par une concentration accrue de ces substances dans les chaînes alimentaires. L'action conjuguée des divers phénomènes précités ne sera pas sans conséquences négatives sur la productivité secondaire des océans.

2⁰ Effets de la pollution par les composés organohalogénés sur les cycles biogéochimiques

Certains ont objecté qu'il n'y avait aucun risque envisageable d'atteindre des niveaux de concentration dans l'eau de mer susceptibles de perturber la production primaire. Cette argumentation se fonde sur le fait que le degré de solubilité dans l'eau du DDT à saturation est de 1 ppb, dose bien inférieure à celles affectant la productivité.

En réalité, cet argument ne tient pas à l'analyse. La potentialité d'atteindre les niveaux phytotoxiques existe. On a d'ailleurs déjà décelé dans l'eau de mer des concentrations de DDT et de BPC supérieures à 100 ppb. Cela provient du fait que les couches supérieures de l'océan — celles où se concentre le phytoplancton — renferment diverses matières organiques susceptibles d'émulsionner les composés apolaires insolubles dans l'eau. En outre doit être pris en considération un phénomène de synergie entre polluants qui favorise la dispersion des composés organohalogénés.

Les hydrocarbures rejetés en haute mer (et malheureusement aussi sur le plateau continental, même à proximité des côtes !) par les pétroliers qui « dégazent », dissolvent les traces de composés organohalogénés qui se trouvent en suspension dans les premiers cm de l'océan et provoquent de la sorte leur émulsion dans les couches superficielles !

On peut donc prévoir un déséquilibre du rapport C/O^2 si la pollution de l'océan mondial par les organohalogénés provoque une diminution de la production primaire et de façon concomitante une perturbation à long terme des cycles biogéochimiques du carbone et de l'oxygène.

Il faut toutefois convenir, malgré l'existence potentielle de facteurs susceptibles de provoquer cette diminution de la production primaire en milieu océanique, que cette éventualité demeure hautement hypothétique à l'heure actuelle en l'absence des données expérimentales bien établies, qui seules permettraient de conclure.

En définitive, nous considérons que la pollution de la biosphère par les composés organohalogénés soulève en sus des préoccupations immédiates qui lui sont propres d'autres questions beaucoup plus fondamentales. Celles-ci, d'ordre socio-économique sinon éthique se rapportent à la structure de notre civilisation industrielle.

Tout d'abord, aucun scientifique ne saurait accepter que l'on persiste à commercialiser des substances dispersées à très vaste échelle et en quantités considérables, dont les propriétés écotoxicologiques sont tout au moins mal évaluées. On ne pourra se contenter *ad infinitum* de retraits souvent partiels et *a posteriori* des composés les plus dangereux pour la santé publique.

Il est absolument intolérable qu'une certaine collusion technocrato-industrielle conduise à une véritable conspiration du silence sur certains polluants et non des moindres...

Nous laisserons à méditer au lecteur, en guise de conclusion, ce texte de Rizebrough (laboratoire des ressources marines, Université de Berkeley), un des meilleurs spécialistes actuels de la pollution par les composés organochlorés. Celui-ci écrivait en 1971 au sujet des problèmes que nous évoquons :

« Les producteurs de DDT et leurs sympathisants ont fait preuve... d'un manque total de responsabilité publique... La Compagnie Monsanto en refusant de diffuser les statistiques relatives à la production de BPC agit de même à l'encontre de l'intérêt public. Les défaillances découvertes à la division de contrôle des pesticides du département de l'agriculture indiquent que les agences gouvernementales ne placent pas toujours l'intérêt public devant les intérêts privés. Il existe un impérieux besoin de données bien établies qui permettront de répondre à des questions pertinentes (*sur la pollution par les pesticides*) (1) ainsi que d'interprétations impartiales et indépendantes de ces questions par des scientifiques... dont les conclusions ne sont pas influencées par des considérations politiques ou commerciales. Les scientifiques, qu'ils soient universitaires ou du secteur privé ont un rôle essentiel à jouer dans l'accomplissement de cette mission dont ils doivent par défaut assurer la majeure part des responsabilités » (2).

B. — MERCURE

La toxicité du mercure est connue depuis fort longtemps. Ce métal fut même, sur le plan historique, un des premiers polluants qui donna lieu à un conflit juridique au cours de l'ère industrielle : en 1700, les habitants de la ville de Finale, en Italie, entreprirent une action en justice contre une manufacture de chlorure de mercure dont les émanations avaient empoisonné de nombreux citadins.

En date récente, la maladie de Minamata, au Japon, a tristement illustré les gravissimes conséquences pour la santé humaine du rejet irréfléchi dans l'environnement d'effluents industriels renfermant des matières toxiques, aussi diluées soient-elles.

I. — PRINCIPALES SOURCES DE POLLUTION PAR LE MERCURE

On peut distinguer plusieurs causes directes ou indirectes de contamination de l'écosphère par le mercure.

1º Causes directes

Les usages industriels du mercure s'accompagnent dans de nombreux cas du rejet partiel ou total, des quantités de ce métal utilisées, dans le milieu naturel. En effet, si ce métal est facilement recyclable dans plusieurs de ses applications, il en existe de nombreuses autres où sa récupération n'est pas envisagée ou pose de sérieux problèmes techniques.

Ainsi, son emploi comme électrode dans la préparation de la soude caustique se traduit en général par le rejet de quelque 250 g de ce métal par tonne d'alcali produit. Comme une partie de ce mercure passe aussi dans la soude, laquelle sert dans certaines industries alimentaires (huileries, laiterie, neutrali-

---

(1) Note de l'auteur : le texte entre parenthèses a été ajouté par nous-mêmes pour faciliter la compréhension de cette citation.

(2) D'après RIZEBROUGH *in* HOOD « Impingment of man on the ocean » WILEY, éd., 1971, p. 281.

sant en conserverie, pelage chimique des fruits et des tubercules, etc.), il en résulte une contamination par le mercure des aliments ainsi préparés...

De même, l'emploi de ce métal comme catalyseur dans l'industrie chimique s'accompagne de son rejet partiel dans les effluents liquides. C'est en particulier à un tel usage qu'il faut attribuer la contamination de la Baie de Minamata, une partie du chlorure de mercure qui servait de catalyseur pour la synthèse de l'acétaldéhyde (1) dans l'usine de la Chisso chemicals était rejetée dans la mer avec les eaux usées produites par ces installations.

A l'opposé, d'autres usages industriels conduisent à la dispersion intégrale des produits mercuriels fabriqués dans l'environnement. Tel est le cas des cosmétiques, des médicaments à base de mercure (mercurochrome, mercryl, etc.), des peintures antifongiques destinées au traitement des bois de constructions (revêtements, charpentes, etc.).

Les fongicides organomercuriels représentent aussi une importante cause de contamination de l'environnement par le mercure. Bien que l'usage du redoutable méthyl mercure ait été proscrit comme antifongique à cause de son extraordinaire toxicité, divers organomercuriels sont toujours utilisés à l'heure actuelle pour détruire les moisissures et divers agents phytopathogènes. De nos jours, des aryl-mercure comme l'acétate de phényl-mercure et des alkyl-mercure (silicates de méthoxyéthyl ou de méthoxyméthyl mercure) sont employés à vaste échelle pour protéger les semences contre divers champignons provoquant la « fonte » des semis et pour prévenir la moisissure des pulpes de cellulose et des pâtes à papier.

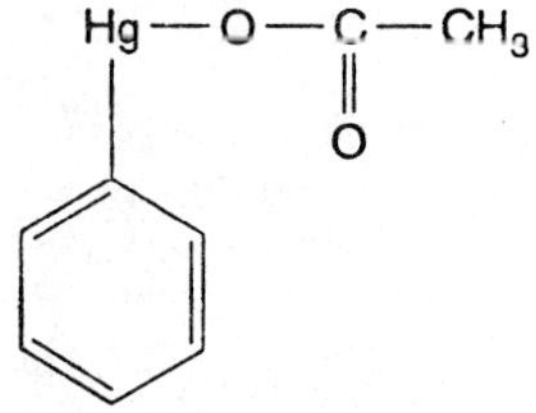

Fig. III-16. — *Exemples de fongicides organomercuriels.* — *a)* Acétate de phényl-mercure ; *b)* Méthoxyéthylmercure.

(1) La synthèse d'une tonne d'acétaldéhyde libère quelque 30 à 100 g de mercure dans les eaux continentales ou littorales...

2° Causes indirectes de contamination

Une importante cause de pollution de la biosphère par le mercure résulte de la combustion des dérivés fossiles au carbone. Le charbon extrait en Union Soviétique renferme en moyenne 0,28 ppm de mercure, certains pétroles californiens titrent entre 1,9 et 21 ppm de mercure ! Certains auteurs ont pu évaluer à 3 000 tonnes par an les rejets de mercure dans l'atmosphère qui résultent de l'emploi des divers types de combustibles fossiles.

Il n'est pas déraisonnable de fixer à 10 000 tonnes par an les rejets de mercure dans la biosphère par la civilisation technologique.

II. — LE CYCLE BIOGÉOCHIMIQUE DU MERCURE

Une bonne compréhension des mécanismes de pollution par le mercure exige la connaissance des modalités par lesquelles il circule dans le milieu naturel.

Le cycle biogéochimique du mercure s'effectue entre les trois compartiments de l'écosphère : continents, atmosphère et lithosphère. Le mercure se sublime

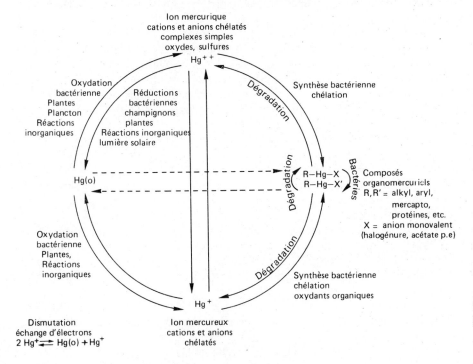

Fig. III-17. — *Variation d'état du mercure dans la biosphère en fonction de l'action des divers facteurs biogéochimiques.* (D'après Goldwater et Stoppford, 1977.)

facilement et passe dans l'air, en outre, il existe des formes très volatiles de cet élément, comme le diméthyl mercure, ce qui favorise sa dispersion dans l'atmosphère. Les quantités de ce métal présentes spontanément dans les divers écosystèmes ont deux origines : les éruptions volcaniques et l'érosion hydrique qui par lessivage entraîne dans les cours d'eau puis dans l'océan une fraction du mercure contenu dans les roches superficielles. Jernolov (1969, 1972) a montré que le mercure minéral qui s'accumule dans les sédiments peut être transformé par des bactéries benthiques en méthyl-mercure puis en diméthyl-mercure selon la réaction :

$$Hg_0 \leftrightarrows Hg_{++} \leftrightarrows CH_3 Hg_+ \leftrightarrows (CH_3)_2 Hg$$

Cette conversion bactérienne du mercure minéral en mercure organique constitue un fait primordial sur le plan écotoxicologique car les chaînes trophiques aquatiques voire même terrestres sont contaminées de façon prépondérante par des dérivés alkylés du mercure, d'origine microbiologique, principalement par du monométhylmercure ($CH_3 Hg^+$). La fig. III-16 schématise les diverses interventions des agents microbiologiques et chimiques sur le cycle du mercure dans la nature. En pratique $R = CH_3$ dans la quasi-totalité des cas, bien que l'on ait pu signaler la formation de monoéthyl-mercure ($C_2 H_4$) Hg^+ dans certaines rivières japonaises. De même, la transméthylation abiotique, théoriquement possible en milieu aquatique en présence de dérivés alkylmétalliques stables, semble constituer un phénomène rarissime.

La méthylation microbiologique constitue un phénomène lent en milieu aquatique, environ 1 % seulement du mercure contenu dans les sédiments subissant chaque année cette transformation. Ce sont les sédiments eutrophes, riches en matières organiques, portés à température élevée (stimulant de l'activité bactérienne), de potentiel redox positif permettant donc encore la diffusion de l'oxygène moléculaire, enfin dont le pH est légèrement acide qui constituent le milieu le plus favorable à la méthylation.

En conséquence, les lacs, les retenues hydroélectriques, certaines zones marécageuses ou (et) deltaïques représentent les milieux les plus favorables à la biotransformation du mercure minéral en alkylmercure.

Le diméthyl-mercure, très volatil, quitte les eaux et passe dans l'atmosphère, ce qui explique la contamination de lacs et autres surfaces d'eau n'ayant jamais été exposés au rejet d'effluents pollués par ce métal.

A l'opposé, le monométhyl-mercure ($CH_3 Hg_+$) reste dans l'hydrosphère où il est incorporé aux chaînes alimentaires selon le processus classique : passage dans le phytoplancton puis dans le zooplancton, enfin dans les prédateurs. Lorsque les plantes et les animaux meurent, le mercure est restitué aux sédiments et le cycle recommence (fig. III-18).

Le mercure est normalement présent à l'état de traces infinitésimales dans les atmosphères non polluées. Il s'y rencontre à des concentrations n'excédant jamais 0,0025 mg/m³ d'air soit moins de 2 ppt (parties par trillion). En revanche, il peut atteindre des concentrations bien supérieures dans des zones industrialisées. Brar et coll. (1970) signalent par exemple 0,04 mg/m³ dans l'air de Chicago soit 20 fois plus que sa teneur normale.

On observe en moyenne une concentration de l'ordre de la partie par milliard dans les eaux continentales ou océaniques et jusqu'à 2 ppm dans les sols riches en humus.

Par suite de la très faible biodégradabilité de certains de ses dérivés organiques ($CH_3 Hg+$ en particulier), le mercure tend à s'accumuler dans les êtres vivants. Les algues peuvent l'accumuler dans leurs cellules à des taux 100 fois supérieurs à sa dilution dans l'eau et des poissons pélagiques capturés dans des zones reculées des océans peuvent en renfermer jusqu'à 120 ppb dans leurs muscles.

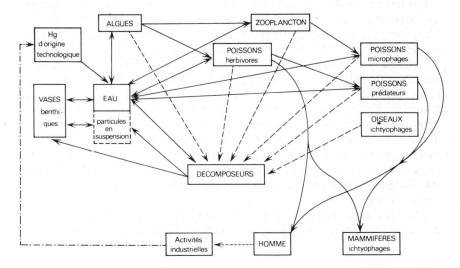

Fig. III-18. — *Schéma de circulation du mercure dans les écosystèmes aquatiques.*

III. — LA CONTAMINATION DES BIOCŒNOSES ET SES CONSÉQUENCES

La pollution des écosystèmes par le mercure que l'industrie moderne libère dans l'environnement n'est plus à démontrer.

Les travaux effectués au cours des quinze dernières années par les écotoxicologues japonais, scandinaves et américains ont montré de façon irréfutable que le mercure rejeté dans les eaux sous forme minérale ou organique se transforme de façon inéluctable en méthylmercure très peu biodégradable qui s'accumule dans les organismes constituant les divers réseaux trophiques.

1° Les écosystèmes terrestres

Ils sont essentiellement contaminés par l'usage de fongicides organomercuriels utilisés en agriculture. Dès 1960, divers écologistes suédois suspectaient ces substances d'intervenir dans le déclin de l'avifaune de leur pays.

L'usage de semences enrobées fabriquées avec des fongicides organomercuriels semble jouer un rôle essentiel dans la contamination des agroécosystèmes.

Otterlind et Lenerstedt (1966) relevaient 8 à 45 mg/Kg de mercure chez des pigeons et 11 à 136 mg/Kg chez divers fringilles capturés dans les champs de Suède méridionale. De même, sur 70 autours et buses provenant de diverses régions de ce pays, 67 renfermaient des taux anormaux de mercure. Des chouettes hulottes trouvées mortes une dizaine de jours après les semailles ne renfermaient pas moins de 270 mg de mercure par kg dans leur foie et leurs reins.

Les travaux de Berg et coll. (1966) ont montré le rôle déterminant joué par les fongicides organomercuriels dans cette régression de l'avifaune suédoise. L'analyse de la teneur en mercure des plumes de nombreuses espèces d'oiseaux conservés depuis 1815 dans divers musées de Suède et celle de spécimens actuels leur ont permis d'apporter un faisceau d'arguments irréfutables en faveur de cette thèse. En effet, comme les phanères des vertébrés à sang chaud (poils, plumes et autres formations tégumentaires) constituent une des voies naturelles d'élimination du mercure, la concentration de cet élément dans ces dernières constitue un bon indicateur du degré de contamination de leur organisme. Ces recherches ont montré que la teneur en mercure des diverses espèces examinées est restée remarquablement constante pendant plus de cent ans avant de présenter une subite élévation à partir de 1940, date à laquelle les alkyl-mercure fongicides furent introduits en Suède pour le traitement des semences (fig. III-19).

Elles ont aussi mis en évidence une excellente corrélation entre la teneur des plumes en mercure et le niveau trophique occupé par chaque espèce.

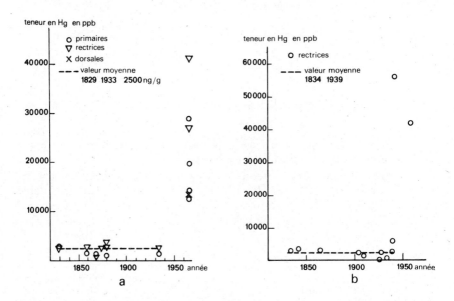

Fig. III-19. — *Variation de la teneur moyenne en mercure des plumes du Grand-duc (a) et du Faucon pèlerin (b), en Suède, entre 1830 et 1965.* (D'après Berg, Jöhnels, Sjostrand et Westermark, 1966.)

Celle-ci atteint 6 ppm en moyenne chez les faisans et les perdrix à régime granivore tués en 1960, elle atteint 40 ppm chez le grand-duc, 55 ppm chez le faucon pèlerin et 60 ppm chez le pygargue qui sont des carnivores stricts.

A l'opposé, la teneur en mercure de plumes d'oiseaux comme le Lagopède des saules, qui vivent loin des zones cultivées, n'a pas présenté de variations significatives depuis le début du siècle.

Diverses recherches plus récentes montrent que les rapaces nord-américains présentent une contamination également importante par le mercure et divers autres métaux lourds. Snyder et coll. (1973) relèvent par exemple les taux suivants dans les œufs d'Épervier de Cooper (*Accipiter cooperi*) du Nouveau-Mexique et de l'Arizona (Tableau III-3).

Tableau III-3. — Teneur en métaux lourds des œufs d'épervier de cooper du Nouveau-Mexique et de l'Arizona (en ppm)
(D'après Snyder, Snyder, Lincer et Reynolds, 1973)

Polluants	Nombre d'œufs		Taux moyen des œufs renfermant des doses détectables
	avec métaux détectables	avec métaux non détectables	
Mercure	23	1	0,023 ± 0,003
Cuivre	23	0	0,63 ± 0,107
Plomb	11	12	0,193 ± 0,044
Cadmium	20	4	0,12 ± 0,023

L'homme, situé par définition au sommet de la chaîne alimentaire dans les agroécosystèmes n'échappe pas à la pollution des réseaux trophiques par les organomercuriels.

L'utilisation accidentelle (ou frauduleuse) de semences enrobées avec des fongicides organomercuriels peut conduire à une redoutable contamination de l'alimentation humaine. Les œufs de poules pondeuses renfermaient en moyenne 25 ppb de mercure contre 7 ppb chez ceux provenant d'Europe occidentale (Tejning, 1964), ces taux sont redevenus normaux après l'interdiction des fongicides organomercuriels dans ce pays.

On a cité au cours des dernières années plusieurs cas de graves intoxications, ayant causé plusieurs morts, à la suite de l'ingestion de viande provenant d'animaux d'élevage ayant été élevés avec des semences enrobées, tant dans les pays développés que dans le tiers-monde (*vide* par exemple Curley, 1971 et Hinman, 1972).

2° La contamination des écosystèmes limniques par le mercure

Elle est également très préoccupante. En effet on rencontre aujourd'hui cet élément dans tous les organismes qui peuplent les eaux continentales des pays industrialisés.

Observations. — En Suède, les autorités responsables de l'hygiène publique durent interdire au début des années 60 la pêche et la commercialisation de poissons capturés dans les lacs de plus de 80 districts parce qu'ils excédaient la dose limite de mercure (0,5 ppm) admise dans l'alimentation humaine par les experts de l'organisation mondiale de la santé.

Ces mêmes considérations ont conduit la canadian Food and drug administration et l'USFDA à interdire la commercialisation du poisson pêché dans le lac Saint-Clair, la rivière Ottawa en aval de la ville du même nom et dans le Saint-Laurent en aval de Cornwall. En outre, les pêcheries commerciales de divers Percidés et d'anguilles furent aussi fermées en 1970 pour les mêmes raisons sur le lac Érié et dans la partie méridionale du lac Huron !

Dans le lac St-Clair, contaminé par les effluents industriels de Detroit, le taux moyen de mercure dans les poissons est compris entre 0,3 et 5 ppm, en grande partie sous forme de méthyl-mercure !

Le mercure atteint rapidement des concentrations nettement supérieures à la normale dans les chaînes trophiques limniques polluées. Au Japon, alors que l'eau de la rivière Agano, recevant les effluents d'une usine d'acétaldéhyde contaminés par du méthyl-mercure ne renfermait pas plus de 0,1 ppb de ce métal,

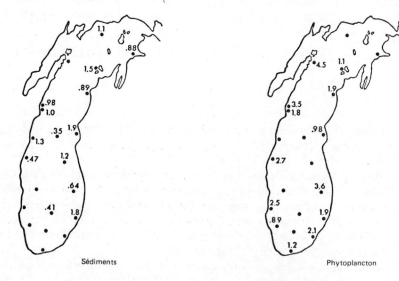

Fig. III-20. — *Les grands lacs nord-américains présentent à l'heure actuelle une contamination étendue par le mercure.* Ici sont figurées les teneurs en Mercure (exprimées en ppm) des sédiments et du phytoplancton en divers points du lac Michigan (D'après Copeland *in* Hartung et Dinman, 1972).

cette concentration s'élevait à 10 ppm dans le phytoplancton et 40 ppm dans les poissons soit un coefficient de concentration de 400 000 !

En Suède, Johnels et Westermark (1967) ont mis en évidence le même phénomène de bioconcentration du redoutable méthyl-mercure dans la chaîne trophique des brochets (fig. III-20). L'analyse de plusieurs dizaines de ces poissons a montré qu'ils renfermaient entre 0,5 et 10 ppm de mercure et que la concentration de cet élément était d'autant plus élevée que les animaux étaient plus âgés.

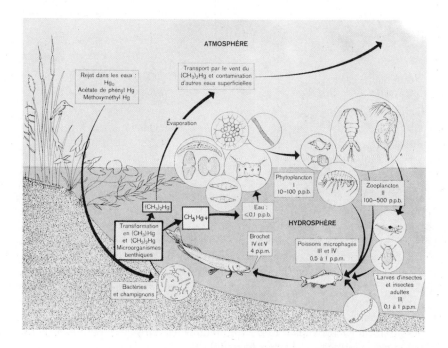

Fig. III-21. — *Contamination de la chaîne trophique du brochet en Suède* (ce schéma a été réalisé à partir d'un dessin de Duvigneaud (1974) et les données analytiques de plusieurs auteurs suédois) *in* Ramade, 1978.

Conséquences. — Cette pollution des poissons d'eau douce par le mercure a pour conséquence de provoquer une sérieuse contamination des super prédateurs que sont les oiseaux ichtyophages et... les humains à régime piscivore.

Le tableau III-4 rapporte les concentrations en mercure des muscles et du foie de divers oiseaux ichtyophages du lac St-Clair, aux États-Unis.

La recherche du mercure dans le sérum et les urines des riverains des grands lacs a montré que les personnes à régime ichtyophage présentaient des teneurs en mercure significativement supérieures à celles qui ne mangeaient plus de poisson (Wilcox, 1972). Plus de 33 % des habitants des rives des Grands Lacs présentent un taux anormalement élevé de mercure dans leurs urines (Mastromatteo et Sutherland, 1972).

Tableau III-4. — Contamination par le mercure
des oiseaux ichtyophages du lac Saint-Clair, États-Unis
(D'après Dustman, Stickel et Elder, 1972)

Espèce	Sexe	Résidus en Mercure (en ppm / poids frais)	
		dans les Muscles	dans le Foie
Héron	♂	23,0	136 !
(Ardea herodias)	♂	21,2	175 !
	♀	8,3	66 !
Sterne Pierregarin			
(Sterna hirundo)	♂	7,5	39 !
Guifette noire			
(Chlidonias niger)	♂	0,61	3,5
Fuligule	♂	1,2	3,4
Aythya affinis	♀	0,91	5,6

Les écosystèmes limniques européens présentent aussi une préoccupante contamination par le mercure. L'analyse des principaux constituants des réseaux trophiques du Rhin en Alsace montre qu'aucun des organismes qui les composent n'est exempt de résidus mercuriels (Kempf et Sitter, 1977). En outre, la nappe phréatique rhénane s'avère fortement contaminée par le mercure infiltré à partir du lit de ce fleuve dans la zone située en amont de Strasbourg.

Aucun des brochets prélevés en Alsace ne renferme moins de 0,29 ppm de mercure, le maximum étant atteint sur un individu provenant de Munschhausen avec 4 ppm (*in* Carbiener, 1978). Les oiseaux ichtyophages présentent une contamination encore plus forte : 11 ppm dans les reins et 18 ppm dans le foie d'une sterne pierregarin (*Sterna hirundo*).

3º Contamination des biocœnoses marines

Les animaux marins capturés dans les zones littorales des pays industrialisés et parfois aussi dans les régions pélagiques des océans présentent pour la plupart à l'heure actuelle des concentrations de mercure anormalement élevées.

Les invertébrés. — Les mollusques, bien connus pour leur aptitude à l'accumulation, même dans les conditions naturelles, de métaux variés — l'hépatopancréas de la coquille Saint-Jacques ou *Pecten* renferme par exemple 1 º/oo de cadmium rapporté à son poids sec — sont évidemment capables de concentrer le mercure présent dans le milieu naturel. Les moules récoltées dans l'estuaire de la Tamise titrent jusqu'à 0,65 ppm de cet élément, les huîtres de cette même zone 0,2 ppm. Dans la baie de Minamata, la concentration en mercure des divers mollusques analysés était comprise entre 11 et 40 ppm !

Les vertébrés. — Les poissons présentent aussi de fortes contaminations dans les zones maritimes des pays dits développés. Ainsi, les morues de la mer du Nord renferment en moyenne 0,175 ppm de mercure, celles pêchées dans la partie méridionale de la Baltique plus de 1,3 ppm, à l'opposé, les morues capturées en zone indemne de pollution (côte est du Groenland) contiennent à peine 0,019 ppm de cet élément (*in* Holden, 1973).

La côte méditerranéenne française est le siège d'un rejet intense de mercure par diverses industries, aussi n'est-il pas étonnant que les poissons et mollusques pêchés dans la baie des Anges, qui reçoit les effluents de la ville de Nice soient très contaminés. On relève par exemple 2,58 ppm de mercure total et 0,06 ppm de méthyl-mercure dans les moules, 2 ppm de mercure total dans les Severeau (dont 0,9 ppm de méthyl-mercure), etc. (D'après Aubert, Petit, Domier et Barelli, 1973.)

Les mammifères marins qui vivent au voisinage des côtes de pays industrialisés peuvent aussi présenter de très fortes concentrations de mercure. Les phoques gris (*Halichoerus grypus*) qui vivent en Écosse renferment en moyenne 10 à 50 ppm de ce métal dans leur foie, on a relevé jusqu'à 720 ppm chez de vieux individus. Plus étonnante est la concentration de 8,87 ppm de mercure mise en évidence dans le foie d'un cétacé, le béluga, capturé sur les rives de la mer d'Hudson, dans une zone fort éloignée de toute industrie.

L'affaire de Minamata. — La maladie de Minamata, qui provoqua la mort de 48 personnes et l'invalidité de 156 autres (en réalité beaucoup plus si l'on en croit certaines sources de renseignements officieuses...), montre quelles peuvent être les conséquences de la pollution des océans par la technologie moderne. Cette affection, qui se traduit par des troubles nerveux variés (sensoriels, moteurs, psychiques), apparut en 1953 dans la baie qui lui donna son nom. Cette maladie atteignit surtout les pêcheurs, gros consommateurs de poisson... et leurs animaux domestiques. On cite le cas de chats atteints d'hallucinations qui se suicidaient en se jettant à l'eau, comportement très aberrant pour un animal dont l'aversion pour cet élément est notoire.

Il fut établi que le rejet de mercure dans la mer (sous forme de $CH_3 Hg_+$!) par une usine de la Chisso chemicals fabriquant de l'acétaldéhyde, fut l'unique cause de cette « épidémie ». En effet, le méthyl-mercure se concentra dans les réseaux trophiques marins et atteignit des teneurs considérables dans les mollusques, les crustacés et les poissons dont se nourrissaient les pêcheurs de la baie. Alors que la teneur des eaux en $CH_3 Hg_+$ (exprimée en mercure) n'excédait pas 0,1 ppb dans l'eau de mer, on relevait jusqu'à 50 ppm dans les poissons soit un coefficient de concentration de 5×10^5 ! Chez certains pêcheurs atteints par la maladie de Minamata, on relevait jusqu'à 528 ppm de mercure dans les cheveux !

IV. — EFFETS PHYSIOTOXICOLOGIQUES DU MERCURE

Le problème de l'action pernicieuse de faibles doses de mercure absorbées de façon continue avec l'alimentation a été l'objet, ces derniers temps, d'un ensemble de recherches physiotoxicologiques qui ont fait beaucoup progresser la connaissance des mécanismes d'action et des propriétés toxiques de cet élément.

1º Effets mutagènes

Au niveau cellulaire, le mercure s'est avéré mutagène tant *in vitro* qu'*in vivo*. Ramel (1972) a montré que les alkyl et les aryl mercure perturbent les mitoses dans les racines d'ail et les bloquent en métaphase, provoquant l'apparition de C-mitoses à des doses mille fois plus faibles que celles nécessaires pour déterminer l'apparition de ce phénomène avec la Colchicine.

Par ailleurs, Skerfving (1971) a mis en évidence l'existence de mutations chromosomiques dans les lymphocytes de Suédois à régime ichtyophage présentant une teneur élevée de mercure dans leur sérum. Celles-ci se caractérisent par des cassures de chromatides, l'apparition d'extrafragments, ainsi que de chromosomes dépourvus de centromère !

On ne peut manquer de mettre en rapport ces divers effets mutagènes avec les effets tératogènes observés dans la descendance de femmes japonaises atteintes par la maladie de Minamata, même si dans bien des cas, les anomalies observées peuvent être expliquées par l'action directe du $CH_3 Hg$ sur le cerveau du fœtus.

2º L'intoxication mercurielle

Le cerveau et les reins constituent les organes cibles de l'intoxication mercurielle, bien que le foie représente aussi un site d'accumulation important.

Les empoisonnements à long terme avec le méthyl-mercure se traduisent par de graves atteintes du système nerveux central caractérisées par des troubles sensoriels de l'audition, constriction du champ visuel, insensibilité des extrémités, par des troubles moteurs : tremblements, démarche hésitante, exagération des réponses réflexes, enfin par des troubles psychiques en certains cas. L'étude histopathologique révèle une atrophie corticale au niveau cérébral et cérébelleux et une pycnose étendue des perikarya des neurones, très intense chez les cellules de Purkinje, ce qui explique les troubles de l'équilibration observés chez les sujets atteints par cette affection.

On a pu démontrer que le mercure organique inhibait la glutathio-réductase et dans une moindre mesure la phosphoglucose isomérase sérique.

3º Effets sur les fonctions reproductrices

Par ailleurs, on a pu montrer que le méthyl-mercure pouvait, à doses infralétales, affecter les fonctions de reproduction des oiseaux. Heinz (1974) observe une diminution du nombre d'œufs pondus, un accroissement de la mortalité embryonnaire et dans les jours qui suivent l'éclosion chez des canards cols-verts nourris pendant un an avec des aliments titrant 3 ppm de méthyl-mercure.

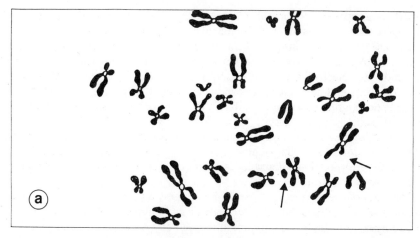
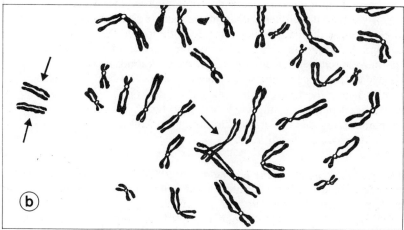

Fig. III-22. — *Mutations chromosomiques observées dans les lymphocytes de Suédois à régime ichtyophage présentant une forte teneur de mercure dans leur sérum.* Les flèches de la figure a montrent de nombreuses cassures chromosomiques avec apparition d'extra-fragments. Celles de la figure b des chromosomes anormaux dépourvus de centromère (D'après SKERFVING, 1971).

C — CADMIUM

La pollution par le cadmium constitue de nos jours un sérieux problème d'environnement, même s'il est moins préoccupant que ceux liés au mercure car plus localisé jusqu'à présent. En effet, en sus de sa toxicité intrinsèque assez élevée, le cadmium possède d'importantes potentialités de carcinogenèse.

Les sources de contamination par le cadmium. — Le cadmium est naturellement présent à l'état de traces (de 1 à 250 ppb) dans les roches superficielles de l'écorce terrestre, avec une moyenne de l'ordre de 50 ppb. C'est un sous-produit de la métallurgie du zinc et, dans une moindre mesure, de celle du plomb. Les minerais de zinc qui en constituent la principale source d'extraction en renferment de 100 à 500 ppm avant concentration. La consommation mondiale annuelle de ce métal est légèrement supérieure à celle du mercure (17 000 t en 1975 dont 1 460 t en France).

Les usages du cadmium se situent principalement en électricité (accumulateurs), en électronique (photopiles) et en métallurgie (traitement des surfaces par cadmiage électrolytique — galvanoplastie). Enfin, l'industrie des matières plastiques en emploie, toutes proportions gardées, d'assez grandes quantités, le stéarate de cadmium servant de stabilisateur dans certains polymères. Quelque 950 t/an sont produites à cette fin en R.F.A. !

De nombreuses causes de contamination de la biosphère par le cadmium se rencontrent donc aussi bien en amont, au niveau de sa métallurgie, qu'en aval, à celui de ses utilisations industrielles ainsi qu'après usage lorsqu'il y a rejet de déchets dans la nature.

L'extraction de ce métal à partir du minerai de zinc, la combustion des matières plastiques stabilisées au stéarate de cadmium constituent par exemple des sources importantes de contamination de l'air. A l'opposé, la galvanoplastie représente une cause majeure de contamination des eaux continentales lorsqu'il y a rejet des effluents contaminés dans le réseau hydrologique local.

Il existe aussi des causes indirectes de pollution de l'environnement par le cadmium. A l'image du mercure, les combustions des dérivés fossiles du carbone introduisent également ce métal dans l'atmosphère. Les huiles de graissage et les fuels en renferment par exemple de 0,07 à 0,54 ppm selon leur nature et leur provenance, et les charbons 1 à 2 ppm.

Les engrais chimiques du groupe des superphosphates constituent une cause de contamination des sols puisqu'ils titrent de 0,05 à 170 ppm de cadmium selon le degré de purification !

Transfert du cadmium dans les chaînes trophiques. — Les écosystèmes continentaux peuvent être contaminés par deux modalités distinctes : retombées de poussières de cadmium transportées par voie atmosphérique et incorporation aux sols par usage d'engrais phosphatés impurs.

Cet élément passe ensuite dans les végétaux par translocation radiculaire mais l'absorption transfoliaire joue aussi un rôle non négligeable dans la pollution des plantes, non seulement *via* les stomates mais aussi par passage direct au travers de la cuticule. On trouve usuellement, dans les feuilles de végétaux cultivés, de 0,1 ppm à 2 ppm de cadmium (rapporté au poids sec).

En règle générale, les teneurs atteintes dans l'alimentation humaine ne sont pas préoccupantes à l'heure actuelle, l'homme étant surtout menacé par la contamination des eaux de boisson. C'est d'ailleurs à cause de la pollution des eaux potables que plusieurs dizaines de personnes ont été atteintes au Japon par la maladie dite d'itaï itaï. Cette affection, qui se traduit par des anomalies osseuses et des nécroses de divers organes, a été provoquée par la contamination cadmique des eaux de boisson. Celles-ci renfermaient 0,18 ppm de cadmium alors que les eaux naturelles non polluées titrent seulement 0,5 ppb.

Le cadmium se rencontre à de plus fortes concentrations dans les réseaux trophiques aquatiques.

Même dans des zones exemptes de toute pollution industrielle, certains invertébrés marins, en particulier les mollusques, peuvent accumuler dans leur organisme des concentrations importantes de cadmium. Mullin et Riley (1956) donnaient les gammes de concentrations suivantes dans les grands *phyla* d'animaux marins.

Tableau III-5. — CONCENTRATION DU CADMIUM
DANS LES INVERTÉBRÉS MARINS*.

Phylum	Concentration (en ppm)
Mollusques	0,83 à 38
Échinodermes	0,24 à 15
Crustacés	0,15 à 1,3
Cnidaires	1,2 (moyenne)
Éponges	1,9 (moyenne)
Protozoaires	1,2 (moyenne)

* D'après MULLIN et RILEY (1956).

Des huîtres prélevées dans des zones reculées du littoral néo-zélandais titrent 9 ppm de cadmium/poids frais. Le record de concentration dans le règne animal est détenu par des pectens, quelque 1 500 ppm (par rapport au poids sec) ayant été relevés dans l'hépato-pancréas de ces lamellibranches. D'autres dosages effectués sur l'organisme entier donnaient de 200 à 500 ppm de cadmium chez les pectens/poids frais.

Les écosystèmes limniques figurent à l'heure actuelle parmi ceux dont la contamination cadmiée est la plus importante dans les pays industrialisés.

Des études effectuées sur le bassin du Rhône (Teulon, 1973) ont montré qu'une pollution significative des réseaux trophiques de cet écosystème était nettement décelable. En effet, plusieurs espèces de téléostéens d'eau douce analysées (brème, chevesne, gardon et hotu) présentaient une plus forte contamination pour les échantillons prélevés dans le Rhône même que pour ceux provenant de tronçons de ses affluents non pollués.

Tableau III-6. — POLLUTION CADMIÉE DES CYPRINIDÉS
DU BASSIN DU RHONE*.

Espèces	Concentration en fonction du lieu de prélèvement (*maxima* relevés en ppm)		
	Rhône (pollué)	Affluents non pollués	
		Drôme	Ardèche
Brèmes	0,45	n.d.	0,30
Chevesnes	0,25	0,1	0,05
Gardons	0,30	0,1	n.d.
Hotus	0,70	n.d.	0,30

* D'après TEULON *in* COMERZAN, 1976.

Effets physiotoxicologiques du cadmium. — Le cadmium est un puissant agent mutagène. De nombreuses études expérimentales et enquêtes épidémiologiques en attestent. Ainsi, chez la drosophile Ramel et Friberg ont montré que l'adjonction de 62 mg/kg de cadmium au milieu d'élevage larvaire provoquait l'apparition de mâles XO par perte du chromosome Y, chez 0,3 % des individus traités. Le traitement au sulfure de cadmium de leucocytes humains en culture provoque après 8 heures d'exposition 14 % de cassures chromosomiques, 3 % de formation de chromosomes dicentriques et 6 % de translocations d'extra-fragments (Shinaishi et coll., 1972). Les études faites au Japon sur l'assortiment chromosomique des patients atteints de la maladie d'itaï itaï montrent que plus de 30 % de leurs cellules présentent des mutations chromosomiques alors que de telles anomalies sont inférieures à 0,5 % chez les individus normaux (*in* Friberg et coll., 1974).

Le rôle du cadmium en tant qu'agent primaire carcinogène est parfaitement établi à l'heure actuelle dans l'expérimentation animale. Injecté en diverses localisations, l'oxyde et le chlorure de cadmium induisent des sarcomes chez les rongeurs de laboratoire.

Son influence comme facteur carcinogène dans l'espèce humaine n'est pas démontrée bien que, selon certaines analyses, la teneur en cadmium de tissus tumoraux soit plus élevée que celle des tissus sains correspondants.

II. – POLLUANTS DES ÉCOSYSTÈMES CONTINENTAUX

Nous rassemblons dans cette rubrique tous les agents toxiques dont les effets sont actuellement limités aux milieux terrestres et limniques, la contamination occasionnelle de l'océan par certaines des substances étudiées ne présentant pas à l'heure actuelle un niveau suffisant pour se traduire par des conséquences écotoxicologiques décelables.

A. – POLLUANTS DES AGROÉCOSYSTÈMES

L'usage de divers produits chimiques en agriculture se traduit par divers effets nocifs qui se manifestent non seulement au niveau des agroécosystèmes, mais souvent bien au-delà de ces derniers, les facteurs biogéochimiques assurant leur transport et leur répartition dans de nombreux écosystèmes terrestres et limniques.

I. – POLLUTION PAR LES PESTICIDES

Nous avons déjà exposé dans ce qui précède divers aspects de la pollution par les pesticides, ceux dont les effets écotoxicologiques sont les plus préoccupants à l'heure actuelle, les organochlorés et les dérivés mercuriels fongicides ayant fait l'objet du dernier chapitre.

Il existe toutefois bien d'autres pesticides (plus de 300 substances douées de telles propriétés sont homologuées pour des usages dits phytosanitaires dans notre pays).

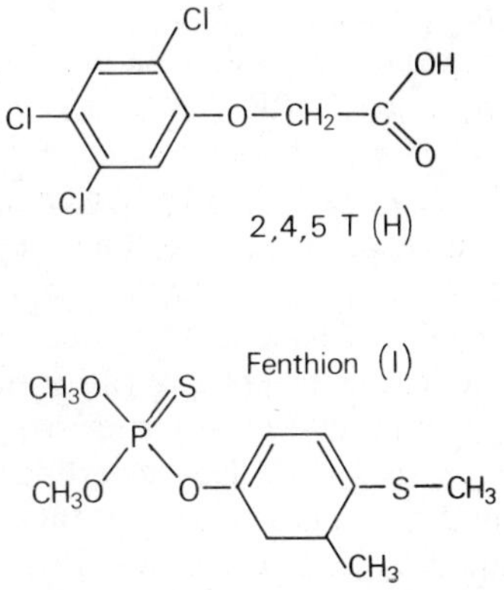

FIG. III-23. — *Formules chimiques de quelques pesticides cités dans le texte.* Le Fenthion est un insecticide organophosphoré utilisé dans la lutte contre les larves d'insectes aquatiques vecteurs de maladies parasitaires. Le 2, 4, 5, T est un défoliant du groupe des dérivés de l'acide phénoxyacétique. Le 2, 4 D, son homologue dichloré est également employé comme herbicide en céréaliculture.

Parmi les *insecticides*, divers esters phosphoriques et des N-méthylcarbamates connaissent aujourd'hui un très large emploi.

Par ailleurs, l'usage des *herbicides* présente une croissance ininterrompue. Dans un cas comme dans l'autre, et bien qu'aucune des susbtances précitées ne possède une stabilité comparable à celle des insecticides organochlorés, leur dispersion dans l'espace rural, et parfois sur les forêts ou dans des écosystèmes limniques (lutte contre les agents vecteurs d'affections parasitaires ou virales), s'accompagne d'effets écotoxicologiques significatifs.

Parmi ces derniers, il est possible de distinguer deux grands groupes :
— les effets démoécologiques
— les effets biocœnotiques.

1º Effets démoécologiques

Ces derniers se traduisent par une diminution des effectifs des populations animales ou végétales exposées au pesticide et résultent d'actions toxiques immédiates ou à long terme. Ils affectent les populations au travers d'une élévation du coefficient de mortalité ou d'une baisse du coefficient de natalité et souvent agissent simultanément sur ces deux paramètres démoécologiques.

Accroissement de la mortalité dans les espèces sensibles aux traitements pesticides.

Les insecticides organophosphorés.— Parmi les divers types d'antiparasitaires utilisés, les insecticides organophosphorés constituent la principale cause de mortalité par intoxication aiguë dans la faune sauvage. Ainsi, l'usage du Phosphamidon, dans la lutte contre la chenille tordeuse des conifères (*christoneura fumiferana*), a provoqué dans le Montana, aux États-Unis, une diminution de 87 % de la densité du peuplement avien d'une forêt de *Pseudotsuga menziezii*. Sur 27 espèces recensées avant l'épandage, plusieurs disparurent complètement, en particulier les grimpereaux, après le traitement. Un couple de Tétras bleu (*Dendragapus obscurus*) ayant survécu présentait au bout de quinze jours un taux de cholinestérases sériques inférieur de 50 % à la normale (Finley, 1965).

Le remplacement des insecticides organochlorés par le Fenthion et autres esters phosphoriques dans la lutte contre les moustiques, qui s'est effectué progressivement à partir du début des années 60, constitue un progrès incontestable au plan écotoxicologique. En effet, ces composés présentent une faible persistance dans l'eau avec un temps de demi-vie qui peut être de l'ordre de 48 heures à peine pour certains d'entre eux.

Toutefois, certaines espèces limniques sont très sensibles — outre les larves et les adultes de moustiques que l'on se propose d'éliminer — à leur action. Ainsi, le fenthion appliqué en formulation de granulé à raison de 0,025 ppm est réputé non toxique pour les copépodes, ostracodes et oligochètes (*Tubifex* sp.) ainsi que pour les gastéropodes aquatiques. Toutefois, les cladocères (*Daphnia* sp.) sont rapidement tués par cette concentration, le seuil de létalité se situant à un niveau aussi faible que 0,00065 ppm pour ces espèces (Muirhead-Thomson, 1971) !

Sans présenter l'hypersensibilité que révèlent les *Daphnia* au Fenthion (CL 50 = 0,09 ppb d'après Ruber, 1965), les gammarides montrent aussi une grande vulnérabilité à cette substance (CL 50 après 96 h égale à 9 ppb).

Herbicides. — Il a fallu attendre le conflit vietnamien et le large usage des défoliants auquel il donna lieu pour que soient approfondies les études sur les conséquences écotoxicologiques liées à l'emploi des herbicides.

a) **Dérivés de l'acide phénoxyacétique.** — Certains végétaux arborés présentent une sensibilité extraordinaire aux dérivés de l'acide phénoxyacétique (2,4 D et 2, 4, 5 T par exemple). Les espèces dominantes des mangroves (*Rhizophora* sp., *Avicenia* sp., *Brugueria* sp.), des arbres des forêts tropicales de montagnes (*Pterocarpus*, *Lagerstromia*), des Césalpiniées arborescentes, ont été virtuellement éliminées sur de vastes surfaces à la suite des traitements défoliants entrepris au cours de ce conflit.

On ne saurait contester d'ailleurs l'efficacité des herbicides de synthèse dans les agroécosystèmes. De nos jours, les régions céréalières françaises, systématiquement traitées avec ces substances sont quasi dépourvues de plantes adventices : la nudité des terres de culture après la récolte en témoigne !

Il apparaît en outre que les dérivés de l'acide phénoxyacétique, dont l'usage comme défoliant en foresterie donne actuellement lieu à une vive controverse, ne sont pas dénués d'effets, même à faible dose, sur diverses espèces animales. De plus, ces substances sont douées d'une persistance plus importante que leurs utilisateurs ne le pensent en règle générale.

Ainsi, un peuplement de bouleaux traité en Suède au 2, 4, 5 T présentait sur les feuilles subsistant deux ans après le traitement des résidus de cet herbicide excédant 10 ppm ! (Erne, 1974).

Les herbicides de ce groupe peuvent jouer un rôle important dans la vie des sols en modifiant de façon indirecte leur peuplement en invertébrés par suite de leurs effets sur la végétation. Leur toxicité pour la zoocœnose édaphique est mal connue bien qu'apparemment faible. On a pu toutefois montrer que le 2, 4, 5 T agit sur l'activité et la longévité du collembole *Onychiurus quadriocellatus*.

S'il est vrai que la toxicité aiguë des dérivés de l'acide phénoxyacétique est faible chez les vertébrés homéothermes, il n'en est pas de même chez les poïkilothermes, en particulier chez les espèces limniques.

On relève des effets nocifs sur la faune dulçaquicole à des concentrations comprises entre 1 et 4 ppm. Lhoste (1959) fait état d'une forte mortalité observée chez des insectes aquatiques, des mollusques et divers crustacés exposés à un mélange de 2, 4 D et 2, 4, 5 T dilué dans l'eau au taux de 0,1 à 3,3 ppm. Des recherches effectuées dans notre propre laboratoire (1) ont permis d'établir les CL 50 après 96 h (à 20°C) d'un mélange de 2, 4 D et de 2, 4, 5 T (dans la proportion 2/3-1/3). Celles-ci sont de 4 ppm pour des larves de *Chaoborus* sp., de 1,1 ppm pour le gastéropode *Lymnea palustris*, de 0,75 ppm pour des larves d'éphémères (*Cloeon* sp.) et de 0,5 ppm pour l'amphipode *gammarus pulex*.

Les dérivés de l'acide phénoxyacétique sont aussi relativement toxiques pour les poissons. La CL 50 après 24 h est de 0,5 ppm avec le 2, 4 D pour les téléostéens d'eau douce, et de l'ordre de 1 ppm pour le 2, 4, 5 T - 2, 4 D en mélange.

Il semble que la pollution des eaux consécutive à l'usage de ces défoliants en agriculture et en sylviculture soit en général assez faible. Toutefois Erne (1974) note des traces détectables dans 25 % des cas sur 600 prélèvements effectués dans des eaux courantes superficielles des forêts et des zones cultivées suédoises. Dans 10 % des cas, les concentrations sont égales ou supérieures à 0,01 ppm limite à partir de laquelle peuvent se manifester des phénomènes de toxicité aiguë ou subaiguë pour certaines espèces sensibles (Cladocères par exemple) ; de plus une dizaine d'échantillons titraient plus de 1 ppm (fig. III, 24, p. 122).

b) **Le diuron.** — D'autres herbicides sont aussi doués d'une certaine toxicité pour la faune limnique. Même des urées substituées comme le Diuron (CL 50 après 48 heures comprises entre 3 et 20 ppm pour les poissons) peuvent donner lieu à des intoxications aiguës ou à long terme. On observe une mortalité absolue dans un lot expérimental de carpes exposées pendant 40 jours à une dose de 0,5 ppm. De plus, ces poissons élevés en permanence en présence de 0,1 ppm de cet herbicide dans l'eau présentent des lésions granulomateuses de l'endocarde (Schultz, 1973).

Le Diuron peut s'accumuler dans les chaînes trophiques limniques. Kœman et coll. (1969) relèvent en moyenne 2,9 ppm dans des invertébrés aquatiques élevés dans une mare dont l'eau a été contaminée par 0,4 ppm de cet herbicide et 34 ppm dans les tissus de carpes, soit un coefficient de concentration de 85 fois.

---

(1) Seugé J. et coll., 1978.

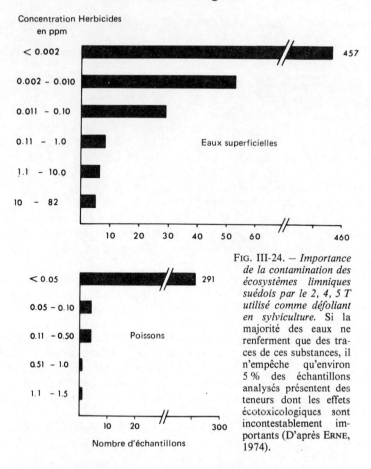

Fig. III-24. — *Importance de la contamination des écosystèmes limniques suédois par le 2, 4, 5 T utilisé comme défoliant en sylviculture.* Si la majorité des eaux ne renferment que des traces de ces substances, il n'empêche qu'environ 5 % des échantillons analysés présentent des teneurs dont les effets écotoxicologiques sont incontestablement importants (D'après Erne, 1974).

c) **Propriétés tératogènes.** — Les herbicides dérivés de l'acide phénoxyacétique possèdent par ailleurs des propriétés tératogènes. Celles-ci ont été mises en évidence lors du conflit vietnamien : des malformations congénitales apparurent dans la descendance de femmes gestantes vivant dans des zones lourdement traitées aux défoliants.

Diverses recherches ont, certes, montré que ces anomalies devaient être principalement attribuées à la présence d'une impureté, la dioxine (cf. plus bas) dans le défoliant utilisé dénommé « agent orange ». Les analyses mirent en effet en évidence une moyenne de 1,9 ppm de dioxine avec un maximum de 47 ppm dans le 2, 4, 5 T utilisé au Viêt-nam. Il existe toutefois des preuves expérimentales du pouvoir tératogène des herbicides de ce groupe. Ainsi, Bâge et coll. (1973), utilisant un 2, 4, 5 T titrant moins de 1 ppm de dioxine, ont montré que ce composé provoquait des effets embyotoxiques et tératogènes chez la souris. Après l'avoir administré à raison de 110 mg/kg en injection intrapéritonéale à des souris gestantes, ces auteurs ont relevé une augmentation significative du taux d'avortements spontanés, une fréquence anormale des malformations squelettiques (25 % des descendants affectés !), la présence d'hémorragies rénales et subcutanées, etc. Le 2, 4, 5 T administré isolément s'est montré plus nocif qu'un mélange en parties égales avec le 2, 4 D. Lutz et coll. (1970 et suiv.) et Didier (1972 et suiv.) ont montré que le 2, 4 D et le 2, 4, 5 T purs pouvaient également présenter *in vitro* une action tératogène sur l'embyron d'oiseau. Les anomalies de l'organogenèse du tractus génital observées par ces auteurs sous l'effet de ces herbicides ne peuvent être sans conséquences démoécologiques car elles atténuent obligatoirement le potentiel biotique des populations animales contaminées.

Le 2, 4 D agit aussi sur le développement postembryonnaire. De plus, son absorption prolongée à des concentrations égales ou supérieures à 10 ppm dans l'alimentation exerce un effet dépressif très net sur la croissance de jeunes oiseaux (Whitehead, 1973).

La dioxine.— Les diverses investigations entreprises sur la nocivité du 2, 4, 5 T ont montré qu'une bonne part de ses effets toxiques devait être attribuée à une impureté, la dioxine, qui se forme au cours de la synthèse du trichlorophénol (fig. III, 25 A et B). Le trichlorophénol représente une matière de base très utilisée dans l'industrie des pesticides puisque, outre le 2, 4, 5 T elle sert à fabriquer deux insecticides (le trichloronate et le *Ronnel*) et un herbicide non commercialisé en France, l'*Herbon*. De plus, le trichlorophénol sert aussi à la synthèse de l'hexachlorophène.

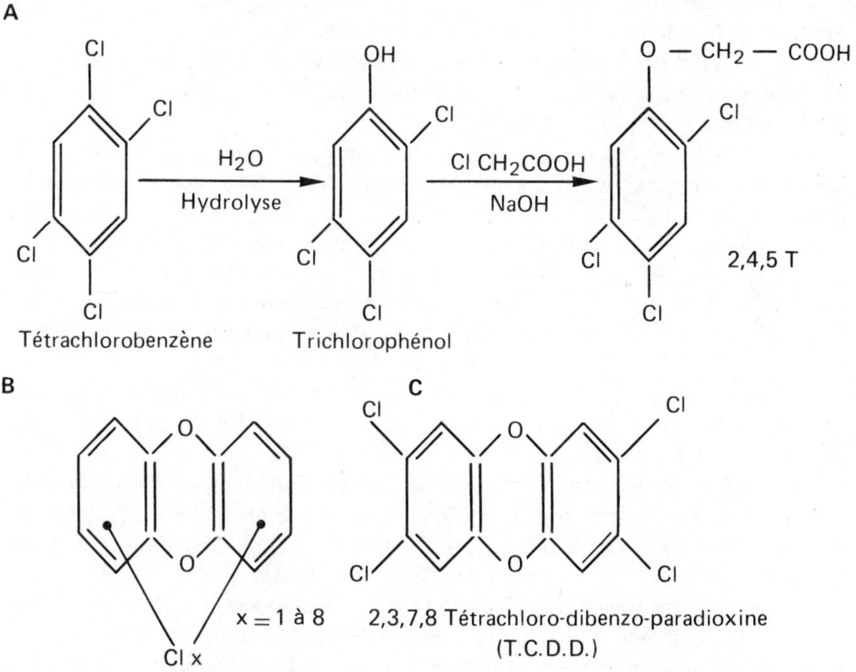

Fig. III-25. — A : *Principales étapes de la synthèse du 2, 4, 5 T. Les dioxines, dont la formule générale est figurée en B se forment au cours de la réaction d'hydrolyse de tétrachlorobenzène en trichlorophénol. En C est figurée la plus dangereuse d'entre elles, la T.C.D.D.*

Plusieurs dioxines peuvent apparaître dans la réaction conduisant au trichlorophénol (et dans celle effectuée pour la synthèse du dichlorophénol). La principale de ces dioxines, sur le plan écotoxicologique, est la T.C.D.D. (2, 3, 7, 8 tétrachloro-dibenzo-paradioxine) qui se forme par hydrolyse du tétrachlorobenzène (fig. III, 25 A). La T.C.D.D. se rencontre en concentrations variables dans le 2, 4, 5 T technique mais en l'absence de purification ultérieure, on observe souvent des traces de l'ordre de quelques dizaines de ppm. Au cours des années 60, les 2, 4, 5 T commercialisés titraient de 0,1 à 100 ppm de 2, 4, 5 T. Depuis 1970, plusieurs pays ont exigé des producteurs une amélioration des procédés de fabrication afin de minimiser la formation de T.C.D.D. En principe, les 2, 4, 5 T commercialisés dans ces pays titrent moins de 0,1 ppm de dioxine bien que des contrôles effectués en Suède aient montré que plus de 30 % des échantillons analysés titraient près de 1 ppm de T.C.D.D. La T.C.D.D. possède une toxicité très considérable pour les vertébrés. Elle est mille fois plus dangereuse que toute autre dioxine pouvant se former dans la synthèse des herbicides dérivés de l'acide phénoxyacétique.

La D.L. 50 de la T.C.D.D. administrée *per os* est de 22 à 45 µg/kg chez le rat, de 10 µg/kg chez le lapin et seulement de 0,6 µg/kg chez le cobaye ! De même, en applications cutanées, la D.L. 50 est de 0,275 µg/kg chez le lapin. A titre de comparaison, ce composé est donc de plusieurs dizaines à plusieurs centaines de fois plus toxique que la strychnine selon l'espèce considérée.

A doses sublétales, la dioxine affecte gravement plusieurs fonctions et provoque des lésions dans divers organes chez les vertébrés.

Des singes et des rongeurs de laboratoire intoxiqués à long terme par ingestion d'aliments contaminés avec 0,5 ppb de T.C.D.D. ont présenté une leucopénie généralisée (*nec* Moore, 1978).

Le métabolisme des lipides est profondément perturbé avec élévation de la teneur en cholestérol sérique à faible dose et diminution de ce dernier dans les intoxications aiguës.

Les phanères sont également affectés : alopécie et chute des ongles ont été observées chez des macaques intoxiqués expérimentalement.

Dans l'espèce humaine, un des symptômes les plus précoces de l'intoxication tient en l'apparition de chloracné, une affection cutanée particulièrement persistante.

Le foie constitue un des organes cibles de la T.C.D.D., les membranes plasmiques des cellules parenchymateuses paraissant un site d'action spécifique (Truhaut et coll., 1974).

La dioxine est un composé mutagène comme l'ont récemment confirmé le test d'Ames et l'apparition de mutations chromosomiques chez une plante supérieure, *Haenanthus catarinae*, exposée à la T.C.D.D. et chez des rats exposés à 2 µg/kg deux fois par semaine pendant 13 semaines.

Le pouvoir tératogène de la T.C.D.D. est très considérable. Des anomalies dans la descendance de certaines espèces de mammifères ont été observées après exposition des femelles gestantes à des doses aussi faibles que 0,3 µg/kg.

Moore et coll. (1973) ont observé 55 % de fentes palatines et 45 % d'anomalies rénales dans la descendance de femelles de rat exposées du 10 au 13e jour de la gestation à 3 µg/kg de T.C.D.D. par voie orale !

Tableau III-4. — ANOMALIES TÉRATOLOGIQUES
PROVOQUÉES PAR LA T.C.D.D. CHEZ LE RAT*

Jours du traitement des ♀ gestantes	Dose de T.C.D.D. (en µg/kg)	Anomalies observées dans la descendance			
		Fentes palatines		Malformations rénales	
		Nombre de portées affectées	Moyenne d'individus atteints (en %)	Nombre de portées affectées	Moyenne d'individus atteints (en %)
10e - 13e	3	12/14	55,4	14/14	95
10e - 13e	1	3/16	1,9	15/16	58,9
10e	1	0/18	0	16/18	34,3
10e - 13e	0 (témoin)	0/27	0	0	0

* D'après MOORE et coll., *in* MOORE, 1978.

L'étude du pouvoir carcinogène des dioxines en général et de la T.C.D.D. en particulier a été entreprise à une date trop récente pour pouvoir conclure. Signalons toutefois que des expérimentations antérieures ont montré que la T.C.D.D. induisait chez le rat des hépatomes dont la signification pathologique est controversée, certains parlant d'effets carcinomimétiques...

Persistance dans l'environnement. — La T.C.D.D. est une substance dont la persistance dans les sols est importante, à l'image de tous les composés organochlorés. Bien qu'elle puisse être dégradée par les micro-organismes édaphiques sa durée de demi-vie est supérieure à 6 mois et pourrait être de 3 ans selon certains experts.

La T.C.D.D. peut être incorporée à la biomasse sans paraître donner lieu à une concentration biologique. Dans le sud du Viêt-nam, l'usage du 2, 4, 5 T comme défoliant dans des mangroves s'est traduit par le passage de T.C.D.D. dans des poissons et des coquillages à des doses comprises entre 18 ppt et 0,81 ppb selon l'échantillon.

Lors de la catastrophe de Seveso, la dioxine était analytiquement décelable dans les graisses des animaux domestiques contaminés et dans certains de leurs organes. Les taux maximaux relevés ont été de 1,25 µg/kg dans le foie d'une chèvre et de 0,6 µg/kg dans celui d'un lapin. L'emploi du 2, 4, 5 T dans le débroussaillage des pâturages extensifs de l'ouest des États-Unis a provoqué une contamination de ces territoires par la dioxine. Toutefois, les analyses de tissu adipeux et de foie prélevés sur des bovins provenant de ces zones polluées n'ont pas mis en évidence d'importantes traces de ce toxique. Un seul échantillon de foie renfermait des concentrations détectables de T.C.D.D. tandis que les graisses en contenaient de 20 ppt à 60 ppt selon l'échantillon (*in* Ramel, 1978).

La catastrophe de Seveso, survenue le 10 juillet 1976, a donné une illustration saisissante des risques écotoxicologiques liés à une substance aussi toxique et aussi persistante que la dioxine. Ce jour-là, une explosion se produisit à 12 h 40 dans un réacteur de synthèse de trichlorophénol dans l'usine de l'I.C.M.E.S.A., filiale du groupe suisse Givaudan où se fabriquaient environ 350 t/an de ce composé. L'ouverture à l'air libre d'une valve de sécurité (1) projeta le contenu du réacteur dans l'atmosphère. Il se forma un panache de 50 m de haut qui retomba en quelques minutes sur une aire de 700 m de large et de plusieurs kilomètres de long. Le 15 juillet, des animaux domestiques commencèrent à périr de mort suspecte, le 22 juillet une trentaine de personnes furent atteintes de lésions cutanées, premier symptôme de l'intoxication. Le nombre de cas d'intoxication augmentant de jour en jour de façon inquiétante, l'évacuation de la population vivant sur le territoire contaminé fut décidée fin juillet. On délimita trois zones.

La zone A, couvrant environ 115 ha et comptant 750 habitants, fut totalement évacuée. La zone B, peuplée de 5 000 personnes et couvrant 250 ha, fut mise sous contrôle sanitaire, les 1 300 enfants qui y vivaient furent pendant quelque temps évacués pendant la journée afin de les préserver de tout contact avec un environnement contaminé. Enfin, dans la zone R, comptant 1 300 ha et habitée par 25 000 personnes, on se borna à interdire les activités agricoles comme en A et B.

On estime que 2 à 3 kg de dioxine seraient tombés dans la zone A et quelques dizaines de grammes dans les zones B et R (*in* Ramel, 1978).

Au total, sur 10 000 personnes ayant été contrôlées sur le plan médical, on dénombra 586 intoxications en zone A, 392 en zone B et 310 en zone R. La plupart des troubles observés étaient relativement bénins et de nature dermatologique, chloracné, en particulier. Toutefois certains individus, plus touchés, ont souffert de lésions hépatiques ou rénales (*nec* Hay, 1976). En novembre 1977, 44 malades restaient hospitalisés.

Il est, en revanche, remarquable qu'aucune mort humaine n'ait été déplorée quand on songe aux ravages faits par la dioxine dans le cheptel domestique vivant dans la zone de Seveso. Cela provient sans doute du fait que 80 % du toxique répandu seraient tombés dans une partie de la zone A_2 non habitée et d'usage essentiellement agricole. En outre, les herbivores ingérant des plantes sur les feuilles desquelles on pouvait relever plus de 0,1 $\mu g/cm^2$ de dioxine dans les cas extrêmes ont été exposés à des doses nettement supérieures à celles qui affectèrent les habitants du territoire pollué.

Actuellement, plus de deux ans après la catastrophe, le problème de la décontamination totale de la zone A n'est toujours pas résolu. La terre a été entièrement décapée sur 35 cm d'épaisseur dans cette zone et remplacée par un sol pur. La terre contaminée est stockée dans une partie de la zone A, laquelle est ainsi stérilisée et abandonnée tandis que le reste de celle-ci a été rendu aux habitants qui ont regagné leurs maisons après décontamination.

Les experts sont toujours partagés sur la façon d'éliminer la dioxine du stock de terre polluée. Certains suggèrent la construction d'un four géant permettant de porter le sol à 1 200 °C, température à laquelle la T.C.D.D. est pyrolysée.

---

(1) Le réacteur avait été modifié à une date relativement récente et les autorités responsables de l'usine étaient averties de la formation de dioxine dans cette réaction.

Fait paradoxal, en effet : la dioxine, qui est facilement dégradable par la lumière solaire, en particulier en solution huileuse, présente une stabilité considérable lorsque le ruissellement l'a introduite dans le sol. Compte tenu de sa quasi totale insolubilité, il ne faut pas non plus compter sur la dilution pour atténuer dans le temps sa nocivité.

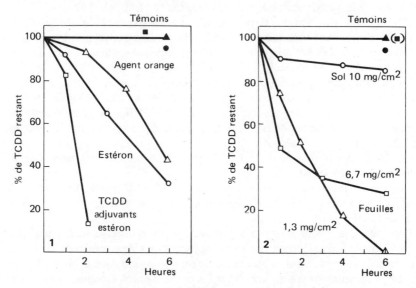

Fig. III-26. — A : *Dégradation de la T.C.D.D. en fonction du temps, lorsque est exposé à la lumière solaire un dépôt de 2, 4, 5 T sur une plaque de verre en formulation défoliante (agent orange ou estéron) et de la T.C.D.D. ajoutée isolément aux adjuvants de l'esteron.*
B : *Dégradation de la T.C.D.D. contenue dans l'agent orange exposé au soleil après avoir été répandu à la surface du sol ou sur des feuilles à des concentrations différentes.*
Signification des symboles. — Fig. A : △ Agent orange, ○ Esteron □ adjuvant de l'esteron + T.C.D.D. Fig. B : □ agent orange à raison de 6,7 mg/cm², △ idem à 1,3 mg/cm² sur les feuilles, ○ idem à raison de 10 mg/cm² sur le sol. Les symboles équivalents noirs correspondent aux témoins exposés à l'obscurité.
(D'après Crosby et Wong, 1977.)

La catastrophe de Seveso a causé un préjudice estimé à 605 000 KF, sans compter les innombrables souffrances humaines, pertes de jouissance et autres dommages toujours difficiles à chiffrer. Jusqu'à présent, l'essentiel de cette somme aurait été déboursé par l'État italien.

On apprécie de la sorte combien la prévention aurait été moins coûteuse dans cette affaire quand on songe qu'une simple enceinte de confinement, dont le coût ne représente pas le 1/1000 des dépenses engagées, aurait suffi à éviter le désastre. En outre, un investissement aussi modique à l'échelle d'une firme comme Givaudan n'aurait certainement pas alourdi ces fameux prix de revient au nom desquels on justifie à l'heure actuelle, dans certains milieux industriels, les pires agressions contre l'environnement.

Les fongicides. — Bien qu'ils soient en règle générale peu nocifs pour les végétaux chlorophylliens et les animaux, ils ne sont cependant pas dépourvus d'effets écotoxicologiques.

Ils jouent selon toute apparence un rôle important dans la raréfaction des lombricidés dans les agroécosystèmes, même si d'autres catégories de pesticides sont aussi toxiques pour ces oligochètes (*in* Bouché, 1974).

Dès le début des années 60, on relevait une déficience de la géodrilofaune dans les vergers systématiquement traités à la bouillie bordelaise. Plus récemment, divers auteurs ont mis en évidence la grande sensibilité des vers de terre aux fongicides de synthèse.

Utilisés dans des vergers aux doses prescrites pour les traitements contre les agents de la tavelure, le captane, le thiabendazole, le méthylthiophanate et le bénomyl augmentent respectivement de 7, 26, 36 et 39 fois la quantité de litière demeurant au sol, par suite d'un ralentissement de sa consommation par les vers de terre.

L'activité d'enfouissement de ces animaux est inhibée par une dose de 1 200 g/ha de benomyl.

Ces mêmes fongicides épandus à raison de 0,78 g/m^2 provoquent 100 % de mortalité dans une population d'Oligochètes après 18 jours de contact (Wright et Stringer, 1973).

Les lombriciens constituent la part principale, en biomasse, de la pédofaune (2 t/ha en moyenne). Comme ces animaux jouent un rôle essentiel dans la fertilité des sols en répartissant l'humus de façon homogène dans les horizons superficiels, on comprendra aisément que les conséquences écotoxicologiques de leur sensibilité aux fongicides ne sauraient être longtemps négligées.

2º Effets biocœnotiques

Malgré leur grande importance pour l'écologie appliquée, les effets biocœnotiques consécutifs à l'usage des pesticides sont beaucoup moins bien connus que les effets précédemment étudiés.

Diminution de la nourriture. — Un premier type de perturbation des communautés lié à l'usage de ces substances tient en la diminution de la nourriture végétale et animale disponible pour les espèces occupant les divers niveaux trophiques dans les agroécosystèmes.

La disparition des plantes adventices des cultures provoquée par l'usage systématique des herbicides constitue une profonde modification d'habitat dont les conséquences sont très défavorables pour diverses espèces aviennes sédentaires des cultures. L'élimination de cette végétation prive cette faune des abris nécessaires pour la nidification et l'hivernage, ainsi que d'une source de nourriture indispensable à sa subsistance pendant la mauvaise saison.

De même, l'usage d'insecticides non persistants (esters phosphoriques, carbamates par exemple), même s'il ne peut donner lieu à des phénomènes de toxicité à long terme comparables à ceux des organochlorés, peut toutefois s'accompagner d'effets défavorables pour les oiseaux insectivores : la destruction des insectes pendant la période de reproduction prive de nourriture les oisillons au nid.

Ruptures d'équilibres biologiques. — L'usage des pesticides peut aussi provoquer la pullulation de certaines espèces végétales et animales par modification de la concurrence interspécifique.

L'introduction des herbicides en céréaliculture élimina les adventices dicotylédones et s'accompagna d'une prolifération du Vulpin, graminée indésirable dont l'extension fut favorisée par la disparition des autres espèces de mauvaises herbes.

De même, bien que d'autres facteurs interviennent dans ce phénomène, l'usage des insecticides s'est accompagné de l'apparition de nouveaux ravageurs qui ont occupé la place laissée libre par la disparition quasi complète des espèces d'insectes dominantes avant que ne débute la pratique des traitements.

Toutefois, plus encore que par l'élimination de concurrents alimentaires, la concurrence interspécifique est souvent profondément modifiée à la suite de la destruction des prédateurs et parasites provoquée par l'usage des insecticides.

Ainsi, l'emploi abusif d'un insecticide organophosphoré, l'Azodrin, dans la lutte contre les ravageurs du cotonnier a conduit à des situations aberrantes aux États-Unis. Loin de diminuer l'importance des populations de chenilles des capsules (*Heliothis zea*), l'azodrin, en éliminant les prédateurs et parasites de cette espèce, augmentait les effectifs de ce ravageur et le nombre de capsules attaquées, de sorte que les dommages étaient nettement supérieurs dans les parcelles traitées avec cet insecticide que dans les témoins exempts d'intervention phytosanitaire !

Effets sur la diversité des biocœnoses. — Les herbicides réduisent dans des proportions considérables la diversité des biocœnoses. Ils appauvrissent beaucoup les communautés végétales et *ipso facto* les zoocœnoses qui leur sont associées. L'exemple des messicoles déjà cité, est des plus démonstratifs à cet égard.

L'usage du 2, 4, 5 T comme débroussaillant dans les pâturages extensifs ou en sylviculture s'accompagne d'effets similaires. Aux États-Unis, son emploi sur des millions d'hectares de landes arbustives à *Artemisia tridentata* a provoqué un très sensible appauvrissement floristique et la raréfaction de diverses espèces de vertébrés associés à ces écosystèmes comme le Tétras centrocerque.

De même, en milieu limnique, la diversité de la micro-faune d'invertébrés est nécessairement affectée par l'usage d'insecticides organophosphorés ou de carbamates dans la lutte contre les insectes vecteurs de diverses affections parasitaires. Nous avons déjà cité, en particulier, la grande sensibilité des crustacés cladocères et copépodes à ces substances.

Enfin, la diversité de la faune d'invertébrés des agroécosystèmes est aussi profondément affectée par les traitements pesticides. Meinhinick (1962) dénombre 53 espèces d'insectes dans une parcelle de prairie ayant reçu une pulvérisation d'insecticide contre 82 dans une parcelle témoin voisine. De même la biomasse est significativement plus faible dans la parcelle traitée.

Effets sur la succession.

— La succession des populations animales dépend étroitement de celle des phytocœnoses, aussi, les herbicides affectent-ils plus profondément la succession des communautés que les insecticides.

Les herbicides peu sélectifs ont un effet comparable à celui de l'incendie : ils placent l'écosystème à l'état initial de colonisation par les plantes pionnières.

Dans certains cas, leur usage systématique peut conduire à la formation d'un dysclimax. Au Viêt-nam, des forêts complètement détruites par les défoliants ne peuvent plus se reconstituer à l'heure actuelle car ces zones ont été envahies par des peuplements très denses de bambous qui interdisent la réinstallation des espèces arborées.

L'emploi de débroussaillants destinés à empêcher l'implantation dans les prairies d'espèces ligneuses bloque l'évolution spontanée de l'écosystème vers un stade plus diversifié : la fruticée.

II. — POLLUTION PAR LES ENGRAIS CHIMIQUES

L'intensification de l'agriculture dans les pays industrialisés s'accompagne d'un usage sans cesse accru des fertilisants minéraux. Elle conduit à incorporer aux sols des quantités d'engrais chimiques nettement supérieures à celles que les végétaux cultivés peuvent effectivement absorber. Cet abus de la fumure minérale s'accompagne d'une pollution croissante des terres de culture et des eaux continentales.

Les sels de potassium, les nitrates et les superphosphates représentent les principaux fertilisants utilisés en agriculture.

Tableau III-5. — Principales impuretés contenues
dans les superphosphates
(D'après Barrows, 1966).

Arsenic	2,2	à	1,2 ppm
Cadmium	50	à	170
Chrome	66	à	243
Cobalt	0	à	9
Cuivre	4	à	79
Plomb	7	à	92
Nickel	7	à	32
Sélénium	0	à	4,5
Vanadium	20	à	180
Zinc	50	à	1 490

1° Les superphosphates

Ce sont des orthophosphates solubles non purifiés, pour des raisons de prix de revient. Aussi renferment-ils des traces de nombreux métaux et métalloïdes toxiques.

Certaines de ces impuretés comme l'arsenic, sont peu mobiles dans les sols et ont tendance à s'accumuler dans les horizons superficiels.

Les engrais potassiques peuvent aussi renfermer diverses impuretés. L'un d'entre eux, la sylvinite, contient en outre une forte proportion de chlorure de sodium, lequel exerce une influence néfaste sur la structure colloïdale des sols.

L'apport d'impuretés par la fumure minérale contamine peu à peu les terres de culture avec des éléments nocifs susceptibles de passer dans les parties comestibles des végétaux ou d'atteindre des concentrations phytotoxiques. A long terme, l'accumulation de ces substances dans la couche superficielle des sols, soumise aux pratiques culturales, et où sont situées la majeure partie des racines des végétaux, constitue une menace potentielle pour leur productivité.

2° Les nitrates

L'abus d'engrais nitrés constitue actuellement la plus importante cause de pollution des agroécosystèmes. La surfertilisation en nitrates des terres de culture s'accompagne d'une augmentation de leur taux dans les tissus des végétaux qui croissent dans ces dernières.

Contamination des végétaux. — Des laitues cultivées sur un sol ayant reçu 600 Kg/ha de nitrates titrent 6 g/Kg (poids sec) d'azote nitrique contre seulement 1 g/Kg dans celles provenant d'une parcelle témoin non fertilisée.

Les épinards peuvent accumuler très facilement dans leurs tissus les nitrates des sols. Schuphan (1965) relève jusqu'à 3,5 g/Kg de ces sels dans des échantillons de cette plante provenant d'Allemagne.

La consommation d'épinards produits sur des sols ayant reçu un excès d'engrais nitrés présente des risques pour la santé humaine car elle peut provoquer une affection de caractère anémique : la méthémoglobinémie. Causée par l'absorption excessive de nitrates ou de nitrites avec l'alimentation ou l'eau de boisson, la méthémoglobinémie résulte de la combinaison de l'ion NO_2 avec l'hémoglobine. La méthémoglobine ainsi formée est inapte à fixer l'oxygène de l'air. Or, pendant le conditionnement industriel des légumes renfermant des teneurs excessives de nitrates, pendant leur conservation en réfrigérateur et aussi au cours du transit intestinal, les nitrates peuvent être réduits en nitrites très toxiques. Les légumes ainsi préparés ou conservés constituent un danger potentiel pour les enfants qui en sont nourris. Des cas de méthémoglobinémie, consécutifs à la consommation d'épinards contaminés par l'excès de nitrates présents dans les sols ont d'ailleurs déjà été signalés en Europe.

Par ailleurs, des travaux récents ont montré que les ions NO_2 peuvent réagir avec divers composés aminés présents dans le tractus gastro-intestinal et former des nitrosamines carcinogènes.

En conséquence, les experts du comité FAO-OMS ont fixé à 10 ppm la teneur maximale en azote nitrique dans les eaux de boisson et à 75 ppm celle des aliments.

Action sur les eaux. — L'abus des engrais nitrés dans les pays d'agriculture industrielle provoque aussi une sérieuse pollution des nappes phréatiques et des eaux superficielles.

Commoner (1970) considère qu'au moins 20 % des nitrates incorporés aux sols dans les régions de céréaliculture américaines, et probablement jusqu'à 50 % ne sont pas absorbés par les végétaux et sont entraînés par les précipitations dans les eaux superficielles.

Commoner a mis en évidence une excellente corrélation entre l'accroissement de la consommation d'engrais nitrés aux États-Unis — laquelle a augmenté de 14 fois entre 1945 et 1970 — et celui de la teneur en nitrate des cours d'eaux au cours de cette période.

Fortement contesté par la puissante association américaine des producteurs d'engrais, Commoner a pu apporter la preuve irréfutable du rôle de l'abus des engrais nitrés dans la pollution des eaux continentales. Il s'est fondé sur le fait que la proportion isotopique de l'azote lourd (^{15}N) par rapport à l'azote normal (^{14}N) n'est pas la même dans les nitrates naturels, élaborés par divers microorganismes nitrifiants, et dans les nitrates de synthèse, fabriqués à partir de l'azote atmosphérique.

On peut définir un coefficient isotopique

$$\delta_{^{15}N} = \left(\frac{\dfrac{[^{15}N]}{[^{14}N]} \text{ échantillon}}{\dfrac{[^{15}N]}{[^{14}N]} \text{ atmosphère}} - 1 \right) \cdot 10^3$$

Ce coefficient est inférieur ou égal à 2 ‰ dans le cas des nitrates de synthèse, tandis qu'il est supérieur à 10 ‰ pour ceux qui proviennent de la nitrification par voie bactérienne des matières organiques. On peut donc, connaissant le δ_{15n} des nitrates contenus dans une eau continentale, évaluer avec une assez bonne précision l'importance de sa pollution par les engrais azotés.

Mariotti et coll. (1975), en utilisant cette méthode, ont montré que les eaux superficielles de la Brie, région céréalière par excellence, étaient fortement contaminées par les nitrates des engrais à certaines périodes de l'année à la suite du lessivage des sols surfertilisés.

L'étude d'un cycle hydrologique complet, effectuée par ces auteurs, révèle que le bilan de sortie du bassin comporte une forte proportion de nitrates à δ_{15n} très bas (engrais artificiels), ce qui leur fait conclure à un usage excessif des engrais azotés dans la zone étudiée.

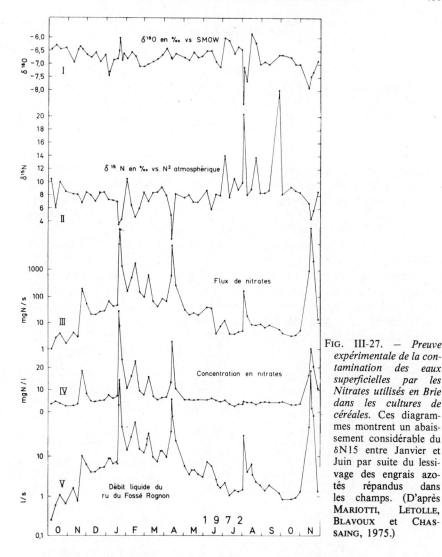

Fig. III-27. — *Preuve expérimentale de la contamination des eaux superficielles par les Nitrates utilisés en Brie dans les cultures de céréales. Ces diagrammes montrent un abaissement considérable du $\delta N15$ entre Janvier et Juin par suite du lessivage des engrais azotés répandus dans les champs.* (D'après Mariotti, Letolle, Blavoux et Chassaing, 1975.)

Faut-il ajouter que la plupart des puits qui alimentent en eau potable les communes rurales du bassin parisien sises sur des terres céréalières renferment actuellement des taux de nitrates supérieurs au maximum admis par l'OMS, soit 10 ppm ?

B. — AÉROPOLLUANTS

Les principaux polluants atmosphériques peuvent se répartir en deux grands groupes : les gaz et les particules solides, dénommées à tort « aérosols ». Les gaz représentent 90 % de la masse totale émise dans l'atmosphère et les particules solides correspondent aux 10 % restants.

I. — PRODUITS DE COMBUSTION

La combustion des diverses formes de carbone fossile joue un rôle prépondérant dans la contamination de l'atmosphère.

1° L'oxyde de carbone

Les sources. — Bien qu'il se rencontre spontanément dans l'air à une concentration très faible (0,1 à 0,2 ppm en moyenne) l'oxyde de carbone est un constituant important des atmosphères polluées par la circulation automobile.

On évaluait en 1970 à quelque 102 millions de tonnes pour les seuls États-Unis, la quantité de ce gaz rejetée dans l'atmosphère.

Le tableau III-6 donne une estimation des quantités totales de CO rejetées dans l'atmosphère par les sources naturelles et la technologie humaine.

Il apparaîtrait d'après ce tableau que dès à présent, les quantités d'oxyde de carbone produites du fait de l'homme (257×10^6 t) sont nettement supérieures à celles dégagées dans l'atmosphère par les processus biogéochimiques naturels. Toutefois, d'importantes incertitudes subsistent sur la nature et l'importance des sources biogéochimiques de CO.

Tableau III-6. — Estimation a l'échelle globale des principales sources d'oxyde de carbone
(D'après Jaffe, Robinson et Robbins, 1970)

Sources		Consommation en 10^6 tonnes/an	Émissions de CO en 10^6 tonnes/an
naturelles	Océan		9
	Oxydation des terpènes végétaux		61
	Volcanisme		?
	Total		> 70
technologiques	Essence	379	193
	Charbon	3 074	12
	Bois (combustible)	466	16
	Incinération d'ordures	500	25
	Incendies de forêts	7*	11
	Total		257

* surface annuellement brûlée en 10^6 ha (en 1968).

Weinstock et Nicki (1972) considèrent, à la suite d'une étude sur modèle de la stratosphère que d'importantes quantités de CO se formeraient à ce niveau par photodissociation du méthane contenu dans l'air et transformation ultérieure de ce dernier en CO.

Divers êtres vivants peuvent élaborer de l'oxyde de carbone. Les flotteurs d'algues du genre *Neocystis* en renferment 800 ppm et ce gaz s'observe aussi à des taux importants dans les pneumatophores qui sustentent les *Physalia* et divers autres cnidaires coloniaux du groupe des siphonophores. Weinstock et Niki considèrent en définitive que les quantités de CO formées par les divers processus biogéochimiques pourraient être quinze fois supérieures à celles produites par l'homme à la fin de la dernière décennie.

Quoi qu'il en soit, les plus fortes concentrations de CO s'observent dans les atmosphères urbaines polluées. Dans les grandes villes, la teneur moyenne est de l'ordre de 20 ppm avec des pointes au-delà de 100 ppm lors d'embouteillages !

En tenant compte des quantités rejetées par l'activité humaine, on devrait observer un accroissement de la concentration de l'oxyde de carbone dans l'atmosphère, à raison de 0,04 ppm/an, or cette teneur est stable dans les zones reculées de la planète. Il existe donc des mécanismes biogéochimiques qui dégradent ce gaz et le transforment en d'autres composés.

Dans la stratosphère, la présence de radicaux OH- libres interviendrait de façon prépondérante dans sa neutralisation, selon la réaction :

$$CO + OH_- \rightarrow CO_2 + H_+$$

Cependant, certaines bactéries du sol joueraient aussi un rôle important dans sa neutralisation.

Bacillus oligocarbophilus et *clostridium welchii* sont capables d'oxyder le CO en gaz carbonique.

Methanosarcina barkerii et *Bacterium formicum* le convertissent soit en méthane soit en CO_2 selon qu'elles disposent ou non d'un donneur d'hydrogène (Inman et coll., 1971).

La flore bactérienne du sol constituerait donc un élément essentiel du cycle de l'oxyde de carbone.

Effets sur les organismes. — Les effets du CO sur les êtres vivants sont très variés selon leur position taxonomique.

Inoffensif pour les végétaux aux concentrations ordinaires, il interfère au-delà avec le métabolisme azoté et présente une nette phytotoxicité aux fortes concentrations, inhibant en particulier les processus respiratoires.

Les vertébrés à sang chaud sont très sensibles à l'oxyde de carbone qui se combine de façon irréversible avec l'hémoglobine. La carboxyhémoglobine ainsi formée est incapable de fixer l'oxygène et de le transférer aux cellules, condamnant à l'asphyxie les victimes d'une intoxication par ce composé.

L'inhalation d'un air contaminé par $6,4 \times 10^3$ ppm d'oxyde de carbone provoque des céphalées et des vertiges en 2 minutes et la perte de connaissance avec risque de mort en un quart d'heure. Une concentration de 100 ppm représente la limite maximale « admissible ».

2° *Les hydrocarbures*

Les moteurs à explosion, les foyers domestiques et industriels, les pertes accidentelles de produits pétroliers et de carburants constituent les principales sources de contamination de l'atmosphère par ces substances.

Toutefois, la plupart d'entre eux proviennent des combustions incomplètes des carburants dans les moteurs à explosion et dans les chaufferies au fuel.

Au cours de ces combustions s'effectue aussi la synthèse de dangereux hydrocarbures polycycliques carcinogènes : benzo-3,4 pyrène, benzanthracène, fluoranthrène, cholanthrène, etc.

Ces derniers sont contenus dans les imbrûlés rejetés sous forme gazeuse ou particulière (suies, goudrons) par divers foyers, par les échappements des moteurs diesels (par exemple les volumes inadmissibles de fumées émis par les camions dans les côtes), et dans une moindre mesure par ceux des moteurs d'essence.

La végétation et les fermentations bactériennes peuvent aussi rejeter des hydrocarbures essentiellement des Terpènes et du méthane. Les brouillards bleutés observés au-dessus des zones forestières par beau temps sont attribués à des dégagements de Terpènes. Au total, quelque 100×10^6 tonnes par an d'hydrocarbures seraient émises par la végétation et les bactéries dans l'atmosphère.

3° *Dérivés de l'azote*

Oxydes d'azote. — Il s'agit de produits secondaires des réactions de combustion dans l'air des divers dérivés du carbone. Bien que l'oxyde azotique (NO) et le peroxyde d'azode (NO_2) soient des constituants normaux de l'atmosphère, ils sont produits en quantité importante lors des combustions à haute température et sous de fortes pressions, conditions réunies dans les moteurs à combustion interne.

L'oxyde nitreux N_2O est le plus abondant des oxydes d'azote dans les atmosphères non polluées avec une concentration moyenne de 0,25 ppm, il n'intervient pas dans la contamination de l'air par l'activité humaine, à l'opposé du NO_2 dont l'importance est prépondérante dans les phénomènes de pollution atmosphérique.

En effet, le NO se transforme spontanément en NO_2 au-dessous de 600° C selon la réaction :

$$2\ NO + O_2 \rightarrow 2\ NO_2 + 28{,}4\ \text{kcal} \quad (1)$$

Comme les gaz d'échappement d'une automobile renferment en moyenne 1 000 ppm de NO, on comprendra aisément l'importance du rôle de la circulation urbaine dans la pollution atmosphérique par les oxydes d'azote.

Toutefois, les combustions des fuels et des charbons sont encore plus déterminantes dans la production de ces aéropolluants (Tableau III-7).

Tableau III-7. — Principales sources d'émission de dérivés de l'azote dans l'atmosphère (*in* Varney et Mac Cormac, 1971).

Composés	Source	Quantité en 10^6 t/an (en équivalent azote)
N_2O	Bactéries	340
NO	Bactéries	210
	Véhicules à moteur	2,0
	Combustion des charbons	7,4
NO_2	Combustion des fuels	4,5
	Autres combustions	0,7
NH_3	Bactéries	860
	Combustions	3,1
NH_3	Bactéries	860
	Combustions	3,1

En définitive, les rejets de NO_2 dans l'atmosphère consécutifs à l'activité humaine s'élèvent à plus de 14×10^6 t/an (1).

Le peroxyde d'azote ne séjourne pas longtemps dans l'air. Il y est converti en quelques jours en acide nitrique puis en nitrates par réaction avec divers cathions, essentiellement le NH_3. Le nitrate d'ammoniaque ainsi formé donne des particules inframicroscopiques que les précipitations ramènent rapidement au sol.

Les peroxy-acyl-nitrates (PAN). — Ils apparaissent dans les atmosphères urbaines polluées soumises à de fortes insolations, conditions favorables à la genèse de smogs photochimiques oxydants (cas de Los Angeles par exemple).

Les PAN se forment selon la réaction générale suivante :

$$R - \underset{\underset{O}{\|}}{C} - O - O + NO_2 \rightarrow R - \underset{\underset{O}{\|}}{C} - O - O - NO_2 \quad (2)$$

où R est un radical aliphatique, aromatique ou hétérocyclique.

Les premiers membres de la série aliphatique sont :
— le peroxy-acétyl-nitrate ($R = CH_3-$)
— le peroxy-propionyl-nitrate ($R = CH_3- CH_2-$)
— le peroxybutyryl-nitrate ($R = CH_3- CH_2- CH_2-$)

Les PAN apparaissent dans les smogs oxydants à la suite d'une série de réactions photochimiques dans lesquelles interviennent les hydrocarbures imbrûlés produits par les combustions incomplètes, l'ozone et les oxydes d'azote.

---

(1) Exprimés en équivalent - azote.

L'ozone est lui-même un aéropolluant formé dans une réaction entre l'oxygène et le NO_2.

En présence de rayons ultraviolets,

$$NO_2 + O_2 \overset{UV}{\leftrightarrows} NO + O_3 \quad (3)$$

L'ozone ainsi formé réagira ultérieurement avec les hydrocarbures présents dans l'atmosphère qu'il convertira en alcoylperoxydes puis en peroxy-acyles $(R - C(O) - O - O -)$. Ces derniers se combineront ensuite au NO_2 pour donner des PAN selon l'équation (2).

On a observé jusqu'à 2,65 ppm d'oxydes d'azote et 58 ppb de PAN dans des atmosphères polluées de Californie méridionale.

Effets sur les êtres vivants. — Les dérivés gazeux de l'azote exercent une action nocive sur la plupart des organismes terrestres.

Parmi les oxydes d'azote, seul le NO_2 est réellement phytotoxique. Toutefois, ce gaz n'est nocif pour les végétaux qu'à partir de concentrations au moins égales à 0,5 ppm, lesquelles sont rarement atteintes. De plus, la toxicité du NO_2 est plus forte pour les végétaux sous de faibles éclairements car les processus de réduction des nitrates sont réduits quand les végétaux sont inactifs.

Les PAN sont beaucoup plus phytotoxiques. Les Solanées et les composées, qui leurs sont très sensibles, présentent de sévères lésions foliaires à des concentrations inférieures à 15 ppb après seulement 4 h d'exposition.

Ils provoquent l'apparition de lésions foliaires caractéristiques et confèrent au limbe un aspect argenté puis bronzé qui résulte de la vacuolisation des cellules du mésophylle. A de plus fortes concentrations, les PAN déterminent des nécroses du parenchyme foliaire disposées en bandes transversales, particulièrement typiques chez les Monocotylédones.

Les PAN inhibent la photosynthèse et provoquent de ce fait un ralentissement de la croissance chez les végétaux exposés à de faibles concentrations de ces substances.

Les divers dérivés gazeux de l'azote présents dans les atmosphères polluées sont aussi toxiques pour les animaux.

A de fortes concentrations, supérieures à 10 ppm, le NO_2 provoque une hyperplasie des pneumocytes et à plus long terme une oblitération des bronchioles. En revanche, les effets de l'exposition permanente à des concentrations inférieures à la ppm sont encore mal connus bien qu'elle soit suspectée de jouer un rôle dans l'apparition de certaines bronchites chroniques.

Les PAN et leurs homologues aromatiques, les peroxybenzoyl nitrates déterminent de sérieuses irritations oculaires (larmoiement, conjonctivite) à des concentrations aussi faibles qu'une dizaine de ppb. Le seuil de larmoiement pour certains de ces composés est cent fois plus faible qu'avec le formol ! Comme des taux supérieurs à 50 ppb sont régulièrement relevés chaque année dans diverses villes californiennes, en particulier à Los Angeles, la gêne oculaire peut être telle lors des journées de forte pollution dans cette dernière cité que les autorités sont obligées de fermer les établissements scolaires !

4º L'anhydride sulfureux (SO₂)

Il constitue un polluant atmosphérique majeur à l'heure actuelle.

Les sources. — Dans les conditions naturelles, il se rencontre dans l'air à l'état de traces infinitésimales : on évalue à 0,2 ppb la concentration moyenne normale de ce gaz dans la troposphère. Le volcanisme en constitue sans doute la principale source spontanée.

L'usage de combustibles fossiles représente la cause essentielle de pollution de l'atmosphère par le SO_2. On évaluait en 1970 à quelque 145×10^6 t la quantité de SO_2 rejetée dans l'atmosphère par combustion des divers dérivés au carbone fossile. Dans ce total, les charbons interviendraient pour 70 % et les fuels pour 16 %. Les charbons peuvent en effet titrer jusqu'à plus de 5 % de soufre et les fuels lourds industriels en renferment au moins 3 %.

Quoi qu'il en soit, l'homme rejette actuellement plus de 70×10^6 t d'équivalent soufre par an dans l'atmosphère, chiffre très considérable si l'on songe que les apports naturels de soufre à l'atmosphère à partir des continents et de l'océan sont tout au plus égaux à 130×10^6 t par an. L'activité humaine a donc profondément déséquilibré le cycle biogéochimique de cet élément.

L'atmosphère urbaine est contaminée en permanence par l'anhydride sulfureux à l'heure actuelle. Au cours des années 60, la teneur moyenne de l'air en SO_2 était de 0,17 ppm dans la région parisienne. Los Angeles avec des pointes à 2,49 ppm détient sans doute le record absolu de concentration (Tableau III-8).

L'anhydride sulfureux émis dans l'air n'y séjourne pas *ad infinitum*. Il va subir diverses transformations qui font partie du cycle biogéochimique normal du soufre.

Tableau III-8. — Niveaux de contamination par les principaux polluants atmosphériques dans l'agglomération de Los Angeles (D'après Stern *in* Simmons, 1974).

Contaminants	Intervalle normal de concentration (en ppm)		Maxima observés (en ppm)
	Jours de smog	Jours normaux	
Anhydride sulfureux	0,15 — 0,70	0,15 — 0,70	2,49
Aldéhydes	0,05 — 0,60	0,05 — 0,60	1,87
Oxyde de Carbone	8,00 — 60,00	5,00 — 50,00	72,00
Hydrocarbures	0,20 — 2,00	0,10 — 2,00	4,66
Oxydes d'Azote (NO + NO₂)	0,25 — 2,00	0,05 — 1,30	2,65
Oxydants	0,20 — 0,65	0,10 — 0,35	0,75
Ozone	0,20 — 0,65	0,05 — 0,30	0,90

Au contact de la vapeur d'eau atmosphérique, le SO_2 va se transformer en acide sulfureux selon la réaction :

$$SO_2 + H_2O \rightarrow H_2SO_3 + 18 \text{ kcal} \qquad (1)$$

De plus, en présence d'ultraviolets, l'anhydride sulfureux réagit avec l'oxygène de l'air pour former du SO_3 :

$$SO_2 + \frac{1}{2} O_2 \overset{h\nu}{\rightarrow} SO_3 + 22 \text{ kcal} \qquad (2)$$

Enfin, dans les atmosphères polluées se produit la réaction suivante :

$$SO_2 + NO_2 + H_2O \rightarrow H_2SO_4 + NO \qquad (3)$$

Ultérieurement, le SO_3 et le SO_3H_2 formés en (1) et (2) vont spontanément se transformer en acide sulfurique.

Pollution par le SO_2 et acidité des précipitations. — *a*) **Les pluies acides.** — Le contact du SO_2 avec l'oxygène et la vapeur d'eau atmosphériques se traduit en définitive par la formation d'acide sulfurique. Très hygroscopique, celui-ci constitue des brouillards toxiques et joue un rôle essentiel dans la genèse des smogs acides propres aux villes situées sous des climats tempérés humides.

Le temps de résidence moyen du SO_2 dans la troposphère est très bref, de l'ordre de 2 à 4 jours. Il se transforme donc très vite en SO_4H_2, lequel par suite de sa forte affinité pour l'eau est rapidement ramené à la surface du sol par les précipitations.

Dès 1968, Oden pouvait attribuer à la pollution par le SO_2 la baisse continue au pH des précipitations observable sur l'ensemble de l'Europe occidentale depuis le milieu des années 50.

Plus récemment, Likens et Bormann (1974) signalent une forte acidité des chutes de pluie et de neige sur tout le Nord-Est des États-Unis. De plus, ces auteurs relèvent une tendance à la baisse du pH des précipitations qui tombent sur cette région, au cours des vingt dernières années. Ce pH est de 4 dans des forêts du New Hampshire situées à 1 000 km de zones fortement industrialisées. Il est inférieur à cette valeur dans l'ensemble de l'État de New York où ces auteurs ont observé chaque année des pluies dont le pH peut être aussi bas que 3 avec une valeur record de 2,1 lors de précipitations ayant eu lieu en novembre 1964 ! Parmi les anions contenus dans ces pluies acides, le SO_4 représente à lui seul 61 % du total.

Les valeurs relevées dans le Nord-Est des États-Unis sont donc comparables à celles observées par Oden (1968) en Suède méridionale. Dans cette zone, les spécialistes estiment que 70 % du soufre présent dans l'atmosphère provient de zones industrielles éloignées : Ruhr et Grande-Bretagne (cf. chap. II, p. 59). Dans certaines régions reculées de Scandinavie, la concentration en ions $H+$ dans les précipitations a augmenté de plus de 200 fois depuis 1956.

b) **Conséquences écologiques.** — Bien qu'ils soient encore mal connus, les effets écologiques de ces pluies acides paraissent divers et complexes.

Leurs conséquences peuvent être catastrophiques en milieu limnique, en particulier dans les lacs oligotrophes situés sur des terrains cristallins et dont l'apport d'eau se fait plus par les précipitations que par le ruissellement.

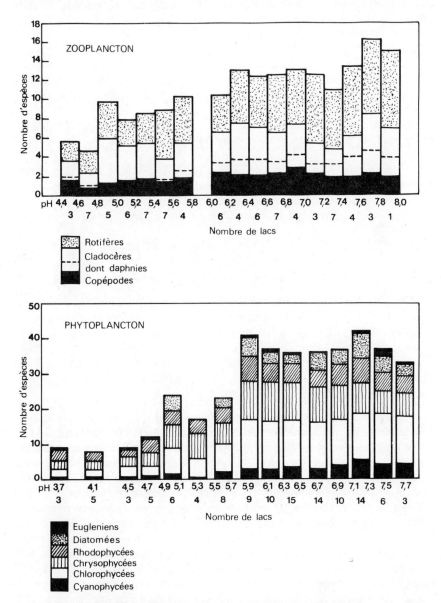

Fig. III-28. — *Effets de l'acidification des lacs suédois par les aéropolluants acides* (SO_2 en particulier) *sur la diversité de leur peuplement planctonique*. On note une chute significative du nombre d'espèces du phytoplancton et du zooplancton au-dessous du pH6. (D'après ALMER et coll., 1974.)

Les pluies acides paraissent être la seule cause de la baisse continue du pH d'un grand nombre de lacs scandinaves observée entre 1965 et 1970 (Oden et Ahl, 1970).

Au cours de la dernière décennie, de nombreux lacs canadiens situés sous les vents dominants d'importantes installations métallurgiques dégageant du SO_2 ont présenté une baisse de pH de plus de cent fois sa valeur initiale. En 1970, plus de trente de ces lacs avaient un pH inférieur ou égal à 4,5 seuil jugé critique par l'auteur de cette étude (Beamish, 1974).

Schofield (1965) citait déjà le cas d'un lac oligotrophe des monts Adirondacks dont l'alcalinité totale atteignait en 1938 de 12,5 à 20 mg/l (exprimée en équivalent CO_3 Ca) et le pH 6,6 à 7,2, et qui présentait en 1960 une alcalinité inférieure à 3 mg/l tandis que le pH était tombé à une valeur comprise entre 3,9 et 5,8 selon la période de l'année.

Les conséquences de l'acidification des lacs par le $SO_4 H_2$ apporté par les précipitations tiennent en une considérable diminution de leur productivité biologique.

La baisse du pH provoque une forte baisse de la diversité et de la productivité primaire du phytoplancton. Elle exerce donc un effet indirect sur la production secondaire en diminuant la quantité de nourriture disponible pour les consommateurs animaux situés aux niveaux trophiques supérieurs (Almer et coll. 1974).

En outre, cette acidification présente une action toxique directe sur les poissons d'eau douce qui s'est traduite par une importante mortalité, en particulier chez les jeunes Salmonides dans les lacs canadiens et suédois.

Effets de l'anhydride sulfureux sur les biocœnoses. — Le SO_2 exerce un grand nombre d'effets écotoxicologiques aux conséquences redoutables tant pour les végétaux que pour les animaux.

La nocivité du SO_2 pour les plantes est connue depuis fort longtemps. On lui avait attribué dès la fin du xviiie siècle, en Sicile, la responsabilité de la disparition de toute végétation autour des Calcaroni, ces installations primitives destinées à raffiner le soufre natif.

a) **Les phanérogames** ne peuvent croître normalement dans une atmosphère dont la teneur moyenne annuelle est comprise entre 10 et 80 ppb (Nash, 1973).

Au taux relativement faible de 0,25 ppm, des lésions foliaires apparaissent après seulement 8 heures d'exposition, même chez des végétaux très résistants.

Le SO_2 pénètre principalement par les stomates et provoque des dommages aux cellules du mésophylle par suite de ses propriétés réductrices.

Chez les Dicotylédones, les lésions dues à une intoxication aiguë se caractérisent par des nécroses bifaciales du limbe foliaire qui respectent les nervures et s'étendent en direction du pétiole. Il arrive aussi que les nécroses apparaissent dans la région apicale. La coloration des tissus nécrotiques est assez variable souvent de teinte ivoire, parfois rouge brun. Ce sont les feuilles qui viennent d'achever leur développement qui présentent la sensibilité maximale.

Chez les Monocotylédones, il apparaît une nécrose apicale qui s'étend peu à peu vers la base du limbe en respectant les nervures. Les lésions débutent aussi par l'extrémité des aiguilles chez les conifères et se caractérisent par une coloration rouge orangé.

Dans les intoxications chroniques, le limbe foliaire devient chlorotique puis apparaissent des lésions du parenchyme disposées parfois en bandes transversales chez les conifères.

L'examen microscopique des feuilles ayant subi une intoxication aiguë montre une dégénérescence flaccide des cellules du parenchyme associée à une lyse des chloroplastes dont la chlorophylle se répand dans l'ensemble du cytoplasme.

L'action du SO_2, même dans les intoxications à long terme avec de faibles concentrations, provoque une nette diminution de l'activité métabolique.

Un grand nombre d'études sur les conséquences écotoxicologiques pour les végétaux de la pollution par le SO_2 ont été effectuées au cours des cinquante dernières années, par suite de l'importance économique de cette question.

Dès 1922 O'Gara établissait expérimentalement par fumigation un classement par sensibilité décroissante d'une centaine d'espèces de phanérogames (*in* Linzon, 1971).

Les diverses recherches effectuées sur ce sujet montrent que la sensibilité des phanérogames au SO_2 varie beaucoup selon leur position systématique et parfois à l'intérieur d'un même groupe taxonomique.

Certains conifères figurent parmi les plus sensibles des plantes vasculaires au SO_2 : des lésions foliaires apparaissent sur le *Pinus strobus* après seulement 8 heures d'exposition à 0,1 ppm. Dans la Ruhr, Knabe (1971) observe que les pins ne peuvent survivre à une concentration moyenne annuelle de 80 ppb et que des dommages apparaissent à seulement 20 ppb. Enfin, des botanistes suédois ont montré que la croissance de forêts de conifères peut être perturbée par des doses moyennes de 20 ppb, qu'ils considèrent comme la concentration maximale admissible.

En règle générale, les pins sont nettement plus sensibles que les épicéas et les arbres à feuilles caduques plus tolérants que les conifères.

Chez les plantes herbacées, les légumineuses cultivées et les composées (endives, laitues par exemple), ainsi que le coton sont très sensibles, puis viennent les crucifères, la plupart des céréales, tandis que le maïs et les asperges sont très tolérants. Les plantes adventices des cultures présentent dans l'ensemble une grande sensibilité au SO_2 mais certaines comme le plantain (*Plantago lanceolata*), la stellaire (*Stellaria media*) et le mouron (*Anagallis arvensis*) sont très résistantes.

Les dégâts causés par le SO_2 sont très considérables. Les dommages subis dans les cultures situées aux environs de certaines industries dégageant de grandes quantités de ce gaz dans l'atmosphère ont parfois donné lieu à de retentissants procès.

Les forêts paient un lourd tribut à la pollution par le SO_2. On estime dans la CEE que près de 400 000 ha de forêts sont menacés de disparition d'ici 1985 par suite des émanations d'anhydride sulfureux produites par les complexes pétrochimiques et la combustion des fuels lourds industriels.

C'est sans doute en Amérique du Nord que les dommages causés à la végétation par ce gaz ont été les plus spectaculaires. Un grand complexe métallurgique situé dans l'Ontario, au Canada, traite des cupro-nickels pyriteux depuis 1888. Au cours des années 50, ces installations rejetaient quelque 2×10^6 t de SO_2 par an dans l'atmosphère. En conséquence quelque

200 000 ha de forêts de pins au milieu desquelles avait été implantée cette usine ont été quasiment anéantis (Linzon, 1971).

b) **Les Cryptogames.** — La rareté des Lichens dans les villes est un phénomène connu depuis le milieu du XIXe siècle. Le 13 juillet 1866, Nylander présenta une communication à la Société Botanique de France sur les lichens du jardin du Luxembourg. Dans les comptes rendus de la discussion qui suivit figure l'intervention du botaniste Cosson : ce dernier y affirme que la diminu-

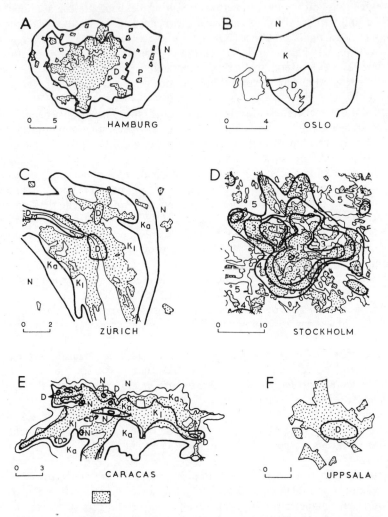

Fig. III-29. — *Exemples de zonation des lichens dans les villes.* D = aucun lichen présent, K = « struggle zone », c-à-d. zone où la structure de la biocœnose de lichens est profondément altérée par la pollution (Ki = lichens très rares, Ka = lichens plus abondants mais la diversité est encore faible), P = zone de reconstitution de la communauté, N = zone normale. Pour la fig. D, la gradation est la suivante 1 = D, 2 = Ki, 3 = Ka, 4 = P, 5 = N. (D'après divers auteurs *in* Laundon, 1973.)

tion du nombre de lichens dans les villes résulte de la production de fumées et d'émissions gazeuses qui rendent l'air impropre à leur croissance !

Depuis cette date, de très nombreuses recherches ont été consacrées à l'influence de la pollution atmosphérique sur ces cryptogames.

Celles-ci ont montré la prépondérance du rôle du SO_2 dans la rareté ou l'absence des lichens dans les zones centrales des villes bien que les divers autres polluants de l'air et des facteurs écologiques propres au milieu urbain, comme la faiblesse de l'humidité relative, puissent aussi intervenir.

En réalité, aucun lichen ne peut survivre à une concentration moyenne annuelle en SO_2 supérieure à 35 ppb ! Ils constituent donc d'excellents bioindicateurs de pollution atmosphérique.

De nombreuses études de zonation des communautés de lichens ont été entreprises depuis 1930 en particulier en Scandinavie, en Grande-Bretagne et en Europe centrale. Celles-ci mettent en évidence une distribution de ces phytocœnoses en zones disposées de façon approximativement concentrique. La partie centrale des cités, la plus polluée est dépourvue de lichens, puis existe une zone intermédiaire dans laquelle la composition de la communauté est profondément altérée (« Struggle zone » des auteurs anglo-saxons), puis enfin,

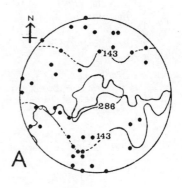

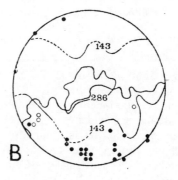

Fig. III-30. — *Corrélation entre la teneur moyenne de l'air en* SO_2 (exprimée en µg/m³) *et la distribution des lichens* Calopalca heppiana (A) *et* Xanthoria parietina (B) *dans la région londonienne.* ○ : relevés antérieurs à 1950, ● : relevés postérieurs à 1960 (D'après LAUNDON, 1970.)

Tableau III-9. — ÉCHELLE QUALITATIVE POUR L'ESTIMATION DE LA CONCENTRATION
MOYENNE HIVERNALE DE L'ANHYDRIDE SULFUREUX DANS L'AIR
à partir d'un relevé de la composition du peuplement de lichens épiphytes (en Angleterre).
(*in* HAWKSWORTH, 1973).

Zones	Composition spécifique	Concentration moyenne hivernale en SO_2 (en µg/m³) (1)
0 1	Pas de lichens	> 170
2	*Lecanora conizaeoides*	~ 150
3	*Lecanora conizaeoides, Lepraria incana*	125
4	*Hypogymnia physodes, Parmelia saxatilis, Lecidea scalaris, Lecanora expallens*	70
5	*H. physodes, P. saxatilis, P. glabratula P. subrudecta, Parmeliopsis ambigua, Lecanora - Chlarotera.*	
	Ramalina farinacea et Evernia prunastri apparaissent.	60
6	*Parmelia caperata, P. tiliacea, P. exasperatula Pertusaria* nombreux, *Graphis elegans*	50
7	*P. caperata et P. revoluta, P. tiliacea, P. exasperatula.* *Usnea subfloridana, Pertusaria hemispherica Rinodina roboris* apparaissent.	40
8	*Usnea ceratina, Parmelia perlata, P. reticulata Rinodina roboris. Usnea rubiginea* assez fréquente	35
9	*Lobaria pulmonaria, L. amplissima, Pachyphiale cornea, Dimerella lutea, Usea florida*	30
10	*Lobaria amplissima, L. strobiculata, Sticta limbata, Pannaria* sp., *Usnea articulata U filipendula*	normale (= air pur)

(1 ppm = 2860 µg/m³ d'air).

une zone périphérique où la flore lichénologique est normale. Ces recherches ont aussi mis en évidence une excellente corrélation entre l'intensité de la pollution par le SO_2 et la diminution de diversité du peuplement de lichens. Pour chaque espèce existe une concentration moyenne annuelle limite au-delà de laquelle elle ne peut survivre. Cette limite de tolérance est tellement stricte que Hawksworth (1973) a publié une échelle permettant d'établir, à partir d'un relevé de la flore lichénale, l'ordre de grandeur de la concentration moyenne hivernale en SO_2 (Tableau III-9). Un lichen crustacé, le *Lecanora conizaeoides* paraît particulièrement toxicotolérant au SO_2. Cette espèce, absente de Grande-Bretagne au milieu du dernier siècle s'y est rapidement étendue dans les agglomérations à partir de 1870 (Laundon, 1973).

De façon générale, ce sont les lichens crustacés qui présentent la plus grande tolérance au SO_2 puis viennent par ordre de sensibilité croissante les lichens foliacés et les lichens fructiculeux.

Certains auteurs ont pu de la sorte proposer des formules empiriques servant d'étalon pour évaluer la pureté de l'air (Index de pureté atmosphérique = IPA). Cet index est calculé à partir de relevés phytocœnotiques permettant d'estimer la diversité de la communauté.

Iserentant et Margot (1964) définissent l'IPA suivant :

$$IPA = \frac{n}{100} (\Sigma_1^n Q \times f)$$

où n = nombre d'espèces de lichens dans la station étudiée
f = fréquence de chaque espèce
Q = index de toxiphobie de chaque espèce.

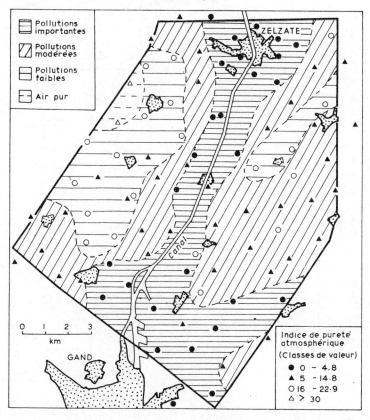

Fig. III-31. — *Carte de l'intensité de la pollution atmosphérique dans la région de Gand-Zelzate, en Belgique, établie à l'aide de la méthode de l'IPA d'Iserentant et Margot.* (D'après de Sloover *in* Ferry et coll., 1973.)

A la suite de la croissance de la pollution par le SO_2 associée à l'urbanisation et l'industrialisation anarchiques caractéristiques de la plupart des pays développés, on assiste depuis deux décennies à une régression importante des phytocœnoses de lichens : en Angleterre par exemple, quelque 87 espèces ont disparu depuis 1960 de régions où la teneur en SO_2 est égale ou supérieure à $65\,\mu g/m^3$ soit 27 ppb pendant les mois d'hiver.

Mode d'action du SO_2 chez les végétaux. — L'anhydride sulfureux provoque d'importantes lésions des organites photosynthétiques tant chez les phanérogames que chez les cryptogames.

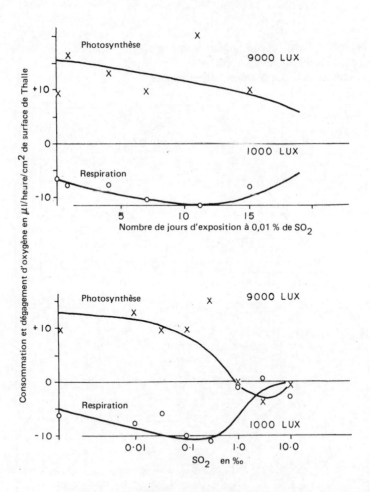

Fig. III-32. — *Activité photosynthétique apparente de disques de lichens exposés à diverses concentrations de SO_2* (courbes du haut) *et activité respiratoire de ces mêmes fragments de thalles* (courbes au bas) mesurées en fonction de la durée d'exposition (diagramme A) et en fonction de la concentration en SO_2 (diagramme B) (D'après Pearson, 1973).

Rao et Leblanc (1965) ont montré que des lichens exposés à 5 ppm de SO_2 présentaient une plasmolyse cellulaire et une altération des chloroplastes de l'algue symbiolique (*Trebouxia*) avec apparition de taches noires dans la partie du thalle qu'elle occupe. Ces auteurs ont pu isoler de l'acide sulfurique et des ions magnésium dans les extraits acétoniques des thalles traitées au SO_2 et de la phaeophytine dans la fraction étherosoluble. Ils en ont déduit que ce gaz décomposait la chlorophylle par suite de ses propriétés réductrices selon la réaction :

$$2 H_+ + \text{Chlorophylle a} \rightarrow Mg_{++} + \text{Phaeophytine a}$$

Les taches brunes observées dans les cellules gonidiales du lichen proviennent selon ces auteurs de l'accumulation de phaeophytine a.

Pearson et Skye (1965) et Skye (1968) ont par ailleurs mis en évidence les effets inhibiteurs du SO_2 sur la photosynthèse et son action perturbatrice sur la respiration chez des lichens exposés à diverses concentrations de ce toxique.

D'autres recherches effectuées chez des Phanérogames confirment l'influence du SO_2 sur l'assimilation chlorophyllienne. Elles ont permis de montrer qu'il agit en perturbant le cycle de Calvin. Des dicotylédones cultivées en présence de $^{35}SO_2$ synthétisent de la cystéïne marquée au ^{35}S preuve de l'interférence de ce gaz avec la phase obscure de la photosynthèse.

Action de l'anhydride sulfureux sur les animaux. — L'anhydride sulfureux est très toxique pour les mammifères. Les seuils de toxicité aiguë sont rarement atteints, sauf en cas d'accident, car il possède une odeur irritante caractéristique à des concentrations aussi faibles que 0,5 ppm.

En revanche, le problème de l'évaluation de sa toxicité à long terme demeure essentiel à l'heure actuelle à cause de l'importance de son taux dans l'atmosphère urbaine.

On a pu montrer qu'à 0,2 ppm, l'anhydride sulfureux induit l'apparition de réflexes conditionnés du système nerveux végétatif dans le cortex cérébral et qu'à 1 ppm, il diminue chez des sujets hypersensibles l'élasticité pulmonaire (*nec* Masters, 1971).

Des rongeurs de laboratoire élevés en permanence dans une atmosphère contenant 2 ppm de SO_2 présentent après quelques jours une hypersécrétion PAS positive de leurs cellules muqueuses bronchiques.

Enfin, diverses études épidémiologiques ont mis en évidence l'importance de son rôle dans la genèse de la bronchite chronique et de l'emphysème bien que l'action de ce gaz dans l'apparition de ces affections soit nettement plus faible que celle du tabagisme, ce fléau des pays dits développés.

5° L'ozone

C'est un constituant normal de l'atmosphère. Sa répartition n'y est pas régulière : il s'y rencontre avec un maximum de densité dans la stratosphère entre 20 et 30 km d'altitude selon la latitude (cf. chap. II p. 57).

Les concentrations d'ozone observées aux diverses altitudes sont le résultat d'un équilibre dynamique très complexe mettant en jeu un grand nombre de réactions de synthèse et de destruction de ce gaz.

Les sources. — L'ozone est formé à partir de l'oxygène atmosphérique. Celui-ci, normalement à l'état moléculaire (O_2), peut être décomposé par les radiations ultraviolettes dont la longueur d'onde est comprise entre 100 et 2450 Å :

$$O_2 + h\nu \to O + O \qquad (1)$$

L'oxygène atomique ainsi produit va réagir avec l'oxygène moléculaire pour donner de l'ozone selon la réaction (simplifiée) suivante :

$$O + O_2 \to O_3 + 1{,}10 \text{ cV} \qquad (2)$$

De l'ozone peut aussi se former dans les atmosphères polluées à partir de l'oxygène atomique résultant de la dissociation photochimique du NO_2 :

$$NO_2 + h\nu (> 3{,}1 \text{ eV}) \to NO + O \qquad (3)$$

Cet oxygène atomique formera de l'ozone selon la réaction (2).

Dans les conditions naturelles, la teneur en ozone est de 10 à 20 ppb dans les lieux exempts de toute action humaine. Elle s'élève en moyenne entre 175 et 300 ppb dans les atmosphères urbaines polluées et peut y atteindre jusqu'à 1 ppm.

Les effets. — L'ozone est le plus phytotoxique des constituants des smogs photochimiques. Sa nocivité économique est *ipso facto* comparable sinon supérieure à celle du SO^2 dans les zones cultivées où se rencontre cet aéropolluant.

Ses effets se manifestent à partir de 50 ppb chez de nombreux végétaux herbacés ou ligneux. Ils se traduisent par une pigmentation anormale des feuilles, une chlorose ou un blanchiment, le stade ultime des lésions étant la nécrose des tissus atteints. Ici encore, on observe des lésions des cellules du Mésophylle et des Chloroplastes.

Aux concentrations inférieures à celles qui causent des dégâts observables sur les parties aériennes des phanérogames, l'ozone provoque une diminution de l'activité photosynthétique et un ralentissement de la croissance. Des œillets exposés pendant 10 jours à 75 ppb sont incapables de produire leurs inflorescences.

Il existe en outre des effets de synergisme entre l'ozone et le SO_2. Menser et Heggestad (1966) ont montré que 27 ppb d'ozone + 240 ppb de SO_2 provoquent en 2 heures d'exposition des lésions foliaires sur le tabac alors que ce même végétal résiste bien pendant ce laps de temps à la même concentration de ces gaz pris isolément. Ce synergisme a depuis été confirmé par plusieurs autres investigations effectuées sur diverses espèces végétales.

La santé humaine peut être également affectée par l'ozone. L'homme ne peut supporter en permanence des doses de 2 à 3 ppm. A 0,3 ppm, on note une irritation des muqueuses nasales et laryngées et 0,5 provoque une diminution de l'élasticité et de la capacité pulmonaires.

6⁰ La fumée de tabac

Il serait difficile de ne pas évoquer le problème du tabagisme — autopollution volontaire en l'occurrence — dans un ouvrage d'Écotoxicologie.

Composition. — La fumée de tabac représente un aéropolluant majeur dans les pays occidentaux. De composition complexe, elle renferme environ 3 000 substances dont la plupart sont mutagènes et (ou) carcinogènes. Celles-ci se présentent soit à l'état gazeux, soit à l'état particulaire.

Les premières investigations sur la nocivité des constituants de la fumée de tabac ont porté sur les effets de la Nicotine et des goudrons lesquels renferment de nombreux hydrocarbures polycycliques carcinogènes dont le redoutable benzo-3,4 pyrène.

Plus récemment, diverses recherches se sont rapportées aux conséquences physiotoxicologiques résultant de l'inhalation de l'oxyde de carbone, le principal constituant de la fumée de tabac et de l'acroléine, aldéhyde qui se comporte comme agent alkylant et se fixe sur les acides nucléiques qu'il altère de façon irréversible (Puiseux et coll., 1973).

Conséquences pathologiques. — Les conséquences épidémiologiques du tabagisme en font un véritable fléau des temps modernes, en particulier en milieu urbain où son action est additive voire synergiste de celle associée aux autres aéropolluants. En outre, à la différence de l'alcoolique ou du toxicomane qui ne nuisent qu'à leur propre santé, le fumeur attente à celle de ceux qui l'entourent ou de sa descendance (cas de femmes gestantes).

La surmortalité des fumeurs est très considérable par rapport à la population normale. Le tabagisme diminue de façon très importante l'espérance moyenne de vie — environ de cinq ans pour celui qui inhale 20 cigarettes par jour.

L'action pathogène de la fumée de tabac se rapporte à trois principaux groupes d'affections : celles du système cardio-vasculaire, celles de l'appareil respiratoire et divers cancers.

a) **Action sur le système cardio-vasculaire.** — L'action du tabac sur le système cardio-vasculaire est complexe. Aux effets sténosants de la nicotine se surajoute l'hypoxie permanente du myocarde consécutive à l'inhalation de l'oxyde de carbone contenu dans la fumée. Alors que le niveau normal de carboxyhémoglobine est de 0,4 % dans le sang des non-fumeurs, celui-ci s'élève à 5 % chez ceux qui fument 20 cigarettes par jour.

Il est actuellement prouvé que de tels niveaux de carboxyhémoglobine peuvent devenir critiques, même en l'absence d'autres facteurs défavorables chez des patients atteints d'affections coronaires.

Mais il y a beaucoup plus préoccupant : divers faits expérimentaux récents suggèrent que le tabagisme accélère beaucoup les processus pathologiques de l'artériosclérose laquelle apparaît précocement chez les fumeurs, en particulier au niveau de l'artère coronaire !

Ainsi, des cercopithèques mis en présence d'oxyde de carbone et alimentés avec du cholestérol dans la ration présentent une fréquence nettement plus élevée des sténoses coronaires que chez les témoins nourris de la même façon mais dans une atmosphère pure (Webster, 1970).

D'autres investigations montrent l'apparition dans le sang d'animaux de laboratoire exposés en permanence à de la fumée de tabac de divers stérols anormaux comparables à ceux qui se déposent dans les parois artérielles des individus artérioscléreux !

Dans ces conditions ne faut-il pas s'étonner si la fréquence des maladies coronaires est environ dix fois plus forte chez les fumeurs que dans le reste de la population et si la mortalité par infarctus du myocarde est trois fois plus élevée dans la classe d'âge comprise entre 45 et 54 ans chez les individus fumant au moins un paquet de cigarettes par jour.

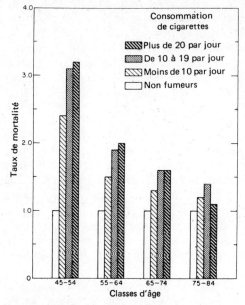

Fig. III-33. — *Mortalité par infarctus du myocarde en fonction de l'intensité du tabagisme et de l'âge des individus (in* Masters, *1971).*

b) **Tabagisme et bronchite chronique.** — Le rôle du tabagisme dans l'étiopathogénie de la bronchite chronique est notoire. Cette affection est huit fois plus fréquente chez les adultes fumeurs, toutes classes d'âge confondues, que chez les non fumeurs. Il existe de plus un net effet d'addition entre le tabagisme et la pollution de l'air par le SO_2 dans la genèse de cette affection (fig. III-31).

c) **Effets carcinogènes.** — La fumée de tabac intervient de façon hautement significative dans l'induction de plusieurs cancers. En sus de son influence prépondérante dans l'apparition des carcinomes broncho-pulmonaires, elle présente une corrélation fortement positive avec certains carcinomes gastriques, hépatiques, rénaux et vésicaux.

Une récente statistique polonaise suggère que sur mille cas de cancer du larynx, 990 atteignent des fumeurs !

Rares au début du siècle, les cancers broncho-pulmonaires se sont accrus de façon inquiétante depuis lors. Bien que les aéropolluants interviennent de façon incontestable dans leur induction, le tabagisme en est la cause prépondérante (17 cas sur 20 à l'heure actuelle) !

L'étude épidémiologique sur le rôle de la fumée de tabac dans sa genèse a été compliquée par le fait que le temps de latence qui s'écoule en règle générale

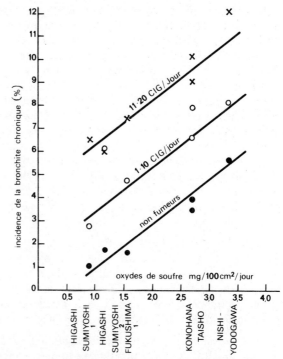

Fig. III-34. — *Effets additifs du tabagisme et du SO_2 dans l'incidence de la bronchite chronique chez les habitants de diverses villes japonaises.* (D'après Nishiwaki, Tsunetoshi et coll., 1970.)

entre le début de l'inhalation de celle-ci et l'apparition des signes cliniques est fort long, de l'ordre d'une vingtaine d'années.

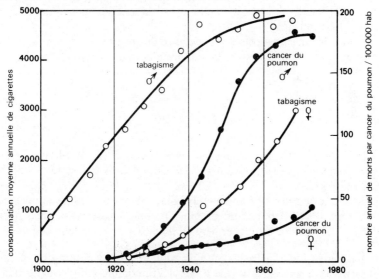

Fig. III-35. — *Corrélation entre le développement du tabagisme et la croissance de la mortalité par cancer du poumon en Grande-Bretagne depuis le début du siècle. Ces diagrammes démontrent aussi l'existence d'un temps de latence d'une vingtaine d'années (au moins) entre le début de l'exposition aux carcinogènes de la fumée de tabac et la manifestation de la maladie.* (D'après Caïrns, 1975.)

Des études effectuées en Grande-Bretagne apportent une démonstration impressionnante de ces faits. Contrairement à une opinion autrefois répandue, les hommes ne sont pas plus sensibles à cette affection que les femmes. Tout simplement, celles-ci ont pris l'habitude de fumer à la fin de la dernière guerre mondiale alors que le tabagisme s'est étendu dans le sexe masculin au début de ce siècle.

En conséquence, la croissance de la fréquence des cancers broncho-pulmonaires s'est amorcée vers 1925-35 chez les hommes et au milieu de la dernière décennie chez la femme dans les îles Britanniques (fig. III-32)

L'action néfaste des agents carcinogènes de la fumée de tabac est synergisée par la Nicotine. Celle-ci est favorisée par le fait que la nicotine inhibe leur métabolisme. Weber et coll. (1974) observent qu'une dose unique de nicotine provoque chez le rat une diminution de l'excrétion biliaire du benzo-3,4 pyrène, liée à une inhibition de la benzo-pyrène hydroxylase du foie, du poumon et de l'intestin grêle.

d) **Action sur le fœtus.** — Enfin, le fœtus est victime du tabagisme des femmes gestantes. L'apport d'oxygène à l'embryon est diminué par suite des hauts niveaux de carboxyhémoglobine dans le sang maternel.

Le poids moyen des nouveau-nés issus de mères ayant fumé pendant la gestation est inférieur à la normale et le développement mental de ces enfants présente un retard de quelques mois à l'âge de 7 ans.

En conclusion, on ne peut qu'être confondu par l'impuissance des pouvoirs publics, ou plutôt par leur manque de volonté, à mettre un terme à cette pollution volontaire que constitue la fumée de tabac. Ce laxisme est aberrant quand on songe aux souffrances humaines, à la surmortalité précoce, et aux coûts sociaux énormes, associés à ce fléau moins spectaculaire mais tout aussi pernicieux que l'alcoolisme.

A l'image des mesures prises à l'encontre des plantes stupéfiantes, à quand l'interdiction *manu militari* de la culture du tabac dans les pays « développés » ?

7º *Le plomb*

De tous les métaux lourds contaminant la biosphère, le plomb constitue après le mercure le plus préoccupant de ces polluants par suite de ses effets écotoxicologiques.

Alors que le jeu des phénomènes biogéochimiques entraîne annuellement dans l'océan 180 000 tonnes de plomb, l'homme en extrayait déjà quelque 2×10^6 t/an au milieu de la dernière décennie.

Les sources. — La principale cause de pollution par le plomb tient à l'heure actuelle en son usage, sous forme d'Alkyl Pb, comme antidétonant dans les essences. La combustion des carburants renfermant du plomb tétraéthyle produit en effet des particules de ce métal qui passent dans l'atmosphère. Chaque automobile rejette en moyenne 1 kg/an de plomb dans l'air, à l'état de particules inframicroscopiques insédimentables.

La pollution de l'écosphère par le plomb s'est accrue de façon considérable depuis 1923, date à laquelle commença l'addition d'alkyl plomb aux essences : la production mondiale de ces composés s'élevait à quelque 350 000 tonnes par an (en équivalent plomb) en 1970 ! L'étude par Murozumi et coll. (1969) du contenu en plomb des strates annuelles de neige qui se déposent sur l'inlandsis du Groenland a montré que celui-ci présente une élévation subite de plus de vingt fois au cours des 50 dernières années. Ces auteurs mettent en toute logique une telle observation en rapport avec la fabrication de Pb tétraéthyle à partir de 1923.

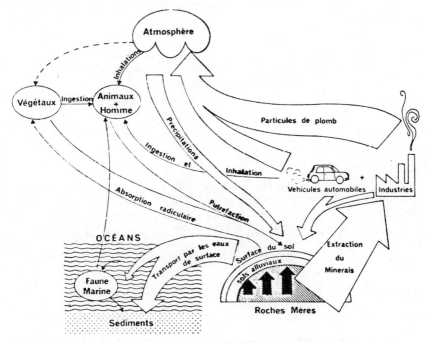

Fig. III-36. — *Cycle biogéochimique du plomb.* (D'après JENKINS, 1975).

L'importance et l'étendue de la contamination de la biosphère par le plomb deviennent manifestes lorsque l'on étudie la teneur en cet élément de biocœnoses situées dans des zones reculées.

La contamination des écosystèmes par le plomb. — Les recherches de Hsiao et Patterson (1974) sur un des écosystèmes les plus isolés des États-Unis, la vallée du Canyon de Thompson, dans la haute Sierra californienne, apportent une démonstration impressionnante de ce phénomène.

Ces auteurs ont apporté la preuve que la plupart du plomb contenu dans les campagnols (*Microtus montanus*) et les Carex dont ils se nourrissent est exogène et provient des zones polluées par la circulation automobile de Californie méridionale distantes de plusieurs centaines de km !

Dans les chaînes alimentaires non perturbées par l'homme, divers mécanismes empêchent le plomb de suivre l'ensemble des métaux biogènes quand on chemine vers les niveaux trophiques supérieurs. Dans chacun de ces derniers, cette élimination peut être évaluée quantitativement par le rapport Pb/Ca. Dans la chaîne alimentaire étudiée par Hsiao et Patterson, ce rapport diminue de 200 fois quand on passe des roches constituant le substrat des sols aux Carex puis aux campagnols. Normalement, ce rapport aurait dû être de 1 200 fois si des aérosols pollués par le plomb ne s'étaient déposés sur les feuilles des *Carex*, augmentant de ce fait les quantités ingérées par ces rongeurs (Tableau III-11).

Plusieurs arguments expérimentaux prouvent l'origine technologique du plomb qui s'est déposé sur les parties aériennes des plantes dont se nourrissent les campagnols.

Tableau III-11. — Molécules de métaux présentes par 10^6 molécules de calcium dans une chaîne trophique du canyon de Thompson (Californie)
(D'après Hsiao et Patterson, 1974)

Métal	Roches	Eau interstitielle des sols	Carex scopulorum	Campagnols
Calcium	1 000 000	1 000 000	1 000 000	1 000 000
Baryum	15 000	3 800	2 000	330
Plomb	280	210	54	1,4
	Après lavage acide des feuilles pour éliminer les dépôts			
Plomb	280	210	9	0,2

Ainsi, le rapport $Pb/_{Ca+K}$ montre qu'environ 97 % du plomb particulaire qui se dépose dans le Canyon de Thompson est d'origine industrielle. Ce rapport est de 2 dans l'air de Los Angeles, il est de 0,01 dans les dépôts foliaires de cet écosystème et seulement de 0,0005 dans les roches de la Sierra ! Ces conclusions sont confirmées par l'étude du rapport isotopique $^{206}Pb/_{207}Pb$ dans l'air urbain et dans les roches et les dépôts foliaires du Canyon.

La pollution de l'environnement par le plomb n'atteint pas à l'heure actuelle un niveau suffisant pour mettre en danger les biocœnoses terrestres. Seul l'homme et les animaux anthropophiles sont menacés, principalement en milieu urbain, par la pollution atmosphérique et par suite de certains usages technologiques du plomb qui conduisent à contaminer par ce métal divers aliments.

Aux États-Unis, le niveau moyen de pollution de l'air urbain par le plomb est compris entre 0,1 et 3,4 $\mu g/m^3$. En Union Soviétique, le taux maximum admis dans les villes est de 0,7 $\mu g/m^3$. En règle générale, la législation du travail tolère dans les pays européens 200 $\mu g/m^3$ dans les ateliers pour une semaine de 40 heures.

Les pigeons des villes, qui vivent au ras du sol renferment des taux de plomb très élevés dans leur organisme. A Paris, les pigeons bisets (*Columba livia*) présentent un saturnisme clandestin qui en fait de véritables organismes sentinelles dans l'évaluation de la pollution atmosphérique (Jenkins, 1975).

La fumée de tabac renferme des concentrations relativement importantes de plomb (Tableau III-12).

Enfin, l'ingestion de plomb par voie alimentaire constitue une source significative de contamination du corps humain par ce métal.

Tableau III-12. — Absorption moyenne de plomb chez un individu « normal » aux États-Unis (*in* Simmons, 1974)

Source de contamination	Consommation journalière	Concentration du Plomb dans la source	Plomb ingéré (en mg/j)	Fraction absorbée	Plomb absorbé par jour (en mg)
Alimentation	2 kg	0,17 ppm	330	0,05	17
eau de boisson	1 kg	0,01 ppm	10	0,1	1
Air urbain	20 m^3	1,3 mg/m^3	26	0,4	10,4
Air rural	20 m^3	0,05 mg/m^3	1	0,4	0,4
Fumée de cigarette	30 cig/jour	0,8 mg/cig	24	0,4	9,6

Aux États-Unis, l'absorption quotidienne de plomb est donc supérieure de 40 % chez le citadin non fumeur à celle des habitants de zone rurale.

Des analyses effectuées à Manchester, en Grande-Bretagne, montrent que le taux moyen de plomb dans le sérum des enfants s'élève à 0,31 ppm et dépasse 0,8 ppm chez 4 % d'entre eux, concentration à laquelle sont souvent associées des lésions cérébrales ! En effet, le plomb s'accumule dans le cerveau et peut provoquer de graves encéphalopathies. De plus, l'exposition permanente à de faibles doses de ce métal cause à long terme chez l'homme une anémie, des dysfonctions rénales et divers troubles endocriniens en particulier des glandes reproductrices.

II. – AUTRES AÉROPOLLUANTS

1° Les poussières

On en distingue deux groupes en fonction de leur taille :
- Les particules sédimentables, de taille supérieure à $0,1\mu$
- Les particules insédimentables, improprement dénommées aérosols.

Origine et composition. — Les « aérosols » sont de dimension inférieure à cette limite. Les plus ténus d'entre eux, les noyaux d'Aitken, mesurent à peine 300 Å de diamètre moyen et descendent jusqu'à 10 Å !

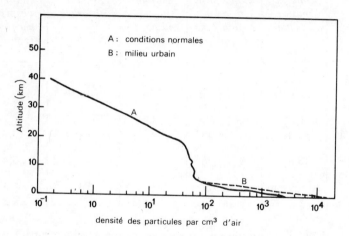

Fig. III-37. — *Répartition des particules dans l'atmosphère en fonction de l'altitude.* (D'après Varney et Mac Cormac, 1971).

Bien qu'une certaine quantité de particules, tels les fumées ou les « aérosols » de plomb proviennent des combustions, la majorité d'entre elles ont une autre origine.

La sidérurgie, les industries extractives, les cimenteries, les grands travaux de génie civil constituent les principales sources de production de poussières. Même en milieu urbain seulement 5 % d'entre elles sont des produits de combustion.

Les poussières recueillies en zone industrielle renferment de nombreuses variétés minérales, principalement : quartz, calcite, feldspath, gypse, anhydrite et asbeste. Cette substance est une variété de l'amiante aux usages très variés. Il s'agit d'un silicate de magnésium hydraté qui sert à fabriquer les garnitures de freins mais utilisé aussi comme ignifugeant dans la métallurgie, comme isolant dans le bâtiment, etc.

En outre, les poussières renferment un grand nombre de métaux et métalloïdes non volatils, soit purs, soit sous forme de sels ou d'oxydes.

Dans la région de Chicago, Brar et coll. (1970) trouvent dans les aérosols plus de vingt éléments en quantité dosable. Ce sont, par ordre décroissant : le fer, l'aluminium, le zinc, le manganèse, le sodium, le chrome, le vanadium, le molybdène, l'arsenic, l'antimoine, etc.

Une dernière catégorie de particules d'origine technologique est constituée par les fluorures. L'électrochimie de l'alumine, les usines de superphosphates et les briqueteries représentent les principales sources d'émission de ces substances.

Effets des particules sur les êtres vivants. — En certaines régions fortement industrialisées, quelque 300 t/km²/an de poussières peuvent se déposer.

Le dépôt de particules sur les feuilles des végétaux peut présenter des effets phytotoxiques. En sus d'une diminution de l'activité photosynthétique, elles empêchent la germination du pollen sur les stigmates floraux empoussiérés.

Les particules émises par les cimenteries, par suite de leur forte alcalinité, provoquent la chlorose foliaire.

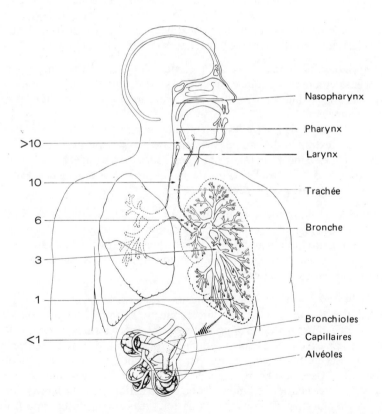

Fig. III-38. — *Influence de la dimension des particules inhalées dans la contamination du système respiratoire humain* (les nombres figurent les diamètres des particules exprimés en μ) (*in* Masters, 1971).

La *santé humaine* paie un lourd tribut à la pollution de l'air par les poussières.

Bien que les plus grosses particules soient heureusement filtrées au niveau du rhinopharynx et de la trachée, celles de diamètre inférieur à 6 μ pénètrent dans l'arbre bronchique et celles de taille plus faible que le micron vont dans les alvéoles pulmonaires ! Il en résulte toute une série d'affections dont certaines sont gravissimes.

a) **Allergies.** — De nombreuses allergies sont provoquées par des aéro-allergènes. Il s'agit la plupart du temps de particules solides hygroscopiques de diamètre compris entre 1 et 80 μ. Quand ces poussières atteignent l'épithélium alvéolaire, elles provoquent de l'asthme.

b) **La bronchite chronique.** — C'est le résultat de l'exposition permanente à divers aéropolluants gazeux et solides. Elle se traduit par une toux sèche accompagnée d'une hypersécrétion bronchique, puis apparaît progressivement une hypoventilation pulmonaire qui s'accompagne à long terme de défaillances cardiaques. Bien que la fumée de tabac et le SO_2 jouent un rôle déterminant dans la genèse de cette maladie, on a pu montrer que sa fréquence et sa gravité étaient nettement plus élevées dans les régions renfermant plus de 100 μ/m^3 de particules. L'emphysème pulmonaire, caractérisé par une dilatation et une perte d'élasticité des alvéoles accompagne souvent cette affection.

c) **Carcinome pulmonaire.** — La présence d'hydrocarbures polycycliques carcinogènes et autres substances douées des mêmes effets dans les poussières explique leur contribution à l'induction de cancers du poumon chez les citadins non fumeurs.

Truhaut (1960) a démontré les potentialités carcinogènes des prélèvements de poussières extraites de l'atmosphère parisienne. Il a pu provoquer expérimentalement des cancers cutanés chez des souris par badigeon de leur peau avec ces dernières. Hickey (1971) insiste sur les propriétés mutagènes de divers polluants atmosphériques gazeux ou solides.

d) **La silicose** ou fibrocytose pulmonaire résulte de l'inhalation de Silice et de Silicates. Elle est causée par l'accumulation d'histiocytes dans le parenchyme pulmonaire qui phagocytent ces particules minérales et se transforment en fibrocytes. Il en résulte une sclérification des alvéoles pulmonaires qui perdent toute élasticité de ce fait.

e) **L'asbestose.** — Ce terme désigne un ensemble d'affections de gravité variable, liées à l'inhalation ou plus rarement à l'ingestion de poussières d'asbeste. Les minéraux du groupe de l'asbeste sont des silicates de magnésie (chrysotile par exemple) ou ferro-sodique (crocidolite), de structure fibreuse. L'amiante est un matériau obtenu par dissociation mécanique des fibres d'asbeste. Il existe à l'heure actuelle de multiples usages industriels de l'amiante. Il intervient dans l'industrie de construction, dans la fabrication de panneaux de cloisons, de couvertures de toit en fibrociment, comme isolant thermique de locaux d'habitation ou d'entreprises, comme ignifuge, etc. L'amiante sert aussi dans la construction mécanique, par exemple dans la fabrication d'embrayages et de garnitures de freins.

L'extraction mondiale d'asbeste nécessaire à ces multiples utilisations s'effectue au rythme annuel de 4 millions de tonnes !

Bien que les premiers cas de cancer du poumon provoqués par l'asbestose aient été signalés chez des mineurs dans les années 30, il a fallu attendre 1968 pour que Selikoff et ses collaborateurs puissent mettre formellement en cause l'amiante dans l'induction de cette affection. Ces auteurs constatèrent en effet que les mineurs d'asbeste fumeurs avaient 90 fois plus de chances de périr d'un cancer du poumon que les individus non fumeurs et non exposés à l'amiante (Tableau III-13).

Tableau III-13. — Mortalité par cancer du poumon des mineurs d'asbeste*.

Habitudes de tabagisme	Nombre d'individus	Nombre de décès observés	Espérance théorique de mortalité par cancer du poumon, calculée par rapport à l'ensemble de la population
Individus n'ayant jamais fumé....	48	0	0,05
Fumeurs de pipe ou de cigare......	39	0	0,13
Fumeurs de cigarette......	283	24	3,16

* D'après Selikoff, Hammond et Churg, 1968.

Cette étude montre également l'importance des phénomènes de potentiation qui peuvent se manifester entre deux carcinogènes.

Il a également été établi une corrélation positive très nette entre le taux d'incidence de cette affection et la concentration moyenne de l'air en poussières d'amiante auxquelles ont été exposés les patients avant que n'apparaissent les symptômes cliniques de la maladie.

Bien que l'amiante puisse induire plusieurs types de cancer en agissant comme carcinogène, le type le plus fréquent, directement lié à l'exposition à ce matériau, est une forme particulière dénommée mésothéliome pulmonaire. Il s'agit d'une infiltration fibreuse diffuse du parenchyme alvéolaire et des plèvres, qui prend un caractère tumoral.

L'étude d'un groupe de patients atteints de mésothéliome — lesquels avaient vécu à proximité d'une usine d'amiante sans avoir travaillé dans cette industrie — a montré qu'il existe un temps de latence très long, 37 ans en moyenne, dans l'induction de cette affection. Dans les cas extrêmes, 50 ans peuvent s'écouler entre l'exposition à cet agent carcinogène et l'apparition d'un mésothéliome.

La contamination de l'environnement urbain par l'amiante est assez préoccupante en certaines zones à l'heure actuelle, car ce matériau a été largement utilisé dans la construction au cours des dernières décennies (Newhouse, 1977).

En date récente, la découverte de fibres de chrysotile dans l'alimentation et des boissons traitées sur filtre en amiante a soulevé une émotion considérable dans les pays développés.

Si la plus grande incidence des tumeurs gastro-intestinales est prouvée chez les mineurs d'asbeste et autres catégories de travailleurs à haut risque, il n'existe pas à l'heure actuelle d'indice clinique suggérant un risque pathologique pour le consommateur.

Néanmoins, tout devrait être mis en œuvre dès à présent pour réduire de façon drastique les usages de l'amiante qui se traduisent par une contamination des milieux inhalés ou ingérés, compte tenu des données déjà acquises sur la nocivité de cette substance.

2º Le fluor

Les fréons. — La pollution de l'atmosphère par cet élément provient de diverses sources technologiques. En sus de l'émission de particules fluorées par certaines industries, que nous avons déjà évoquée, une importante cause de contamination atmosphérique est constituée par le dégagement de fréons dans l'air. Ces hydrocarbures chlorofluorés très volatils servent à de multiples fins. On les emploie comme agents frigorigènes dans les machines frigorifiques. Les fréons constituent aussi les gaz propulseurs des bombes aérosols aux innombrables usages domestiques.

Toutefois, bien que les fréons, dont la production mondiale en 1973 a dépassé un million de t, aient été récemment suspectés d'attaquer la couche stratosphérique d'ozone (*vide* par exemple Dupas, 1975), ces substances n'ont pas pour l'instant une grande influence écotoxicologique car leur nocivité est négligeable, sauf à de très fortes concentrations auxquelles elles induisent des troubles cardiaques.

Les fluorures.

A l'opposé, la contamination de forêts et d'agroécosystèmes par les particules fluorées soulève de graves préoccupations à l'heure actuelle.

En effet, après être retombés à la surface du sol, les composés fluorés minéraux vont s'insérer dans les chaînes trophiques et provoquer de sérieux désordres dans les communautés végétales et chez les animaux.

Les fluorures gazeux (FH, SiF_4, H_2SiF_6) ou solides (F_6AlNa_3, F_3Al, F_2Ca, FNa, fluoropatite) pénètrent dans les plantes par voie stomatique ou par translocation foliaire directe. Toutefois, l'absorption radiculaire intervient aussi, en particulier dans les sols fortement pollués par ces substances.

Comme le fluor joue un rôle physiologique marginal chez les plantes et qu'il n'est pas métabolisable, il va s'accumuler à des taux considérables, en particulier dans le système foliaire. Quand la concentration en fluorures atteint un certain seuil, variable avec l'espèce végétale considérée, apparaissent des lésions foliaires. Celles-ci se caractérisent parfois par un aspect chlorotique, dans d'autres cas par une coloration gris verdâtre du parenchyme avant que la nécrose ne se développe. L'ensemble du limbe foliaire prend une couleur brunâtre avec une ligne plus sombre marquant la limite entre la zone altérée et le reste de la feuille.

Chez les conifères, les nécroses ont une couleur brun rouge et progressent vers la base.

Les effets sur les végétaux. — Il existe une grande variabilité dans la toxicité du fluor pour les végétaux. Les plantes les plus sensibles peuvent être affectées par une semaine d'exposition à une concentration de 0,4 à 1 μg de F/m^3 (^{1}) soit environ 1 ppb de cet élément (Mac Cune, 1969). Les plus tolérantes ne présentent des nécroses qu'à des concentrations vingt fois supérieures à ce seuil.

Parmi les espèces très sensibles au fluor, on note les liliacées, les gentianes, les rosacées arborescentes (*Prunus*, Amygdalées en particulier), les conifères et la vigne.

Alors que les glaïeuls (*gladiolus* sp.) présentent des nécroses à partir de 20 ppm de fluor dans leurs feuilles, certains noyers d'Amérique (*Carya* sp.) peuvent renfermer jusqu'à 1 000 ppm dans le limbe foliaire sans présenter de lésion apparente !

Au niveau microscopique, les cellules parenchymateuses affectées présentent des granulations, une vacuolisation et finalement une plasmolyse totale. Par ailleurs, chez les conifères, les canaux résinifères sont obturés par une hypertrophie de leurs cellules pariétales.

Les fluorures inhibent de façon très importante l'activité photosynthétique des végétaux à des concentrations nettement moindres que celles induisant des lésions foliaires. Par ailleurs, ils inhibent aussi l'énolase, une enzyme essentielle à la glycolyse chez les végétaux.

Les dégâts provoqués dans les forêts par la pollution fluorée peuvent être très considérables. En France, plusieurs milliers d'hectares de conifères ont déjà été ravagés dans la vallée de la Maurienne où dès 1960 quelque 1 200 ha de *Pinus sylvestris* avaient disparu aux alentours d'une usine d'électrochimie de l'alumine.

Les effets sur les animaux. — Les animaux domestiques alimentés avec des fourrages contenant du fluor présentent à long terme une intoxication dénommée fluorose. En effet, en sus de ses propriétés cytotoxiques intrinsèques, le fluor, par suite de ses affinités pour le calcium, perturbe les processus d'ossification. Il figure parmi les substances dont la courbe dose-réponse présente un domaine favorable pour l'organisme et un domaine de toxicité (cf. fig. I, 9).

Nécessaire pour l'ossification des vertébrés à faibles doses, le fluor accroît lorsqu'il est ingéré à l'état de traces dans l'alimentation, la dureté du tissu osseux et la résistance à la carie dentaire.

(^{1}) 1 ppb de Fluor = 0,8 μg de F/m^3 d'air.

En revanche, pris à doses excessives, il provoque la fluorose laquelle se traduit par divers troubles de gravité croissante. Les premiers symptômes sont de nature dentaire : les dents deviennent moins résistantes et présentent des marbrures. Puis s'observent des déformations osseuses, enfin s'installe une cachexie progressive fatale aux animaux intoxiqués.

La concentration maximale que les bovins peuvent supporter dans leur alimentation est comprise entre 30 et 50 ppm de fluor, elle s'élève à 100 ppm pour les ovins et les porcs et 300 ppm pour les gallinacés domestiques (*in* Lillie, 1970).

Les intoxications à doses infralétales provoquent une baisse de la production laitière accompagnée d'une diminution du taux de lipides dans le lait.

Une autre conséquence écotoxicologique de la pollution fluorée tient en un appauvrissement considérable de l'entomofaune. En effet, le fluor est très toxique pour la plupart des ordres d'insectes. Les abeilles lui sont particulièrement sensibles et aucun rucher ne peut survivre dans les zones où sévit cette pollution.

III. – POLLUANTS DE L'HYDROSPHÈRE

Un certain nombre de substances minérales, organiques ou fermentescibles constituent des contaminants exclusifs des écosystèmes limniques et de l'océan et circulent uniquement dans le sens continents — hydrosphère. Parmi ces dernières, les hydrocarbures et les détersifs occupent une place de choix. Tel est aussi le cas de nombreux déchets solides : stériles de mines, boues rouges, jaunes, etc. qui ont donné lieu à une certaine actualité en récente date, et sont rejetés dans les eaux continentales ou marines par diverses industries. Enfin, un autre type de pollution qui sévit essentiellement en milieu limnique tient en la décharge dans les eaux superficielles de substances organiques fermentescibles et de sels minéraux nutritifs.

Il en résulte un phénomène de dystrophisation (improprement dénommé eutrophisation dans certaines publications) qui menace la plupart des lacs dans les pays industrialisés.

I. – POLLUTIONS MARINES

Il existe toute une série d'agents polluants qui sont spécifiques du milieu marin ou, s'ils se rencontrent également dans les eaux continentales, exercent essentiellement leurs effets néfastes sur les organismes océaniques.

1º Pollution de l'océan par les hydrocarbures.

Causes. — Le rejet de pétrole à la mer soit volontairement, soit par accident constitue une cause primordiale de contamination de l'hydrosphère dont les effets s'exercent à l'échelle globale.

L'existence de régions marines dans lesquelles les pétroliers peuvent légalement rejeter le contenu de leurs soutes après nettoyage (« dégazage ») constitue à l'heure actuelle un véritable défi aux enseignements de l'Écologie.

Non seulement cette pollution présente des conséquences particulièrement préoccupantes dans les zones du plateau continental de forte productivité halieutique mais encore elle compromet l'équilibre écologique de mers fermées même très étendues comme la Méditerranée.

On estime que 0,5 % du pétrole transporté par les tankers est rejeté de façon plus ou moins légale à la mer lors des dégazages. En réalité, les zones d'interdiction de déballastage sont fort mal respectées par les pétroliers, en particulier par les équipages naviguant sous pavillon de complaisance. La Manche, la Méditerranée occidentale, sont de la sorte contaminées en permanence par les délestages illicites de ces tankers.

En définitive, l'océan mondial reçoit chaque année au moins 5 millions de tonnes de pétrole brut (l'équivalent de cinquante « Torrey-Canyon ») et même 10 millions de tonnes selon certains spécialistes (Mac Intvre et Holmes, 1972). Comme une tonne de naphte couvre quelque 12 km^2 de surface océanique sous forme d'un mince film quasi moléculaire, l'ensemble de l'océan est à l'heure actuelle contaminé en permanence par du pétrole.

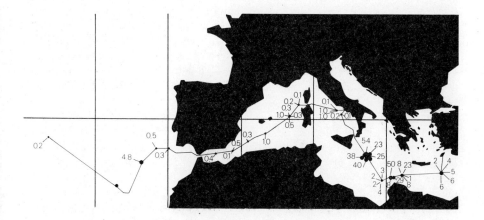

Fig. III-39. — *Évaluation de l'importance de la contamination de la Méditerranée et de l'Atlantique oriental par les rejets d'hydrocarbures.* Chaque point est d'un diamètre proportionnel au volume de boules de bitume récoltées à chaque prélèvement. Il s'agit du produit par 100 de ce volume exprimé en cm^3. En réalité, aucun des échantillons prélevés au cours de cette croisière océanographique entre le Liban et les Açores n'était totalement exempt de résidus de pétrole. (D'après Horn, Teal et Backus, 1970.)

Par ailleurs, les accidents de navigation concernent au moins cinquante pétroliers par an. Les récents sinistres de l'« Olympic bravery » (mars 76), de l'« Urquiola » (mai 76) et de l'« Amoco Cadiz » (mars 1978) ont encore rapporté une triste illustration des conséquences dramatiques qui en résultent. Enfin, face à l'épuisement des ressources pétrolières continentales, l'accroissement du nombre de forages « off-shore » destinés à le pallier ne feront qu'augmenter les risques de fuites et de pollutions concomitantes propres à cette technique.

Conséquences écologiques. — En définitive, l'océan mondial est à l'heure actuelle pollué sur la quasi-totalité de sa surface par les diverses espèces chimiques d'hydrocarbures contenues dans le pétrole brut et par les produits de leur dégradation par les facteurs biogéochimiques.

Il existe d'importantes variations dans la composition et les propriétés physico-chimiques des pétroles bruts selon leur origine. Toutefois, on retrouve toujours dans ces derniers les mêmes groupes de constituants fondamentaux.

Les hydrocarbures représentent de beaucoup le groupe chimique prépondérant dans la composition du pétrole. On distingue des hydrocarbures aliphatiques insaturés, très peu abondants dans le brut mais qui apparaissent après cracking catalytique, dénommés oléfines, et des hydrocarbures aliphatiques saturés, à chaîne droite ou ramifiée qui constituent la fraction la plus importante.

Le pétrole renferme aussi des hydrocarbures aromatiques et hétérocycliques. Ces aromatiques comprennent le benzène et les composés polycycliques correspondants.

Les hydrocarbures hétérocycliques, également dénommés naphténiques, sont des composés généralement saturés comportant des cycles complexes, non benzéniques. Enfin, on rencontre dans les pétroles bruts des composés soufrés (mercaptans par exemple), oxydrhylés (phénols) et nitrés qui, sans être abondants, jouent un rôle important dans la toxicité de ces substances. La partie plus ou moins polymérisée de ce groupe représente les asphaltènes, lesquels constituent avec les composés aliphatiques à chaîne longue (paraffines) et certains hydrocarbures naphténiques les fractions lourdes du pétrole brut.

Lorsque du pétrole est répandu sur la mer, divers phénomènes physico-chimiques vont intervenir pour le disperser : tensioactivité, évaporation, émulsion, dissolution conjuguent leurs effets pour étaler la nappe en une couche mince couvrant des surfaces considérables (parfois des milliers de km^2 lors de graves sinistres). La formation d'aérosols par le vent peut amener les hydrocarbures à la côte et polluer les champs, comme cela s'est produit lors du naufrage de l'« Amoco Cadiz ». L'évaporation va aussi intervenir, éliminant les fractions volatiles, les plus toxiques. A l'opposé, la photo-oxydation va transformer certains hydrocarbures en aldéhydes et autres composés, beaucoup plus dangereux que les produits initiaux.

Par ailleurs, l'agitation superficielle de la mer va contribuer à la formation d'émulsions d'huile dans l'eau et d'eau dans l'huile (fig. III-40). Une partie de ces émulsions, dont la formation est favorisée par les agents dispersants utilisés pour combattre les « marées noires », sera incorporée, de même que les

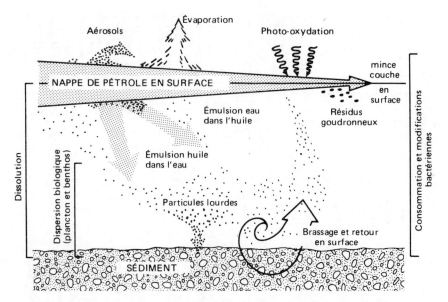

Fig. III 40. — Processus qui contrôlent la dispersion et la biodégradation du pétrole en milieu océanique (*in* Malins, 1977).

particules lourdes, aux sédiments. Cette introduction du pétrole dans les sédiments benthiques a été observée à des profondeurs supérieures à 80 m lors du sinistre de l'« Amoco Cadiz ». Le brassage des eaux de fond est susceptible de favoriser leur retour ultérieur à la surface après des semaines ou des mois.

Enfin, la dissolution joue également un rôle important, la quasi-totalité des fractions ayant une solubilité variable mais jamais nulle dans l'eau de mer.

Les facteurs biologiques interviennent aussi dans la dispersion du pétrole dans l'océan, tant au niveau des organismes planctoniques qu'à celui des animaux benthiques ou du necton.

Finalement, après dispersion de la nappe, il ne subsistera qu'une mince couche superficielle d'hydrocarbures et des résidus goudronneux qui vont être l'objet d'une consommation et de modifications bactériennes.

Les produits de décomposition résiduels s'agglomèrent après quelques semaines et constituent des nodules bitumineux de forme irrégulière qui mesurent entre 0,1 et 10 cm de diamètre et dérivent à la surface des océans avant de venir s'échouer sur les rivages, constituant une nuisance bien connue des baigneurs.

On a pu mesurer l'intensité de la dégradation des hydrocarbures par les bactéries aérobies qui recouvrent les nodules d'une mince couche grisâtre. La consommation d'oxygène qu'implique cette biodégradation a été évaluée à 12,5 mm^3/heure/cm^3 de bitume par Horn et coll. (1970). Quelques espèces d'invertébrés marins particulièrement tolérantes utilisent ces nodules comme substrat. On y trouve souvent fixés l'isopode pélagique *Idotea metallica* et les cirripèdes *Lepas anatifera* et *L. fascicularis*.

La fréquence de ces nodules dans les zones pélagiques les plus reculées atteste de l'importance actuelle de la contamination des mers par le pétrole.

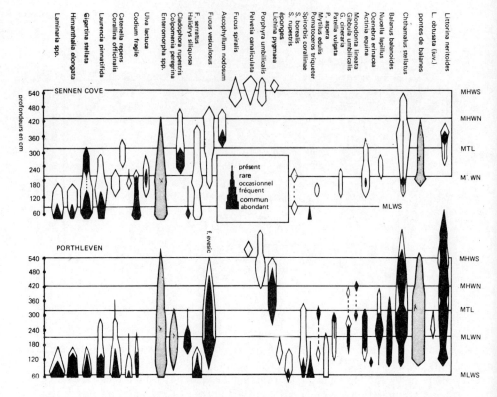

Fig. III-40. — *Effets du pétrole répandu par le « Torrey-Canyon » sur les biocœnoses de la zone intertidale en Cornouaille.* Sont figurées en fonction de la profondeur : en grisé les espèces qui se développèrent après la marée noire, en blanc celles qui existaient antérieurement au sinistre et en noir la distribution de ces mêmes espèces six mois après ce dernier. (D'après Nelson-Smith, 1970.)

Dans une croisière océanographique effectuée entre l'Ile de Rhodes et les Açores, Horn et coll. ont récolté de tels nodules dans 75 % des prélèvements effectués au filet à neuston. On a pu évaluer à 1 mg/m^2 la quantité moyenne de nodules contenue dans l'Atlantique et à 20 mg/m^2 celle de la Méditerranée (Morris, 1971).

Conséquences écologiques de la pollution de l'océan par le pétrole. — On dispose aujourd'hui d'un volume important de résultats expérimentaux sur les effets écotoxicologiques du pétrole. Ces derniers ont été obtenus soit en laboratoire sur des espèces isolées ou des communautés reconstituées artificiellement, soit dans des études synécologiques effectuées à la suite de naufrages de pétroliers ayant donné lieu à une importante pollution marine. Les naufrages du « Torrey Canyon » et plus récemment celui de l'« Amoco Cadiz » ont permis de recueillir de précieux renseignements sur les conséquences biocœnotiques de la pollution marine par les produits pétroliers (Smith, 1968).

a) **Effets sur le phytoplancton et les algues.** — Celle-ci exerce une influence néfaste sur la plupart des espèces phytoplanctoniques et sur les algues benthiques.

Le microplancton du groupe des Prasinophycées (*Halosphera* et *Pterospermma*), qui vit dans les couches superficielles de l'océan a été particulièrement affecté par les hydrocarbures lors de ce naufrage.

La plupart des espèces d'algues croissant dans la zone intertidale des côtes de Cornouaille souffrirent aussi beaucoup de la pollution par le « brut » et présentèrent une importante régression (fig. III-37). Toutefois, un repeuplement très rapide par certaines espèces, en particulier de *Fucus*, fut observé. On a d'ailleurs constaté un phénomène similaire en Californie où des *Macrocystis* se mirent à étendre rapidement la surface couverte par leur peuplement dans les mois qui suivirent une pollution accidentelle du littoral par des hydrocarbures.

En outre, des algues comme *Colpomenia peregrina* et des *Enteromorpha* sp., antérieurement absentes des zones contaminées, se mirent à pulluler à la suite du sinistre du « Torrey-Canyon ».

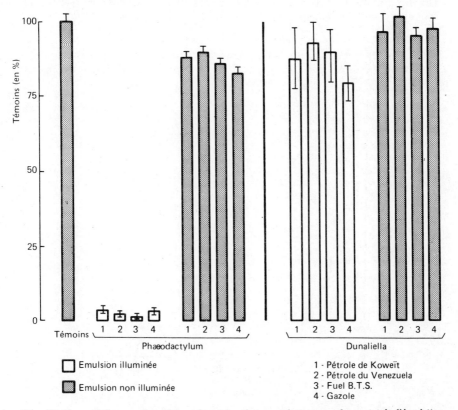

FIG. III-41. — *Influence des phénomènes de photo-oxydation sur la toxicité d'émulsions pétrole-dispersant pour des organismes phyto-planctoniques. Ces histogrammes figurent l'intensité de la production primaire, exprimée en % par rapport au témoin non traité. On constate qu'à la dose de 50 mg/l de dispersant, la production primaire de* Phaeodactylum *présente une inhibition quasi totale* (LACAZE, 1978).

La production primaire du phytoplancton est certainement diminuée par la contamination de l'océan par le pétrole et les effets phytotoxiques qui lui sont associés. Lacaze (1978) a montré que le pétrole diminuait dans d'importantes proportions la production primaire phytoplanctonique. Diverses expérimentations effectuées sur des communautés microplanctoniques, sur des phytoflagellés (*Phaeodactylum*, *dunaliella*) et sur des diatomées marines (*Amphora*, *Navicula*) ont révélé que la fixation photosynthétique du ^{14}C était significativement altérée à des concentrations inférieures à un ppm. En outre, la photoxydation d'émulsions de pétrole dans l'eau, obtenues par ajout d'un agent dispersant, produit des substances dont l'effet sur la production primaire est encore plus drastique (fig. III-41).

Cet auteur a mis aussi en évidence une atténuation significative de la productivité primaire dans une expérience de pollution d'une zone d'estuaire par du pétrole brut de Koweit. Alors que celle-ci est de quelque 20 mgC/m³/h dans l'écosystème témoin, elle tombe à 10 mgC/m³/h dans la zone contaminée après 24 h, et devient quasi nulle du 5e au 15e jour suivant la contamination. Un mois après le début de l'expérience, la productivité de cette zone est toujours significativement plus faible que celle du témoin (Lacaze, 1974).

b) **Effets sur le zooplancton.** — La pollution par le pétrole exerce aussi des effets sévères sur le zooplancton. On observa sa disparition complète des régions polluées par le « Torrey-Canyon » ; quelque 90 % des œufs pélagiques

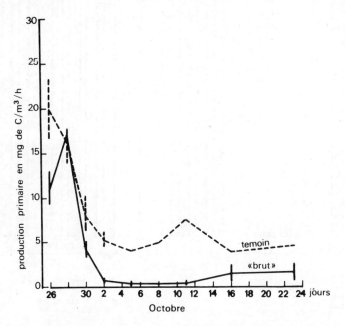

Fig. III-42. — *Influence de la contamination par le pétrole sur la production primaire marine.* La fixation de Carbone (en mg/m³/heure) a été mesurée dans deux zones d'estuaire voisines, l'une témoin, l'autre volontairement polluée au « brut » de Koweit, pendant la durée d'un mois. Les segments verticaux figurent la longueur de l'intervalle de confiance pour 95 % de sécurité. (D'après LACAZE, 1974).

de pilchards furent aussi tués dans les zones les plus fortement contaminées par le brut. Les alevins périrent en grand nombre. Il n'en subsistait pas plus de 5 individus pour 100 m³ d'eau alors que l'on en dénombrait plus de 1 individu par m³ dans les zones indemnes de pollution.

c) **Effets sur les animaux marins.** — Même s'ils n'en périssent pas, la contamination des poissons et autres animaux marins par les hydrocarbures présente de graves conséquences écotoxicologiques car elle concerne des chaînes alimentaires aboutissant à l'homme. N'a-t-on pas montré que le *Scomberesox saurus* ou balaou, espèce abondante dans les mers tempérées et de grande importance pour l'industrie de la conserverie, avalait, par suite de sa grande voracité les nodules bitumineux !

Les moules collectées sur le littoral au voisinage de régions industrialisées renferment aussi cinq à dix fois plus d'hydrocarbures que celles provenant de rivages réputés non pollués.

Le « goût de pétrole », même s'il ne rend pas le poisson directement toxique, empêche sa commercialisation et entraîne une perte économique incontestable au niveau des pêcheries victimes de cette pollution.

d) **Effets sur les oiseaux.** — Les oiseaux de mer paient un lourd tribut à la contamination de l'océan par les hydrocarbures. Les colonies de Laridés et d'Alcidés du Cap Sizun ont récemment encore été décimées par la marée noire de l'« Olympic bravery ».

Les procellaréiformes, les alcidés, les laridés, les Anatidés se posent dans les flaques de pétrole et souillent leur plumage de façon irréversible.

Les hydrocarbures, par suite de leur grande affinité pour les graisses qui imprègnent le plumage des oiseaux et le rendent hydrofuge, détruisent le matelas protecteur d'air dont le rôle isolant est essentiel à la lutte de l'oiseau contre le froid. Les oiseaux mazoutés périssent de congestion car ils ne tardent pas à se refroidir en son absence. A cela se surajoute une intoxication due à l'ingestion de pétrole par l'animal qui l'absorbe lors des plongées ou en essayant de nettoyer son plumage. Celle-ci se traduit entre autres effets par de sévères perturbations du système endocrinien, en particulier des glandes surrénales chez les oiseaux mazoutés.

Un effet indirect jusqu'à présent méconnu et aux conséquences préoccupantes de la pollution pétrolière tient en ce qu'en période de couvaison, les oiseaux de mer contaminés par le pétrole, même s'ils sont atteints de façon bénigne, souillent leur couvée. Il en résulte une mortalité embryonnaire importante et l'apparition de malformations chez les oiseaux issus d'œufs ayant été exposés à une contamination externe. Albers (1977, 1978) a mis en évidence expérimentalement de tels effets, lesquels peuvent se manifester à des concentrations aussi faibles que $5\,\mu$l/œuf chez le canard col-vert et $20\,\mu$l/œuf chez l'eider (*Somateira mollissima*). Ce sont les embryons situés aux stades précoces du développement qui présentent la plus grande sensibilité.

Certains naufrages de pétroliers ont provoqué des pertes irréparables dans diverses colonies d'oiseaux marins. Celui du « Gerd Maersk », dans l'estuaire de l'Elbe en 1955, aurait fait périr à lui seul quelque 250 000 à 500 000 Macreuses noires (*Melanitta fusca*).

La régression de la colonie de macareux (*Fratercula arctica*) des Iles Scilly, où s'échoua le « Torrey-Canyon », est particulièrement spectaculaire. Elle comptait plus de 100 000 oiseaux en 1907 mais on n'en dénombrait plus qu'une centaine en 1967, après le naufrage de ce tanker !

Quant à la colonie de macareux des Sept-Iles, déjà fortement affectée par ce naufrage, elle ne comptait plus qu'une centaine d'individus de cette espèce après la catastrophe de l'« Amoco Cadiz », contre 6 000 en 1966 !

2º *Pollution par les détersifs*

Il existe plusieurs groupes chimiques de détersifs. On peut les répartir de façon simple en anioniques, non ioniques et cationiques selon la partie de la molécule douée de propriétés tensioactives.

Détersifs anioniques. — Les anioniques sont de beaucoup les plus employés en particulier dans les usages domestiques bien que les applications industrielles de certains cationiques soient aussi importantes.

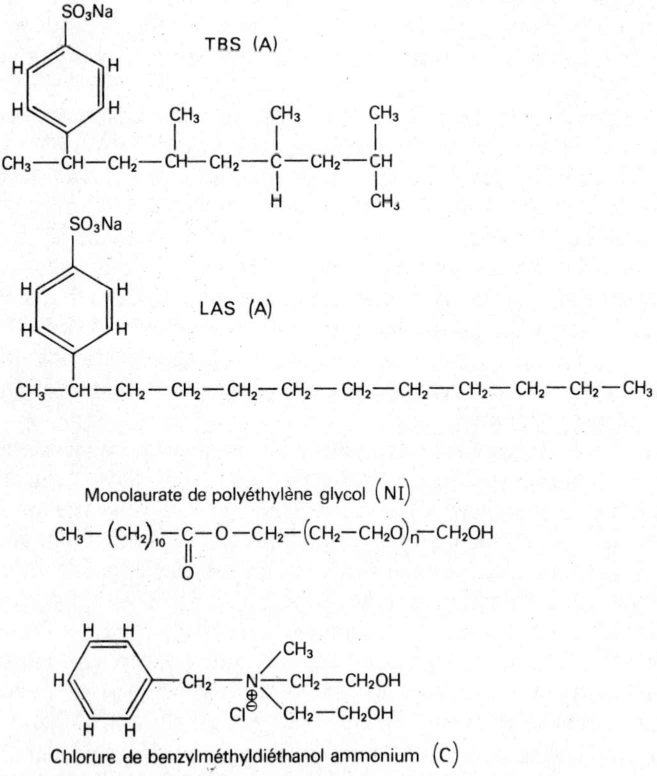

FIG. III-42. — *Exemples de structure moléculaire de quelques détersifs.* A = Anionique, NI = non ionique, C = Cathionique.

Parmi les détergents anioniques, on distingue toute une série de composés non biodégradables dont le plus connu est le tétrapropylène benzène sulfonate (TBS). Plus récemment a été faite l'obligation légale d'utiliser dans les mélanges commercialisés en France au moins 80 % de détersifs biodégradables. Ces derniers sont en règle générale des anioniques du groupe des alkylbenzène sulfonate linéaires (LAS).

La pollution des mers par les détergents provient de deux causes principales :

— *Le rejet des effluents urbains et industriels contaminés* par ces substances, soit directement, dans le cas des cités littorales, soit par l'intermédiaire des fleuves qui les charrient. Faut-il rappeler qu'aucune ville de la côte méditerranéenne française ne dispose encore d'une station d'épuration ? Une agglomération comme celle de Marseille, qui compte plus de 1,5 million d'habitants rejette directement ses eaux usées dans la mer, sans aucun traitement préalable, en plein milieu de la prestigieuse côte des calanques !

Bellan et Peres (1970) relèvent quelque 4 mg/l de détersifs au débouché du grand collecteur des égouts de Marseille et 0,1 mg/l à près de 10 km de son émissaire ! On note de même 1mg/l aux bouches du Lez, rivière languedocienne qui traverse Montpellier.

Fait étonnant et révélateur sur l'importance actuelle de la pollution de la mer par les détersifs non biodégradables, on a mis en évidence près de 1 mg/l de détersifs dans les eaux interstitielles des vases prélevées dans les fonds marins du golfe du Lion à quelque 50 km du delta du Rhône (Bellan, 1975).

— *L'emploi des détersifs comme dispersants ou émulsionnants du pétrole* pour combattre l'aspect (à défaut des effets) des marées noires provoque une pollution considérable de la mer. Le naufrage du « Torrey-Canyon », lors duquel plus de 10 000 tonnes de détergents furent répandues à proximité des côtes britanniques dans un vain effort d'atténuer les conséquences de la pollution par les hydrocarbures, attira l'attention sur l'action écotoxicologique de ces substances en milieu marin.

Effets des détersifs anioniques et non ioniques. — En effet, plus encore que le pétrole, les détersifs firent des ravages dans les peuplements d'invertébrés de l'étage infralittoral et du benthos. Aucun gastéropode (patelles, littorines), aucun lamellibranche de la zone intertidale ne survécut à leur action.

De même, les crustacés et les annélides errantes ou sédentaires, ainsi que les échinodermes, périrent en grand nombre à la suite de cet usage intempestif des détergents contre la marée noire.

Bellan et coll. (1972) ont fait une étude écotoxicologique approfondie de quelque 50 détersifs différents sur 9 espèces d'invertébrés de la Méditerranée. Les principaux résultats de leurs investigations sont réunis dans le tableau III-13.

La lecture du tableau précédent montre que les polychètes sont particulièrement sensibles aux détersifs, puis viennent par ordre de tolérance croissante les moules (*M. galloprovincialis*) puis les crustacés isopodes (*Sphaeroma*). Il apparaît aussi que les détergents non ioniques sont en moyenne deux fois plus toxiques que les anioniques. De plus leur CL 50 après 96 h est nettement moindre qu'après 24 h ce qui témoigne d'une toxicité plus rémanente dans l'eau que celle des anioniques.

Détersifs cationiques. — Fort heureusement moins utilisés, les détersifs cationiques sont beaucoup plus toxiques que les précédents pour les organismes marins. La CL 50 après 48 h pour l'Isopode *Sphaeroma serratum*, pourtant très tolérant aux détergents, est à peine comprise entre 0,1 et 0,5 mg/l !

Tableau III-14. — CL 50 DES DÉTERSIFS ANIONIQUES ET NON IONIQUES POUR QUELQUES INVERTÉBRÉS MARINS (D'après BELLAN et coll., 1972).

Détergents \ Espèces	Anioniques		Non ioniques	
Polychètes	CL 50 après 48 h	CL 50 après 96 h	CL 50 après 48 h	CL 50 après 96 h
Capitella capitata	1 à 10 mg/l	1 à 5 mg/l	1 à 5 mg/l	0,1 à 2,5 mg/l
Scolelepis fuliginosa	10 à 25	0,1 à 25	0,5 à 5	0,1 à 2,5
Lamellibranches *Mytilus galloprovincialis* d'eau pure d'eau polluée	> 800	5 à 25 5 à 25	1 à 25 1 à 25	0,5 à 5 0,5 à 5
Crustacés isopodes *Sphaeroma serratum*	> 800	10 à 800	10 à 100	5 à 50

Les intoxications à long terme avec les détersifs présents même à faible concentration dans l'eau de mer provoquent de graves troubles physiologiques chez les invertébrés.

Les annélides polychètes tubicoles ne peuvent sécréter leur tube à des concentrations comprises entre 0,5 et 100 ppm selon le détergent considéré.

Bellan et coll. (1971) constatent que 0,01 ppm d'un ester de polyéthylène glycol, détersif non ionique de très faible toxicité intrinsèque, suffisent pour ralentir la croissance et diminuer de façon significative la fécondité du polychète *Capitella capitata*.

Enfin, les détergents peuvent être associés à de profondes perturbations biocœnotiques. Arnoux et Bellan-Santini (1972) trouvent par exemple une bonne corrélation entre la concentration en détersifs anioniques des eaux côtières de la région marseillaise et la disparition ou l'intensité de la régression d'un peuplement d'une grande phéophycée d'eau pure *Cystoseira stricta* et l'ensemble de la zoocœnose qui lui est associée.

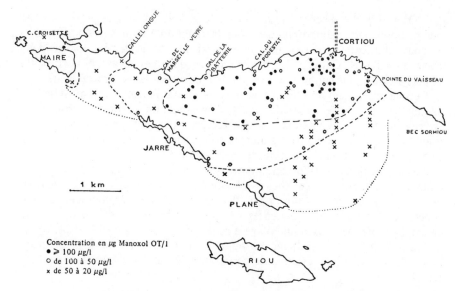

Fig. III-43. — *Corrélation entre la teneur en détersifs de la mer et l'importance de la régression du peuplement à* Cystoseira stricta *entre Marseille et Cassis.* On remarque une nette extension de la zone où le peuplement est altéré entre 1965 et 1970, — — — — extension de la zone polluée en 1965, - - - - - extension de la zone polluée en 1968, ... extension de la zone polluée en 1970. (D'après Arnous et Bellan-Santini, 1972).

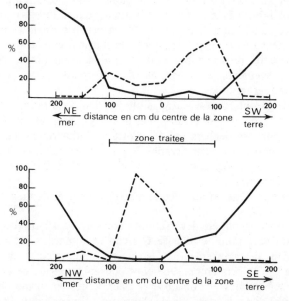

Fig. III-44. — *Effets d'un détersif utilisé comme agent dispersant du pétrole sur la faune interstitielle d'une plage de la mer d'Irlande.* Le pourcentage de survie (trait continu) et la morbidité (trait pointillé) ont été mesurés 28 jours après le début de la contamination. (D'après Bleakley et Boaden, 1974.)

L'utilisation des détersifs pour chasser le pétrole des plages présente aussi des conséquences catastrophiques pour la faune interstitielle.

Toute la méiofaune des rivages au substrat meuble fut détruite lors du naufrage du « Torrey-Canyon », à l'exception de quelques nématodes, de petits oligochètes et d'un spioniforme particulièrement tolérants aux détersifs.

Cependant, il semble que la structure physique particulière des substrats sablonneux atténue les effets des agents dispersants du pétrole par absorption de ces substances. Toutefois, les concentrations de 100 ppm, effectivement atteintes dans la lutte contre les marées noires sont capables de détruire après une semaine d'action l'ensemble de la méiofaune.

Bleakley et Boaden (1974) ont montré que la vitalité et la survie de représentants de cette faune interstitielle, l'archiannélide *Protodriloides symbioticus* et des Harpacticides, étaient fortement affectées par 15 jours de contact avec des concentrations égales ou supérieures à 10 ppm. Enfin, un an après le traitement de carrés expérimentaux d'une plage à raison d'un $1/m^2$ d'agents dispersants, la quasi-totalité de la méiofaune est toujours absente. La lenteur de la reconstitution de cette dernière résulte de la persistance des détersifs dans le sable (Fig. III-44, p. 175).

3º Pollution par les matières solides

L'océan constitue le lieu d'accumulation sinon le dépotoir de l'ensemble des déchets produits par la civilisation technologique. Les objets les plus divers, en particulier ceux fabriqués en matière plastique, quasi indestructibles, sont rejetés à la mer et s'accumulent sur les fonds proches du littoral. Certains d'entre eux flottent de sorte que les courants marins les entraînent vers les régions pélagiques les plus reculées qu'ils vont ainsi contaminer, comme l'ont montré des prélèvements effectués au filet à neuston lors de diverses campagnes océanographiques.

Plusieurs auteurs ont constaté la quasi-disparition de la faune et de la flore sur les fonds de la côte méditerranéenne, une des plus polluées du monde.

La pollution par des déchets solides d'origine industrielle peut présenter localement une importance considérable. Elle a ému en date récente l'opinion publique à la suite de la décharge de boues jaunes en Baie de Seine et de boues rouges dans la Méditerranée.

Cette pollution consiste en un rejet de matériaux pulvérulents généralement mêlés à l'eau douce.

Sur la côte française ont été déversées des boues rouges alcalines provenant de la fabrication de l'alumine dans le Canyon sous-marin situé au large de Cassis, à 350 m de profondeur. Ces boues sont rejetées à raison de 85 m³/heure depuis le printemps 1967. Les conséquences de ce déversement sont régulièrement suivies et l'on observe deux zones en forme de cônes de déjection, étirées dans le sens de la longueur ; l'une axiale, absolument azoïque, correspond au fond du Canyon sous-marin progressivement comblé par les boues, dans laquelle se retrouvent les tests morts des espèces peuplant les vases bathyales. L'autre zone, périphérique à la précédente, dite zone de dépôt, est le siège d'une sédimentation plus lente. La zoocœnose y est altérée. Elle comporte un certain nombre d'espèces caractéristiques des vases bathyales qui ont survécu à la pollution (*Abra longicallus, Golfingia minuta*) par exemple, des espèces vasicoles (*Lumbriconereis fragilis, Nucula sulcata*), enfin diverses espèces ubiquistes. Les limivores paraissent ingérer sans dommage les sédiments mélangés aux boues rouges et diverses polychètes en édifient leur tube (*in* Peres et Bellan, 1972).

Beaucoup plus nocives paraissent être les boues rouges acides déversées dans la mer Tyrrhénienne par la Montedison, au large de Livourne. Celles-ci proviennent des résidus de fabrication du bioxyde de titane. Elles contiennent un mélange d'acide sulfurique et de sulfate ferreux avec une proportion non négligeable de chrome, de vanadium et d'autres métaux toxiques résiduels.

Ces déversements se font en plein milieu d'une zone d'« upwellings », sur le plateau continental entre le cap Corse et la côte italienne ! Ici, les rejets s'effectuent à partir de la surface et concernent une zone de hauts fonds dont la profondeur atteint à peine 180 m. Dans les eaux superficielles, toute vie planctonique est détruite. Viale (1974) met en rapport les nombreux échouages de cétacés observés dans cette région de la Méditerranée, la plupart présentant des nécroses cutanées, avec la pollution par les boues rouges. Cet auteur (1976) a pu ultérieurement apporter la preuve directe des effets néfastes de ces rejets sur les cétacés. Elle a en effet mis en évidence la présence anormale de Titane dans le tégument d'individus provenant de la mer Tyrrhénienne. D'autre part cette pratique risque fort de se traduire par une scandaleuse contamination des chaînes trophiques marines intéressant des espèces d'intérêt économique eu égard aux quantités considérables de divers métaux lourds et autres éléments exotiques toxiques contenus dans ces boues rouges.

II. – POLLUTIONS CONCERNANT LES ÉCOSYSTEMES LIMNIQUES

1º Rejets des industries minières

Leur nature. — Les mines de fer et de charbon et diverses autres industries extractives déchargent dans les eaux superficielles une certaine quantité de résidus solides et les eaux de drainage de leurs galeries. Il en résulte une contamination des rivières et des lacs qui reçoivent ces effluents par des acides et divers sels minéraux. Ces derniers proviennent en grande partie de l'oxydation des pyrites par des facteurs physicochimiques et par l'intermédiaire de bactéries.

En conséquence, en sus de l'acide sulfurique formé, les eaux renferment divers sulfates, surtout de fer, d'aluminium, de magnésium et de calcium, provenant de la réaction du SO_4H_2 avec les métaux contenus dans les minéraux rejetés. De plus, ces eaux charrient de l'oxyde ferrique en suspension (Ocre) et de faibles concentrations de cuivre, nickel, zinc, etc. éléments doués tous d'une toxicité élevée...

L'importance des déversements effectués dans les eaux continentales par l'industrie minière est considérable. La plus importante mine de fer américaine rejetait chaque jour quelque 220 tonnes de déchets acides et sulfatés dans le lac Supérieur en 1974 !

En France, les potasses d'Alsace éliminent dans le Rhin 540 000 tonnes de chlorure de sodium sous forme de saumures concentrées. La pollution concomitante de la nappe phréatique (400 000 tonnes de sel par an) compromet en outre l'approvisionnement de Colmar. L'eau potable de cette ville renferme déjà 180 à 200 mg/l alors que le minimum décelable, au point de vue organoleptique est de 250 mg/l ! Par ailleurs cette pollution a provoqué le dépérissement de plus de mille hectares de forêts dans la plaine d'Alsace tandis que l'excessive salinité des eaux interdit toute nouvelle implantation industrielle dans la région !

Leurs conséquences. — La contamination des écosystèmes limniques par les rejets des mines pyriteuses est la cause de nombreuses nuisances.

L'ocre formé présente un pouvoir couvrant considérable, même à une concentration relativement basse de 1 g/litre. Il en résulte une nuisance esthétique car il s'accumule sur le fond et les rives qu'il colore et il opacifie les eaux en leur conférant une teinte caractéristique.

L'acidification des eaux, généralement associée à ce type de rejet, réduit aussi leur valeur d'usage. Même en son absence, leur contamination par des sulfates les rend impropres à de nombreuses activités industrielles et à la consommation, en particulier à cause de leur teneur excessive en magnésium. En outre, la présence de fer, d'aluminium et de magnésium dans ces rejets de mine exerce des effets néfastes sur l'ensemble des biocœnoses aquatiques. Nous avons déjà évoqué les effets de l'acidification sur le phyto et le zooplancton au sujet de la pollution par le SO_2.

A cette acidification se surajoute dans le cas présent l'influence toxique des cations précités.

Une concentration de fer aussi faible que 3 mg/l est suffisante pour empêcher la maturation des gonades et ralentir la croissance de *Gammarus minor* (*in* Glover, 1975). L'aluminium en solution ou sous forme de suspension néoformée est particulièrement toxique : une concentration de 1,5 mg/l est fatale à la truite commune (*Salmo fario*).

Enfin, ces divers cations ralentissent beaucoup la vitesse de la croissance des téléostéens d'eau douce, en particulier des Salmonides.

2º Pollution par les plombs de chasse

La chasse à la sauvagine contamine le fond des marais et autres zones humides par une quantité non négligeable de projectiles constitués par un alliage de plomb et d'antimoine, éléments hautement toxiques.

Dans une seule journée de la saison d'ouverture, si chacun des 2,4 millions de chasseurs français — effectif aberrant compte tenu des capacités cynégétiques du territoire national — tire une seule cartouche chargée de 32 g de plomb, cela correspond à 76,8 t de ce métal dispersées dans l'environnement ! Ces projectiles vont s'accumuler au fond des eaux, dépôt inoffensif pour les invertébrés et vertébrés dulçaquicoles par suite de leur insolubilité *quasi totale*. Mais en revanche, ces plombs constituent un danger mortel pour les oiseaux d'eau, en particulier les Ansériformes — canards, cygnes, bernaches, etc., qui à l'image de toute espèce avienne ingèrent des cailloux et divers objets durs dont l'accumulation dans le gésier favorise le broyage des aliments.

Les oiseaux qui absorbent ces plombs vont être rapidement atteints de saturnisme. L'étude de 35 500 Anatidés capturés et radiographiés à la Station biologique de la Tour du Valat (Camargue) montre que 40 % des cols-verts et 5 % des Sarcelles (*Anas crecca*) présentent un saturnisme plus ou moins grave (Hovette, 1972). Il s'ensuit une mortalité considérable dans les populations aviennes ainsi contaminées.

Davant (1975) a observé des cygnes sauvages morts de saturnisme dans la réserve de la Teich (Gironde) dont le gésier ne renfermait que quelques plombs. Chez certains canards plongeurs du groupe des Fuligules, il suffit de deux ou trois de ces projectiles pour faire périr l'oiseau !

Le saturnisme fait également des ravages dans l'avifaune nord-américaine. Dans la seule réserve de Rice lake (Illinois), Anderson (1975) signale la mort de 1 500 anatidés migrateurs au printemps 72. Sur 96 *Aythya affinis* analysés, 75 % avaient au moins un plomb dans le gésier et 36 % plus de 10. Ces oiseaux morts renfermaient en moyenne 46 ppm de plomb dans le foie !

3º Pollution par les détersifs

Les détergents synthétiques sont des mélanges complexes qui renferment en sus de la matière active douée de propriétés surfactantes (cf. p. 154), une charge de polyphosphates et plusieurs autres ingrédients : perborates, persulfates, agents « blanchissants », parfums, etc.

Les causes de pollution. — La pollution des eaux continentales résultant de leur usage se traduit donc non seulement par l'introduction dans ces dernières d'agents tensioactifs mais aussi de phosphates en quantité non négligeable. Aux effets écotoxicologiques des composés détersifs se surajouteront ceux provoqués par l'enrichissement artificiel des eaux en composés phosphorés. Bien qu'ils ne soient pas toxiques, ces sels minéraux nutritifs rejetés en excès dans les lacs vont provoquer de graves perturbations écologiques dans ces derniers, dont l'étude sort du cadre de cet ouvrage, que l'on dénomme dystrophisation.

La plupart des détersifs utilisés de nos jours appartiennent au groupe des Anioniques ou des non-ioniques. Toutefois, bien qu'ils soient proscrits des usages domestiques, les cationiques donnent lieu à de nombreuses applications industrielles.

L'obligation légale de biodégradabilité imposée dans la plupart des pays européens depuis la fin des années 60 a provoqué une diminution de la pollution des cours d'eau par ces substances. Actuellement, les eaux de surface titrent en règle générale moins de 0,1 mg/l de détersifs bien que des concentrations supérieures au mg/l soient toujours localement observées sur certaines rivières.

Leurs effets. — En milieu limnique, les détersifs exercent divers effets néfastes tant pour les microorganismes, que pour les végétaux et l'ensemble des zoocœnoses.

Leur présence ralentit la réoxygénation des eaux, phénomène d'autant plus gênant que la pollution organique importante de la plupart des fleuves des pays industrialisés provoque déjà une forte déplétion de la teneur en oxygène dissous.

La toxicité de divers détersifs, ou de leurs produits de biodégradation, pour les êtres vivants n'est pas toujours négligeable.

Plusieurs d'entre eux sont bactériostatiques et entravent l'action des bactéries auto-épuratrices des eaux tant dans les écosystèmes limniques que dans les lits bactériens des stations d'épuration !

Les animaux dulçaquicoles peuvent être intoxiqués par les détersifs aux concentrations effectivement atteintes dans les eaux continentales contaminées par ces substances.

Pour divers invertébrés limniques, en particulier les crustacés cladocères, les copépodes, et les gammarides, ainsi que pour les gastéropodes pulmonés, la CL 50 après 96 h est inférieure à la ppm avec certaines substances tensioactives (surtout des cathioniques).

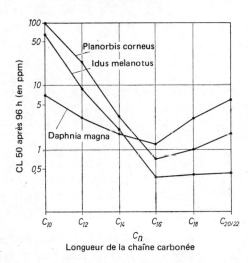

Fig. III-45. — *Influence de la longueur de la chaîne carbonée sur la toxicité de détergents cathioniques (chlorures de Triméthylammonium en Cn) pour divers animaux aquatiques.* (D'après KNAUF, 1973).

On a aussi pu montrer que la longueur de la chaîne aliphatique intervient dans la toxicité de la molécule détergente. Knauf (1973) a étudié divers alkylsulfonates et des détersifs cationiques dérivés du chlorure de Triméthylammonium. Avec ces derniers composés, la CL 50 après 96 heures est maximale pour une chaîne carbonée en C 10 et minimale (= Toxicité maximum) pour une chaîne carbonée en C 16.

De façon générale, la toxicité des détersifs pour la faune d'eau douce croît avec la température, conjuguant de ce fait ses effets avec la diminution du taux d'oxygène dissous.

4° *Pollution des eaux continentales par diverses matières organiques*

L'industrie chimique moderne rejette aussi dans les eaux continentales une grande variété de composés organiques. Parmi ces derniers les phénols (résidus de la pétrochimie) et les cyanures (métallurgie) soulèvent de redoutables problèmes écotoxicologiques eu égard à leur extraordinaire nocivité pour l'ensemble de la faune limnique.

Il ne nous est pas possible, à cause du volume limité de cet ouvrage, d'examiner plus en détail les conséquences écologiques de la contamination des eaux douces par ces substances.

CHAPITRE IV

POLLUTION NUCLÉAIRE

L'industrie nucléaire connaît aujourd'hui une expansion exceptionnelle. Par le passé, aucune technologie nouvelle n'a présenté une vitesse de croissance aussi rapide, surtout si l'on tient compte de l'échelle à laquelle s'effectue ce développement. Des marchés fabuleux s'ouvrent dans le monde entier pour répondre à l'importance des « besoins » ou plutôt à la boulimie énergétique des pays industrialisés.

La récente crise pétrolière et la pénurie prévisible en hydrocarbures fossiles dans un avenir qui n'est plus lointain ont donné un coup d'accélérateur fantastique aux programmes électronucléaires des pays occidentaux.

Bien que plusieurs autres alternatives eussent permis de répondre à la demande d'énergie dans les années passées, les pays européens ont en effet imprudemment fondé leurs approvisionnements énergétiques, et cela depuis parfois plus de quarante ans, sur la ressource à la fois la plus rare et la plus mal répartie : le pétrole. Même les États-Unis devraient importer à partir de 1985 de très importantes quantités de pétrole du Moyen-Orient s'ils veulent conserver le rythme de croissance énergétique qui fut le leur jusqu'en 1973...

Des prévisions faites en 1970 montrent que d'ici l'an 2015, la puissance nucléaire installée passerait dans le monde de 25 GW à 10 000 GW. En France, la croissance de l'électronucléaire devrait porter cette même puissance installée de 3,5 GW à 170 GW (el) d'ici l'an 2 000 (programme gouvernemental de fin 1973) c'est-à-dire qu'elle serait multipliée par 50 en 25 ans, soit un temps de doublement de quatre ans ! Selon les plans officiels, l'énergie nucléaire représenterait en l'an 2 000 la moitié de l'approvisionnement énergétique estimé alors à 650 megatec/an (1).

Plusieurs sujets de préoccupation peuvent apparaître face à de telles prévisions. Ils se rapportent en premier lieu au potentiel de pollution de l'industrie nucléaire, compte tenu des niveaux d'activité qu'elle atteindra bientôt, mais aussi à l'usage à des fins industrielles de zones initialement à vocation agricole ou halieutique affirmée. Parmi les nombreux problèmes d'écotoxicologie propres à l'énergie nucléaire on peut évoquer les questions suivantes : connaît-

---

(1) megatec = million de tonnes d'équivalent charbon.

on avec certitude les effets biologiques chroniques et à long terme des radiations ? A-t-on pris en considération avec toute l'importance qu'ils méritent les critères de protection de l'environnement à chaque étape du cycle du combustible et ne sous-estime-t-on pas les risques écologiques inhérents au problème des déchets, en particulier ceux associés à leur rejet dans les eaux continentales ou marines ?

Il est vrai que le problème de la pollution nucléaire n'est pas récent et qu'en conséquence les applications pacifiques de l'énergie nucléaire ne sont pas développées en l'absence de données radioécologiques.

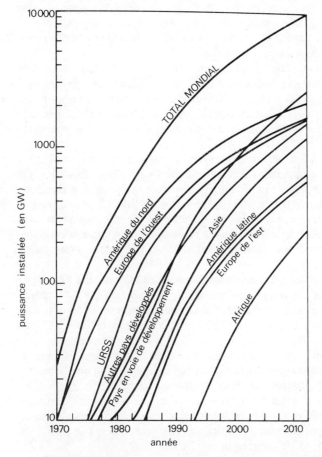

FIG. IV-1. — *Précisions sur la croissance du potentiel électronucléaire installé entre* 1970 *et* 2015 (selon l'AIEA Vienne, 1971).

Un savoir considérable a été accumulé sur ce sujet depuis près de 40 ans à la suite de la décision américaine, prise en 1941 de développer des armements nucléaires. Les explosions d'Hiroshima et de Nagasaki, les fréquents essais d'engins dits de dissuasion dans l'atmosphère, ont été source d'importantes pollutions radioactives qui ont donné lieu à de nombreuses études écologiques.

Mais avant d'aller au-delà dans cet exposé, il est nécessaire de rappeler les notions de base relatives aux effets biologiques des rayonnements.

A. — NOTIONS DE RADIOBIOLOGIE

La radioactivité met en jeu plusieurs types de rayonnements. On distingue des rayons α, noyaux d'Hélium ionisés, dont le pouvoir de pénétration est très faible et qui sont arrêtés par les couches superficielles de la peau, les rayons β qui peuvent traverser quelques cm voire quelques dm de tissus pour les plus pénétrants d'entre eux, enfin les rayons γ, de nature électromagnétique — et donc comparables aux rayons X — qui sont capables de traverser en certains cas plusieurs mètres de blindage au plomb !

Les diverses radiations dont nous venons de parler sont dites ionisantes parce qu'elles possèdent la propriété d'arracher les électrons aux couches périphériques des atomes et donc de les ioniser. Les ions ainsi produits, de haute réactivité chimique, peuvent modifier divers constituants cellulaires, provoquant par exemple la formation de peroxydes et d'autres composés cytotoxiques.

Une forte dose d'irradiation qui détermine l'apparition de nombreux ions, provoquera, à plus ou moins brève échéance la mort des cellules exposées. De plus faibles doses, supportées sans dommage apparent, peuvent tout de même induire des modifications structurales irréversibles de l'ADN (mutations).

Depuis ses lointaines origines, la vie terrestre a dû s'accommoder aux radiations ambiantes, en particulier lors du passage en milieu continental qui n'offre pas une protection comparable à celle d'un écran d'eau contre l'irradiation externe.

Il existe en effet dans les biotopes naturels une certaine quantité de rayonnements. Ceux-ci sont de nature cosmique ou proviennent des composés radioactifs naturels que renferme la croûte terrestre : uranium, radium, thorium, ainsi que divers radioisotopes d'éléments biogènes (^{40}K ou ^{14}C par exemple).

On dénombre au total une cinquantaine de radioisotopes naturels dans la biosphère. Comme tout corps radioactif, ils se désintègrent spontanément : leur masse décroît en progression géométrique en fonction du temps. On appelle *période* d'un radioélément le temps nécessaire pour que sa masse diminue de moitié. Celle-ci est des plus variables, elle est comprise entre la fraction de seconde pour les plus instables des corps radioactifs et plusieurs milliards d'années ($4,5 \times 10^9$ années pour ^{238}U).

La conséquence écologique de cette propriété tient en ce que la seule façon de faire disparaître la radioactivité est de laisser au radioisotope le temps de se désintégrer spontanément. En pratique, la lutte contre la pollution nucléaire ne pourra guère être que préventive, il n'existe aucune possibilité de biodégradation ou autre mécanisme qui puisse permettre d'éliminer ce genre de contamination du milieu naturel.

I. — IMPORTANCE ÉCOLOGIQUE DES DIVERS RADIOISOTOPES

1º Principaux types de radionucléides

Leur importance n'est pas comparable. On concevra aisément que les radionucléides à période brève, 2 jours par exemple, ne figureront pas parmi les plus dangereux car ils disparaîtront rapidement de l'environnement en cas de contamination. A l'opposé, des composés à très longue période seront également quasi inoffensifs car ils émettent une quantité de rayonnement très faible par unité de temps.

Les radioéléments les plus dangereux seront donc ceux dont la période sera de valeur moyenne, de l'ordre de la semaine, du mois ou de l'année car ils auront le temps de s'accumuler dans les divers organismes et les réseaux trophiques (cf. chapitre II, p. 67).

Par ailleurs, à niveau de contamination identique, les radioisotopes de constituants fondamentaux de la matière vivante (^{14}C, ^{32}P, ^{45}Ca par exemple) seront beaucoup plus redoutables pour les êtres vivants que d'autres éléments non biogènes, peu ou pas absorbés par les organismes.

Une autre catégorie de radioéléments est très dangereuse par ses propriétés écotoxicologiques. Il s'agit de ceux qui présentent des caractères chimiques analogues à celles de constituants fondamentaux de la matière vivante.

Ainsi, la similarité des propriétés chimiques du strontium avec le calcium, de celles du césium avec le potassium, rend le radiostrontium et le radiocésium, particulièrement redoutables. Le ^{90}Sr s'incorpore facilement dans le squelette des vertébrés par suite de sa parenté avec le calcium tandis que le ^{137}Cs, à l'image du potassium, s'accumule dans les muscles. Comme la période de ces radioéléments est d'une trentaine d'années, ils exerceront leurs effets néfastes pendant toute la durée de la vie des êtres humains contaminés.

2º Les modalités de contamination

Une autre différence fondamentale existe en radiobiologie entre les modes d'irradiation, liée *pro parte* au type de radioélément. On distingue *l'irradiation externe*, due aux rayonnements présents dans le milieu ambiant et *l'irradiation interne* consécutive à l'inhalation ou l'ingestion de radionucléides.

L'absorption de radioéléments biogènes ou de radionucléides de propriétés chimiques analogues est beaucoup plus dangereuse que celle de substances radioactives dépourvues de telles propriétés. Toutes proportions gardées, l'inhalation de ^{85}Kr, gaz rare radioactif chimiquement inerte, ou l'ingestion de thorium, actinide de fort poids atomique ne traversant presque pas la barrière intestinale, sont beaucoup moins dangereuses que l'inhalation de $^{14}CO_2$ ou l'ingestion de radio-iode qui se fixe en quelques minutes dans la thyroïde.

Toutefois, dans le cas d'une ingestion soudaine et accidentelle d'un radionucléide, il ne faut pas penser que la seule possibilité de décontamination de l'organisme tiendra en la désintégration radioactive de l'élément considéré. En effet, chaque corps simple possède une période biologique (Tb) qui lui est propre, liée à son turn-over biologique : l'apport alimentaire du carbone, de l'azote, du phosphore, etc. compense strictement chez l'adulte les pertes dues à la respiration et à l'excrétion. Si Tp est la période physique du radionucléide, la période effective Te de l'élément dans l'organisme considéré sera donnée par la relation :

$$\frac{1}{T_e} = \frac{1}{T_p} + \frac{1}{T_b} \quad (1) \quad \text{soit} \quad T_e = \frac{T_b \cdot T_p}{T_b + T_p} \quad (2).$$

L'activité radioactive globale d'un organisme contaminé au temps t, A_t, est donnée par l'expression :

$$A_t = ae^{-kt} \quad (3)$$

Tableau IV-1. — Principaux radioéléments d'importance écologique.

Groupe	Radioéléments	Période	Radiations émises		
			α	β	γ
A	Carbone (^{14}C)	5 568 ans		+	
	Tritium (^{3}H)	12,4 ans		+	
	Phosphore (^{32}P)	14,5 jours		+++	
	Soufre (^{35}S)	87,1 jours		+	
	Calcium (^{45}Ca)	100 jours		++	
	Sodium (^{24}Na)	15 heures		+++	+++
	Potassium (^{42}K)	12,4 heures		+++	++
	Potassium (^{40}K)	1,3 × 10^9 années		++	+
	Fer (^{59}Fe)	45 jours		++	+++
	Manganèse (^{54}Mn)	300 jours		++	++
	Iode (^{131}I)	8 jours		++	++
	Cobalt (^{60}Co)			+++	+++
B	Strontium (^{90}Sr)	27,7 ans		++	
	Cesium (^{137}Cs)	32 ans		++	+
	Cerium (^{144}Ce)	285 jours		++	+
	Ruthenium (^{106}Ru)	1 an		+	
	Yttrium (^{91}Yt)	61 jours		+++	++
	Plutonium (^{139}Pu)	24 000 ans	++++		++
C	Argon (^{41}Ar)	2 heures		++	
	Krypton (^{85}Kr)	10 ans		+	
	Xenon (^{133}Xe)	5 jours		+++	

Groupe A : Radioisotopes de constituants fondamentaux de la matrice vivante.
Groupe B : Produits de fission ou d'activation se formant dans les explosions nucléaires ou à l'intérieur des réacteurs de puissance.
Groupe C : Gaz rares radioactifs se formant dans les mêmes conditions que B.

où a est l'activité au temps origine, laquelle dépend de la quantité initiale du radioélément ingéré et de sa période Tp, et k représente une constante d'élimination propre à l'organisme considéré et liée à la période biologique de cet élément par la relation

$$k = \frac{\text{Log } 2}{T_b} \quad (4)$$

Toutefois, même un élément dépourvu de propriétés biogènes comme le ^{85}Kr ou le Plutonium peut soulever des problèmes radioécologiques s'il est libéré en quantité importante dans l'environnement et tel est actuellement le cas par suite de la croissance considérable de l'industrie nucléaire.

En effet, bien que le krypton 85 soit un gaz rare et donc dénué d'activité biologique, par suite précisément de son inertie chimique, il va s'accumuler dans l'atmosphère et pourrait provoquer des perturbations climatiques sérieuses en interférant avec les processus électrostatiques qui interviennent dans l'ionisation de l'air et les précipitations (Bœck, 1976).

3º Unités radiobiologiques

Afin de pouvoir comparer les effets des radiations ionisantes sur les individus, les espèces et les biocœnoses, il est nécessaire de disposer d'unités qui permettent d'évaluer le degré de contamination des diverses communautés et les quantités de radiations reçues par chaque organisme.

La plus ancienne unité de rayonnement est le *Curie* (C). Celui-ci correspond à la désintégration de $3,7 \times 10^{10}$ atomes par seconde, soit, avec une assez bonne approximation, à la quantité de radiations émises pendant ce laps de temps par un gramme de radium. Cette quantité est très considérable. Aussi, les radioécologistes ont-ils souvent recours au micro-curie (μc) soit 10^6 C, au nanocurie (millimicro-curie) soit 10^9 C (= nC), et au pico-curie (= pC) anciennement micro-micro-curie soit 10^{12} C.

Le *Rad* constitue l'unité fondamentale de la radiobiologie. Elle se définit comme la dose de rayonnement correspondant à l'absorption par l'organisme d'une énergie de 100 ergs par gramme de tissu.

Le *Rem*, unité dérivant du Rad, prend en considération un facteur de correction appelé efficacité biologique relative (EBR). Celui-ci tient compte de ce que l'absorption des radiations ionisantes par la matière vivante dépend de leur nature. Les rayons α, β, γ ou x, les neutrons, ne provoquent pas les mêmes effets à quantité d'énergie incidente égale. L'EBR d'un neutron thermique sera 10 fois supérieure à celle d'un rayonnement γ ou d'un rayonnement x de 320 keV, toutes choses égales par ailleurs.

Dans le cas où l'on se limite à des rayonnements électromagnétiques γ ou x de 320 keV, on peut écrire 1 rad = 1 rem.

II. — EFFETS BIOLOGIQUES DES RADIATIONS IONISANTES

Les cellules vivantes ne sont pas également sensibles aux radiations. En règle générale, les procaryotes sont beaucoup plus résistants que les eucaryotes. Toutes choses égales par ailleurs, ce sont les cellules à fort index mitotique qui présentent la plus grande sensibilité aux radiations.

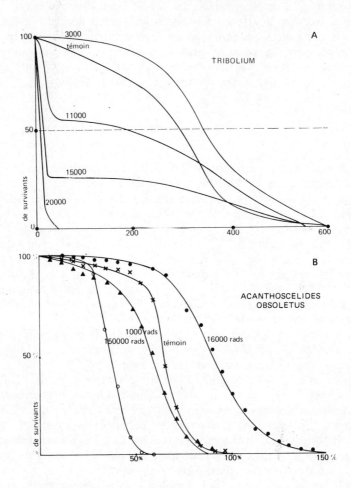

Fig. IV-2. — *Influence de l'irradiation sur la longévité des insectes.* En A sont figurées les courbes de survie d'un Coléoptère du genre *Tribolium* exposé à diverses doses, en B celles du Bruchide *Acanthoscelides obsoletus*. Dans un cas comme dans l'autre, on constate que les faibles doses accroissent significativement la longévité, à l'opposé de ce que l'on observe chez les homéothermes. Ce phénomène résulte d'un ralentissement du métabolisme chez les insectes irradiés (A d'après Cork, B d'après Echaubard *in* Ramade, 1978).

Les mécanismes biochimiques fondamentaux qui régissent l'action des radiations ionisantes au niveau cellulaire se rapportent à leurs effets sur les macromolécules d'Acides nucléiques. Les altérations chimiques de l'ADN qu'elles induisent expliquent comment l'irradiation peut être cause de mutagenèse et de carcinogenèse.

Toute modification dans la structure des bases entraîne une mutation du codon affecté. De même, la rupture pure et simple du squelette polydesoxyribose phosphate se traduit par l'apparition de mutations chromosomiques si elle affecte simultanément les deux chromatides.

1° Radiosensibilité des êtres vivants aux doses létales

Aux fortes doses, provoquant à brève échéance la mort d'une fraction des organismes exposés à l'irradiation, la courbe dose-réponse est du type sigmoïde avec seuil. On note de très fortes variations dans la radiosensibilité des êtres vivants selon leur position taxonomique.

La DL 50 consécutive à une seule irradiation est de l'ordre du million de rads chez les bactéries, de quelques centaines de milliers de rads chez les plantes vertes, de l'ordre d'une dizaine de milliers de rads pour les arthropodes et de quelques centaines de rads seulement chez les vertébrés homéothermes.

Il apparaît donc que la radiosensibilité des espèces vivantes est d'autant plus forte que leur degré d'évolution et la complexité de leur organisme sont plus grands.

Cependant, des écarts considérables peuvent s'observer à l'intérieur d'un même groupe systématique. La DL 50 de la Drosophile adulte est de 85 000 rads, celle de la mouche domestique seulement de 10 000 rads. Chez les arthropodes, les scorpions, certains coléoptères bruchides, possèdent une exceptionnelle résistance aux radiations avec une DL 50 de l'ordre de 150 000 rads.

A l'opposé, les oiseaux et les mammifères présentent une très forte radiosensibilité. La DL 50 de l'homme est de l'ordre de 500 rads si la mortalité est calculée dans le mois suivant l'irradiation. Une exposition à 100 rads ne provoque dans l'espèce humaine aucune mortalité immédiate mais une aug-

Tableau IV-2. — Effets des radiations ionisantes sur divers tissus de la truite arc-en-ciel *Salmo Gairdneri* (*in* Rice et Wolfe, 1971)

Stade du cycle vital	DL 50 (en rads)
Gamètes	50 à 100
Oeuf - première division de segmentation	58
Segmentation stade 32	313
Disque germinatif	460
Vésicule optique (selon stade)	410 à 900
Adulte	1 500

mentation significative du nombre de cas de cancer. En outre, cette irradiation induit une stérilité permanente chez la femme et 2 à 3 ans de stérilité chez l'homme.

Les tissus présentant la plus forte activité mitotique sont les plus sensibles, la radiosensibilité est maximale au niveau des gonades, des cellules embryonnaires, et de la moelle osseuse hématopoïétique (d'où par exemple mort par leucopénie d'une forte proportion des victimes d'Hiroshima et Nagasaki).

2° *Radiosensibilité aux doses infralétales*

L'exposition à des doses d'irradiation ne provoquant aucune mortalité immédiate se traduit cependant par un ensemble d'effets biologiques défavorables.

— L'irradiation diminue la vigueur physiologique des individus. Elle provoque une diminution du potentiel biotique, un ralentissement de la croissance, une atténuation de la résistance aux toxiques et de la capacité de défense immunitaire des organismes affectés.

— L'irradiation altère le génome de façon différée. Elle induit l'apparition de mutations défavorables, sublétales, qui se manifestent en seconde ou en troisième génération.

— L'irradiation est cumulative, il y aurait sommation d'effets irréversibles. Toutefois, cette cumulation ne serait pas absolue par suite de l'existence de mécanismes de restauration des acides nucléiques.

Effets de l'irradiation sur la longévité des organismes. — Si l'on étudie les effets de l'irradiation à doses qui ne provoquent pas à brève échéance la mort des individus, on constate qu'elle affecte la longévité des individus même si les organismes irradiés ne présentent pas d'effets létaux immédiats. En règle générale, la longévité est diminuée bien que chez certains insectes, les faibles doses d'irradiation puissent provoquer une augmentation de l'espérance moyenne de vie.

Chez l'espèce humaine, les enquêtes épidémiologiques ont montré que l'irradiation à doses sublétales provoquait une augmentation hautement significative de l'incidence des cancers.

Le rapport de l'Académie Nationale des Sciences Américaines (1972) fixe à 1 % l'augmentation du taux de cancers induit par l'irradiation de l'ensemble de la population américaine à une dose de 0,1 Rem/an (en sus de l'irradiation naturelle).

Effets sur le potentiel biotique. — Les doses sublétales affectent aussi le potentiel biotique des organismes irradiés. L'exposition répétée ou continue à des rayons ionisants provoque une diminution progressive du coefficient intrinsèque d'accroissement naturel (r). Marshall (1962) a étudié en détail ce phénomène dans une population de *Daphnia pulex* exposée en permanence à de faibles doses de rayons X.

La baisse du potentiel biotique qui en résulte provient non seulement du raccourcissement de la période de ponte causé par la moindre longévité des femelles, mais surtout de l'action stérilisante des radiations sur les gonades des deux sexes.

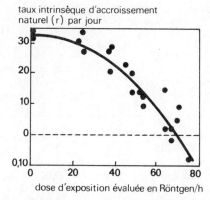

Fig. IV-3. — *Effets démoécologiques d'une irradiation continue d'une population de* Daphnia pulex *à de faibles doses de rayons X :* corrélation négative entre la dose d'exposition et le potentiel biotique. (D'après MARSHALL, Ecology, 1962, 43, p. 598.)

Il existe également de grandes variations dans la radiosensibilité des cellules germinales selon l'espèce considérée. Les doses radiostérilisantes sont comprises chez les arthropodes entre 1 000 et 80 000 rads. Elles s'élèvent à 96 000 rads chez le nématode *Ditylenchus dipsaci*, particulièrement radiorésistant.

A l'opposé, l'exposition à une centaine de rads est en général suffisante pour stériliser les mammifères et les oiseaux.

Tableau IV-3. — DOSES PROVOQUANT 100 % DE RADIOSTÉRILISATION CHEZ DIVERSES ESPÈCES D'ARTHROPODES.

Espèces	*Dose stérilisant 100 % des individus*
Icerya purchasi (Homoptère)	1 500 rads
Musca domestica (Diptère)	4 000 «
Drosophila melanogaster (Diptère)	16 000 «
Habrobracon sp. (Hyménoptère)	7 500 «
Lyctus sp. (Coléoptère)	32 000 «
Tyroglyphus farinae (Acarien)	50 000 «

Effets mutagènes. — Une des conséquences les plus préoccupantes de l'exposition à de faibles doses de radiations tient au pouvoir mutagène des rayonnements. N'oublions pas que les effets mutagènes sont non seulement cumulables au niveau de l'individu mais à celui de la descendance. Le taux de mutation chez un descendant de parents irradiés sera accru proportionnellement à la dose reçue par celui-ci au cours de sa vie. Dans ces conditions, un accroissement même minime du taux de mutation, qui passerait inaperçu à la première génération pourrait, s'il est maintenu en permanence, conduire à une catastrophe génétique dans un avenir imprévisible.

Divers experts ont calculé l'accroissement du taux naturel de mutation dans l'espèce humaine qui résulte de diverses sources technologiques d'irradiation.

Tableau IV-4. — Estimation du taux de mutation provoqué
dans l'espèce humaine par diverses sources d'irradiation

Cause de mutation	Dose d'irradiation annulée sur 30 ans	Taux de mutation provoqué sur cent naissances
Naturelles dont Radiations	3 rads	2 %
Retombées des expériences nucléaires	0,3 rad	0,02 %
Radiographie médicale	3 rads	0,2 %
Télévision	0,3 rad	0,02 %
Dose maximale d'irradiation « admissible »	5 rads	0,33 %

La prise en considération des risques inhérents à l'irradiation des populations humaines, en particulier ceux de mutagenèse avec leur corollaire, la carcinogenèse, a conduit les autorités responsables de l'hygiène publique à édicter des normes relatives aux doses maximales « tolérables » d'irradiation. Celles-ci ont été fixées à 5 Rems/an pour les travailleurs de l'industrie nucléaire (groupe dit de haut risque), à 0,5 Rem par an pour les « individus isolés » (sont par exemple considérés comme tels les habitants de localités sises au voisinage d'installations nucléaires). Enfin, cette même dose maximale réputée admissible est fixée à 0,17 Rem par an pour l'ensemble des populations humaines. Ces doses sont considérées comme venant s'ajouter à celles d'origine naturelle (Rayons cosmiques, radioactivité des roches, radioactivité des corps).

B. — CONSÉQUENCES ÉCOLOGIQUES DES RETOMBÉES RADIOACTIVES

1º La contamination de l'atmosphère

Le problème de la pollution radioactive est devenu préoccupant bien avant que ne se développe l'industrie nucléaire pacifique.

En 1962, année de la signature du traité d'interdiction des essais nucléaires dans l'atmosphère, les produits de fission de quelque 170 mégatonnes avaient déjà contaminé l'écosphère, soit l'équivalent de quelque 8 500 bombes de type Hiroshima. A cela doivent être ajoutés les rejets de gaz rares radioactifs et de Tritium par les usines de traitement de combustibles irradiés. Ne doivent cependant être pris en considération dans l'étude de la pollution de l'air que les radioéléments susceptibles de donner des retombées. Ainsi, pendant la période d'essais d'armements nucléaires 1954-1962, 9 mégacuries de ^{90}Sr et 14 mégacuries de ^{137}Cs furent libérées dans l'atmosphère. Ceci donnerait 24 millicu-

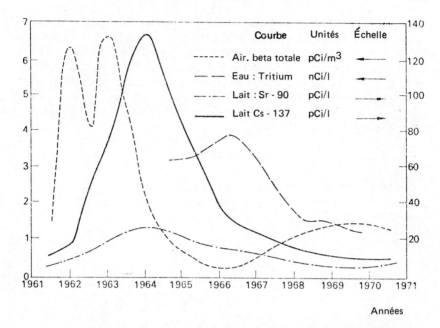

Fig. IV-4. — *Variation en fonction du temps de l'intensité des retombées radioactives sur le territoire des États-Unis au cours de la dernière décennie.* Les conséquences du traité de 1962 interdisant les essais d'armements nucléaires se traduisent par une décroissance progressive des retombées au-delà de 1965-66, précédée par celle de la radioactivité de l'air, dès 1963-64. (Source : US President's Council ou Environmental Quality, 1971.)

ries de ^{90}Sr et 39 millicuries de ^{137}Cs par km². En réalité, les résidus radioactifs se déposent de façon très irrégulière à la surface des continents et des océans. Environ 30 % de la quantité totale produite retombent au voisinage

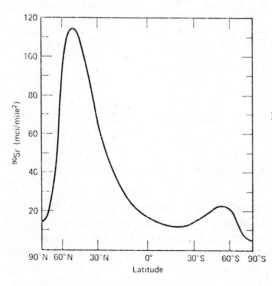

Fig. IV-5. — *Distribution en latitude des retombées de Strontium 90 en 1964.* Remarquer le pic entre le 45e et le 60e degré Nord, mais aussi la contamination de l'hémisphère austral où cependant aucune expérimentation d'armement n'a été pratiquée, conséquence des échanges de masses d'air entre les deux hémisphères. (D'après LIST et coll., 1965.)

immédiat du lieu de l'explosion. Le reste, introduit dans la troposphère et même dans la stratosphère ne retournera que très lentement à la surface du sol. Nous pouvons voir sur la fig. IV-5 que les retombées sont maximales dans les zones comprises entre les 40ᵉ et 60ᵉ degrés de latitude Nord. En certaines zones de la CEE, les retombées atteignirent en 1963 quelque deux curies par km², c'est-à-dire une valeur cinquante fois supérieure à celle que le calcul laissait prévoir à partir d'une répartition uniforme de l'ensemble de la biosphère.

2⁰ Les retombées

Les précipitations ramènent à la surface du globe les déchets radioactifs dispersés dans l'atmosphère. Ils pénétreront dans les sols et les eaux puis seront incorporés à la biomasse.

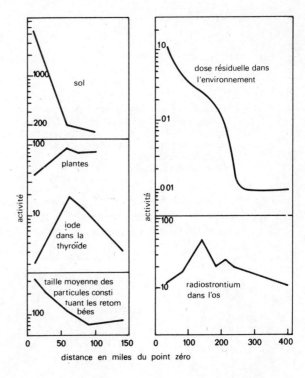

Fig. IV-6. — *Corrélation entre la distance au point zéro* (polygone de tir du Nevada) *et l'intensité de la contamination radioactive des biotopes et de la biomasse.* (D'après NISHITA et LARSON *in* ODUM, 1970).

3⁰ Contamination des écosystèmes terrestres

Incorporation des chaînes trophiques. — La rétention par les sols des radio-éléments les rend en partie indisponibles pour les végétaux. Cependant, une fraction d'entre eux passe dans les plantes par translocation radiculaire. Par ailleurs, la biomasse végétale peut aussi être contaminée par pénétration transfoliaire.

Il va résulter de tout cela un phénomène d'amplification biologique de la pollution radioactive dans les chaînes trophiques. L'alimentation humaine va se trouver contaminée à divers degrés, et de façon parfois importante dans le cas des produits de l'élevage, par suite du passage du ^{90}Sr et de ^{131}I dans les produits laitiers et du ^{137}Cs dans le lait et la viande. Bien qu'une fraction majeure de la plupart des radioisotopes soit retenue au niveau des producteurs primaires et autres maillons inférieurs des chaînes trophiques, cela n'empêche pas que des quantités importantes en valeur absolue atteignent les niveaux trophiques supérieurs.

En définitive, la chaîne alimentaire :

$$\text{sols} \rightarrow \text{herbages} \rightarrow \text{animaux domestiques} \begin{matrix} \nearrow \text{lait} \searrow \\ \searrow \text{viande} \nearrow \end{matrix} \text{homme}$$

s'est avérée très vulnérable à la pollution par les retombées radioactives.

a) **Exemple des Lapons.** — Nous avons déjà évoqué la contamination de la nourriture des peuples arctiques. Ajoutons que les lichens peuvent incorporer les 95 % de la quantité totale des retombées qui les ont contaminés. Comme les rennes (dénommés Caribous au Canada) se nourrissent presque exclusivement de lichens en hiver, la chaîne trophique des Lapons, esquimaux et divers peuples arctiques du Nord de l'URSS, présente un niveau de contamination d'autant plus élevée qu'ils vivent en outre à des latitudes où l'importance des retombées est maximale. Comme la ration d'un homme adulte comporte jusqu'à 6 kg par semaine de viande de renne, la charge corporelle de ces popu-

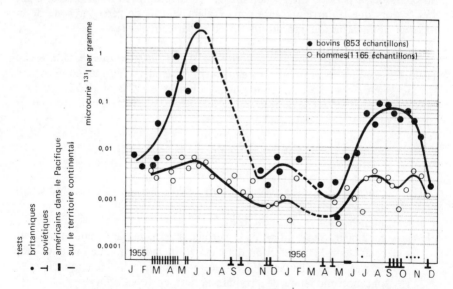

Fig. IV-7. — *Corrélation entre les dates d'expériences d'armements nucléaires dans l'atmosphère, l'importance de la contamination de la thyroïde des bovins et celle de l'homme par la radio iode.* Remarquer le très faible décalage existant entre les pics « bovins » et les pics « homme » de ces courbes, témoin de la grande vitesse de transit de ^{131}I dans les chaînes trophiques. (D'après COMAR et coll., *Science*, 126, 1957, p. 17.)

lations peut atteindre une concentration en ^{137}Cs ou ^{90}Sr cent fois supérieure à celle des habitants des régions tempérées.

b) **Le cas de la radio-iode.** — Il existe une remarquable corrélation entre l'intensité de la pollution radioactive de l'air, la date des essais et l'importance de la pollution des aliments par les radionucléides. Le décalage existant entre le maximum de contamination de l'air et celui des produits animaux (lait par exemple) provient du laps de temps nécessaire pour que les retombées du sol atteignent leur valeur maximale (fig. IV-4).

Le cheminement des radionucléides dans les réseaux trophiques est très rapide. Un des plus dangereux produits de fission, l'iode radioactif, peut passer en quelques jours dans les produits laitiers puis dans la thyroïde des humains. L'étude de la corrélation entre les expériences de bombes nucléaires dans l'atmosphère et la contamination de la thyroïde des bovins et de l'homme par ^{131}I a démontré la grande vitesse à laquelle s'effectue ce passage. Les follicules thyroïdiens, grâce à une haute perméabilité sélective de leurs cellules et un phénomène de transport actif extraordinairement efficace accumulent dans leur colloïde en quelques heures la majorité de ^{131}I qui a pénétré dans l'organisme !

L'incorporation de la radio-iode dans la thyroïde constitue un phénomène extrêmement rapide et sensible dont les effets se manifestent même dans des régions situées fort loin des zones de tir d'armes nucléaires. Ainsi, une augmentation importante de la terreur en iode 131 du lait et de la thyroïde des bovins a été décelée en France, à la suite d'une expérience nucléaire chinoise, au cours de la période du 15 octobre au 15 décembre 1976 (Morre et coll., 1977) alors que les niveaux antérieurs étaient voisins de zéro par suite de la mise en application du moratoire soviéto-américain de 1963.

Modèles mathématiques permettant l'évaluation de la contamination. — Le cheminement du ^{90}Sr et du ^{137}Cs a également été étudié avec soin compte tenu de leur grande nocivité radiobiologique. Robinson et Wilson (1973) ont proposé la formule suivante pour calculer le niveau de contamination du corps humain par ces dangereux radionucléides.

$$CB = \frac{R \text{ (UAF) } f_M \text{ I } f_B}{\lambda_p \text{ m } \lambda_B} \qquad (5)$$

où C_B = concentration du radionucléide dans l'organe de référence du corps humain (en µc/g)

R = intensité des retombées en μc/m²/j

UAF = coefficient d'utilisation de la surface d'herbage par bovin en m²/jour

f_M = coefficient de transfert du lait c'est-à-dire la fraction de radionucléide ingérée journellement qui est sécrétée dans le lait (en jour/litre)

I = ingestion moyenne de produits laitiers en litres/jour

f_B = fraction de la quantité de radioisotope atteignant l'organe de référence

λ_p = constante d'élimination effective de la plante (par jour)

m = masse de l'organe en grammes

λ_B = constante d'élimination effective de l'homme (par jour)

Connaissant C_B, on peut ensuite calculer le taux d'irradiation de l'homme exprimé en Rem/an (DR)

$$D_R = 1{,}85 \times 10^4 \: E \: C_B \qquad (6)$$

où E = énergie de désintégration effective (en Mev)

4° Contamination de l'océan

L'océan mondial a été lui aussi fortement contaminé par les retombées radioactives. On a pu mettre en évidence un important accroissement de la concentration en ^{14}C dans les premiers 300 mètres au-dessous de sa surface. On observe le même gradient vertical de concentration du ^{137}Cs et le ^{90}Sr.

Il apparaît donc que la contamination par les retombées affecte surtout pour l'instant les couches superficielles de l'océan. Notons cependant que Broecker et coll. (1966) décelaient dans les eaux abyssales de l'Atlantique, à 4 330 m de profondeur, des concentrations détectables en ^{90}Sr et ^{137}Cs ce qui prouve que la circulation verticale dans l'océan est beaucoup plus rapide qu'on ne le croyait. Les plus grandes réserves s'imposent donc sur les techniques d'immersion de déchets dans les fosses abyssales.

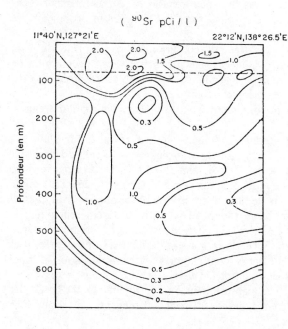

Fig. IV-8. — *Répartition du ^{90}Sr dans l'océan pacifique entre les 11ᵉ et 22ᵉ degrés N et les 127ᵉ et 138ᵉ degrés Est (transect passant par l'Atoll de Bikini). Le pointillé marque la position du thermocline. Ces mesures, faites en Mars 1955 montrent un net gradient vertical avec une contamination détectable dans les premiers 600 m de profondeur (in* MIYAKE, *1971).*

La biomasse océanique est également contaminée par les retombées des expériences nucléaires. Cette pollution s'est étendue à plusieurs milliers de km des îlots sur lesquels avaient été effectués des essais d'armements atomiques.

L'explosion de la première bombe thermonucléaire à Eniwetok en 1953 conduisit à une pollution de l'ichtyofaune de toute la partie extrême-orientale du

Pacifique. Des bonites capturées dans les eaux japonaises présentaient une telle radioactivité qu'elles étaient inconsommables. Pendant plusieurs mois, toutes les pêcheries nippones furent contrôlées au compteur Geiger pour assurer la radioprotection des populations, et les poissons d'activité supérieure à 100 coups par minute impitoyablement détruits.

C. — CONSÉQUENCES RADIOÉCOLOGIQUES DU DÉVELOPPEMENT DE L'INDUSTRIE NUCLÉAIRE

I. — RAPPEL : LE CYCLE DU COMBUSTIBLE

L'industrie nucléaire comporte une succession de phases obligatoires qui constituent le cycle du combustible. Celui-ci commence avec l'extraction du minerai. La seule matière fissile naturelle, ^{235}U, se trouve très diluée dans l'uranium naturel dont l'isotope principal est ^{238}U (une partie pour 140).

L'enrichissement, qui n'est pas indispensable au fonctionnement des réacteurs (cf. filières à l'uranium naturel) a pour but d'élever la proportion isotopique de ^{235}U.

La matière fissile ainsi préparée est conditionnée sous forme de « cartouches » ou « d'aiguilles » gainées avec des alliages présentant des caractéristiques neutroniques et thermiques convenables (« zircalloy » par exemple). L'ensemble de ces « éléments combustibles » constitue le « cœur » du réacteur de puissance. On en compte environ 40 000 dans le cas d'un réacteur PWR de 920 Mw el.

Bien qu'un ensemble de produits radioactifs soit rejeté sur le site d'une centrale électronucléaire — gaz rares dans l'atmosphère et effluents dilués provenant de l'épuration du circuit de refroidissement dans les eaux de surface — la partie la plus polluante du cycle du combustible n'est pas située au niveau du fonctionnement des réacteurs de puissance. Elle se place plus en aval, à partir du moment où les combustibles irradiés seront extraits du réacteur pour être traités dans des usines spécialisées. En effet, après un certain temps de séjour en pile et au mieux lorsque 75 % de la matière fissile a été désintégrée, il est nécessaire de retirer les éléments combustibles parce qu'ils sont « empoisonnés » par des produits de réaction (1) divers et aussi pour en extraire le Plutonium qui s'est formé par capture neutronique à partir de ^{238}U. Ce dernier, outre ses usages militaires, est un élément indispensable au fonctionnement des surrégénérateurs.

---

(1) Il se forme des éléments neutronophages qui font diminuer le rendement du réacteur, le taux de formation de ^{236}U, non fossile, s'élève, etc.

C'est donc au niveau des usines de traitement des combustibles irradiés (type La Hague, en France, par exemple) qu'apparaîtront les difficultés principales.

Celles-ci vont être amenées à séparer de la matière fissile résiduelle les divers « déchets » radioactifs. Ces derniers comporteront toute une série de radionucléides.

— Produits de fission, provenant de la désintégration de l'atome d'uranium, groupés autour de deux pics correspondant aux masses atomiques 90 (^{90}Sr, ^{85}Kr par exemple) et 130 (^{131}I, ^{133}Xe, ^{137}Cs par exemple)...

— Produits d'activation, dus à l'irradiation par des neutrons thermiques des divers matériaux intervenant dans la construction du réacteur (^{54}Mn, ^{60}Co par exemple).

— Matières fissiles surtout constituées par des résidus de plutonium provenant lui-même de ^{238}U par capture neutronique. En effet, aucune technique de récupération n'étant efficace à 100 % on évalue à 1 % environ la quantité de plutonium subsistant dans les déchets de traitement. En outre, ces résidus renferment divers transuraniens (americium, curium, etc.), émetteurs α à période longue, comme le ^{239}Pu (période 24 000 ans !).

II. — LA POLLUTION AU NIVEAU DES USINES ÉLECTRONUCLÉAIRES

1° *Les causes de pollution radioactive*

Un réacteur à l'eau légère de type PWR est source d'une pollution significative des eaux et de l'atmosphère. En effet, les ruptures de gaines sont assez fréquentes dans ce type de centrale électronucléaire. En conséquence, l'eau du circuit primaire de refroidissement se chargera de nombreux produits de fission ainsi que de produits d'activation formés par irradiation des structures métalliques du réacteur ou à partir des impuretés qu'elle contient.

Il se forme en particulier une quantité importante de tritium par réaction ternaire à partir du bore contenu dans le circuit primaire et aussi par activation de l'hydrogène et du deutérium.

Dans ce type de réacteur, la contamination du circuit primaire est aggravée par le fait qu'il ne se recharge qu'après arrêt, une fois par an. Aussi, les ruptures de gaines se traduisent-elles par une intense pollution du circuit primaire puisqu'on ne peut extraire des éléments combustibles défaillants d'un réacteur en marche.

En conséquence, malgré le traitement préalable des effluents du circuit primaire destiné à retenir la plupart des radionucléides qui le contaminent, on est contraint de vidanger de façon répétée une eau dont l'épuration n'est que partielle dans le fleuve voisin ou la mer.

2° *Nature et importance des rejets*

En définitive, les réacteurs à l'eau légère rejettent dans l'atmosphère et les eaux des quantités variables de radionucléides qu'il s'agisse de produits de fission tels les redoutables ^{131}I, ^{137}Cs ou ^{90}Sr, ou de produits d'activation (^{60}Co, ^{54}Mn ou ^{3}H). Le tableau IV-5 donne une estimation des quantités de radioéléments rejetés dans l'environnement par une centrale électronucléaire de type PWR de 1 050 Mw (el). On voit que celle-ci libère 5 620 curies de ^{85}Kr dans l'air et 4 000 curies de tritium dans les eaux, annuellement.

Il convient toutefois de noter que les rejets varient beaucoup d'un réacteur à l'autre en fonction des caractéristiques des installations d'épuration. Par ailleurs, les quantités libérées dans l'environnement sont en principe nettement inférieures aux doses maximales admissibles définies par la commission internationale de protection radiologique (CIPR). En France, la santé publique exige, en conformité avec ces normes, que les activités, après dilution des rejets dans l'eau des fleuves, n'excèdent pas 20 pc/l pour l'ensemble des émetteurs α β, β ɣ et ɣ purs et 1 000 pico-curies par litre pour le tritium décompté séparément.

Il reste à prouver que de telles normes puissent être effectivement respectées lorsque plusieurs PWR seront en fonctionnement sur le même site.

Tableau IV-5. — Principaux radionucléides libérés dans l'environnement par un réacteur a l'eau légère du type PWR de 1 050 mw (el)
(D'après Rice et Wolfe, *in* Hood, impingment of man on the Ocean, Wiley, 1971, p. 325)

	Effluents liquides
Isotope	Période	Quantité en μc/an	Isotope	Période	Quantité en μc/an
^{3}H	12,26 ans	4 x 10^9	^{133}I	21 heures	5,13 x 10^3
^{54}Mn	314 jours	9,7 x 10^1	^{137}Cs	32 ans	4,58 x 10^3
^{56}Mn	2,6 heures	2,64 x 10^1	^{140}Ba	12,8 jours	2,28
^{60}Co	5,2 ans	3,48	^{144}Ce	285 jours	7,82
^{90}Sr	28 ans	5,76			
^{91}Y	59 jours	2,11 x 10^1			
^{99}Mo	60 heures	1,25 x 10^4			
^{131}I	8 jours	6,61 x 10^5			
	Effluents gazeux				
Isotope	Période	Quantité en curies/an			
^{85}Kr	10,4 ans	5,62 x 10^3			
^{133}Xe	5,27 jours	1,58 x 10^3			

Ainsi, même s'il ne faut pas exagérer le problème du tritium car cet élément, semble-t-il, ne peut s'accumuler dans les chaînes trophiques, il n'est pas exclu qu'il ne devienne préoccupant si les centrales à l'eau légère devaient proliférer. Quelques centrales PWR construites sur le Mississippi à la fin des années 60 ont suffi pour faire croître très nettement la quantité de tritium contenue dans les eaux de ce fleuve. En 1968, celle-ci s'élevait à 2 000 pc/l contre 10 avant la construction de ces réacteurs (*in* Abrahamson, 1972).

De plus, on a pu démontrer que le tritium peut être incorporé dans les acides nucléiques sans difficulté lorsqu'il est absorbé par voie orale avec de l'eau ou des aliments contaminés (Kirchman et coll., 1973).

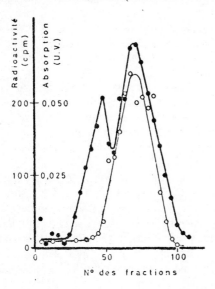

Fig. IV-9. — *Incorporation du Tritium absorbé par voie orale dans le DNA au thymus de veau.* Des animaux ayant absorbé des quantités prédéterminées de Tritium avec l'eau de boisson ont été sacrifiés et divers organes (Testicules et thymus en particulier) prélevés à des fins d'analyse. L'ultracentrifugation d'extrait de thymus de veau montre que le principal pic de radioactivité (cercles noirs) se superpose parfaitement avec celui du maximum d'absorption dans l'UV à la longueur d'onde caractéristique des acides nucléiques (cercles clairs). Ceci prouve l'incorporation du Tritium dans le DNA. (D'après Kirchman et coll., 1973).

Par ailleurs, toujours à cause des fréquentes ruptures de gaines, on estime à 0,1 curie par an la quantité de radio-iode rejetée sur le site de la centrale.

Notons qu'il est techniquement possible de construire dès à présent des centrales nucléaires dites « zero release ».

L'augmentation du prix du kWh entraînée par l'installation de dispositifs destinés à récupérer les effluents liquides et gazeux ne serait pas prohibitive et permettrait de lever les réserves justifiées qui pèsent sur le développement de ce type de réacteur par suite de leur potentiel de pollution des eaux.

III. — LA POLLUTION PAR LES USINES DE TRAITEMENT DE COMBUSTIBLES IRRADIÉS

1° Nature et importance

Quelles que soient les précautions prises au niveau des réacteurs de puissance, celles-ci ne font que différer la question des déchets qui se retrouvent inéluctablement dans la phase de traitement des combustibles irradiés.

On ne saurait en effet disjoindre à l'heure actuelle les activités électronucléaires des conséquences qu'elles impliquent en aval, même si le traitement des combustibles irradiés n'est pas placé sous la même responsabilité que celle chargée de la production de l'électricité.

La quantité de combustibles irradiés va devenir très considérable: celle-ci s'élève à 32 tonnes par an pour un réacteur PWR de 1 000 MW. On peut calculer qu'un programme de 50 GW (el) fondé sur l'usage de réacteurs à l'eau légere nécessitera le traitement de quelque 1 750 tonnes par an de tels combustibles (1). Le programme électronucléaire français nécessitera donc en l'an 2000 le traitement d'environ 5 000 tonnes par an de matériaux combustibles hautement radioactifs.

Tous les produits de fission, d'activation ainsi que les transuraniens vont donc se trouver à la sortie des opérations de traitement, destinées à récupérer les matières fissiles, dans les usines hautement sophistiquées où s'effectuent ces opérations.

Des gaz rares radioactifs : ^{85}Kr, ^{133}Xe et aussi divers isotopes radioactifs de l'iode, en particulier ^{129}I et ^{131}I seront rejetés dans l'atmosphère par ces usines de traitement des combustibles irradiés. Malgré toutes les précautions prises, il est en effet impossible de stocker la totalité de la radio-iode, bien que la plupart de la masse formée soit fort heureusement récupérée. Quant aux gaz nobles, ils sont alors rejetés *in toto* dans l'atmosphère.

Par ailleurs, ces usines déversent dans les eaux courantes des effluents liquides de faible activité à raison de plusieurs milliers de m^3 par jour. Il apparaît donc que le problème des déchets radioactifs représente sans doute la plus grave question d'environnement inhérente au développement de l'industrie nucléaire. Tant qu'il n'aura pas reçu de solution technique satisfaisante — certes en voie d'exploration — il faudra bien convenir qu'une hypothèque pèsera à long terme sur tout développement important de l'électronucléaire.

2º *Le problème des déchets radioactifs*

Le traitement de masses considérables de combustibles irradiés va conduire à la production de quantités très importantes de déchets.

Le tableau IV-6 représente les estimations faites aux États-Unis sur la croissance entre 1970 et l'an 2000 de la quantité de déchets produite par l'industrie électronucléaire.

On voit qu'à la fin du siècle, ce pays devra gérer une quantité cumulée de déchets équivalente à celle provenant de l'explosion de plusieurs millions de bombes de type Hiroshima !

La gestion d'une telle masse de déchets devra se fonder sur certains principes absolus :

Tout matériel radioactif étant biologiquement néfaste doit être isolé de l'environnement pendant plus de 600 ans, temps nécessaire pour que le facteur

---

(1) Puissance installée atteinte dès 1985 dans notre pays.

de décontamination atteint 10^6, dans le cas des éléments de période moyenne, de l'ordre de 30 ans.

Tableau IV-6. — CROISSANCE DE LA PRODUCTION DE DÉCHETS RADIOACTIFS PAR L'INDUSTRIE ÉLECTRONUCLÉAIRE DES ÉTATS-UNIS.

Production annuelle	1970	1980	2000
Puissance électronucléaire installée (en MW el)	11 000	102 000	1 090 000
Production de déchets de haute activité (en gallons/an)[1]	23 000	548 000	5 050 000
Volume cumulé produit (en gallons)	45 000	2 577 000	57 900 000
Quantité cumulée de produits de fission (en mégacuries)			
Strontium 90	15	805	16 000
krypton 85	1,2	96,6	1 722
tritium	0,04	3,2	53,4
Total pour l'ensemble des produits de fission (en gallons)	1 200	47 240	1 277 000
Total pour l'ensemble des produits de fission (en tonnes)	16	416	7 950

(1) Un gallon US = 3,785 litres.

En effet, pour que l'activité d'un radioisotope, donc sa masse, diminue de 10^6 fois, il faut attendre 20 périodes puisque $2^{-20} \# 10^{-6}$.

Dans le cas du césium 137, dont la période est de 32 ans, nous arrivons à 640 ans.

Pour le plutonium, dont la période est de 24 000 ans, on voit que les déchets contaminés par cette substance devraient de la même manière être isolés pendant 480 000 ans de la biosphère !

Comme le taux de production des déchets est proportionnel à la consommation de matières fissiles laquelle double tous les quatre ans à l'heure actuelle dans notre pays, aucune pratique d'élimination des déchets de faible niveau d'activité ne devrait être entreprise — en particulier le rejet d'effluents dilués dans les eaux — sans être certain que celle-ci demeurera sans risque quand le taux de rejet aura crû de plusieurs ordres de magnitude.

Enfin, aucun compromis entre la sécurité et la rentabilité économique ne saurait être toléré en ce domaine.

Actuellement, la solution qui paraît la plus sûre consisterait à stocker les déchets dans des mines de sel désaffectées. Notons toutefois que Weinberg et Hammond évaluent à 78 km^2 de mines par an la surface nécessaire au stockage des déchets produits par une puissance électronucléaire installée de 400 GW...

IV. — CONTAMINATION DES RÉSEAUX TROPHIQUES PAR LES RADIONUCLÉIDES LIBÉRÉS DANS L'ENVIRONNEMENT PAR L'INDUSTRIE NUCLÉAIRE

Si l'on excepte la pollution de l'air par le ^{85}Kr aux alentours des usines de traitement de combustibles irradiés, qui toutefois demeure inférieure aux seuils d'irradiation maximale admise par la CIPR, on doit considérer comme négligeable la pollution atmosphérique due à l'industrie nucléaire à l'heure actuelle.

1º Contamination des écosystèmes limniques et marins

Incorporation dans les chaînes trophiques. — En revanche, la pollution des eaux continentales et celle du littoral sont beaucoup plus préoccupantes et ont déjà donné lieu à des phénomènes d'accumulation de certains radionucléides dans les réseaux trophiques.

Tableau IV-7. — VARIATION DE LA RADIOACTIVITÉ (en pCi/kg de poids humide ou par litre) DES CONSTITUANTS DE LA MEUSE après la mise en service de réacteur de CHOOZ en avril 1967) (D'après MICHOLET-COTE, KIRCHMAN, CANTILLON et coll., 1973)

Constituants	Année de prélèvement	Radioéléments				
		^{54}Mn	^{60}Co	^{58}Co	^{137}Cs	^{90}Sr
Eau	1966	0	0	0	1,7	0,19
	1971	3	10	12,3	4,46	0,86
Boue sèche	1965	0	0	0	1 700	140
	1971	30 000	30 000	50 000	60 000	92
Mousses	1965	0	0	0	60	250
	1971	85 000	38 000	84 500	9 600	—
Animaux aquatiques (sauf poissons)	1965	7 000	0	—	100	900
	1971	67 200	5 800	9 120	1 000	—
Poissons	1965	—	—	—	65	19
	1971	122	28	250	8 200	74

a) **Contamination des biocœnoses limniques.** — En France, l'implantation sur la Meuse de la centrale nucléaire de Chooz (1967) s'est traduite par une contamination significative de la Meuse (Tableau IV-7) aussi bien de l'eau et des vases benthiques que de la biomasse.

La lecture du tableau IV-7 montre que dans ce cas précis, l'installation d'un seul réacteur de faible puissance (260 Mw el) a suffi pour dépasser de façon significative la radioactivité surajoutée aux eaux de surface (38 pc/litre contre 20 au maximum tolérée par la CIPR-tritium, exclu).

Fait plus préoccupant, des phénomènes de concentration biologique, consécutifs à cette contamination, ont provoqué une accumulation de divers isotopes dans l'organisme des poissons à un taux supérieur de 24 à 880 fois à celui auquel ils se rencontrent dans l'eau du fleuve (Tableau IV-8).

Cet exemple, et de nombreux autres, montrent que la sécurité apparente qu'apportent les normes de dilution inerte laisse subsister bien des incertitudes par suite de ces possibilités de concentration dans la biomasse.

Tableau IV-8. — RAPPORT DE CONCENTRATION DES POISSONS ÉVISCÉRÉS DE LA MEUSE ÉCHANTILLONNÉS EN 1971 (D'après MICHOLET-COTE et coll., 1973)
(Calculs basés sur la moyenne annuelle de concentration dans l'eau)

Espèces	Radioactivité des poissons / celle de l'eau de la Meuse					
	Radioéléments					
	^{90}Sr	^{134}Cs	^{137}Cs	^{54}Mn	^{58}Co	^{60}Co
Goujons	100	178	90	647	n.d.	96
	127	645	471	863		138
Brèmes	170	411	291	144	n.d.	86
Rousses	400	411	336	144	n.d.	39
Brochets	57	880	605	432	24	n.d.

b) **Contamination des biocœnoses marines.** — Les phénomènes de concentration des radionucléides dans la biomasse sont particulièrement préoccupants en milieu marin. Certains organismes océaniques présentent en effet de considérables capacités de reconcentration des éléments dissous dans l'eau et en outre, les chaînes alimentaires sont fort longues et les réseaux trophiques très complexes dans ces écosystèmes.

Sur le tableau IV-9 figurent les coefficients de concentration moyens estimés pour les principales catégories d'organismes marins. La lecture montre que la concentration croît lorsque l'on passe d'un niveau trophique au niveau immédiatement supérieur, en règle générale. Toutefois, dans le cas des radioéléments de très forte masse atomique, tels le radium ou le plutonium par exemple, la capacité de concentration biologique des organismes inférieurs est nettement plus forte que celle des espèces qui occupent les parties supérieures de la pyramide trophique (poissons par exemple) (fig. IV, 10).

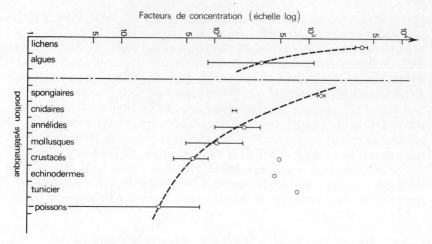

Fig. IV-10. — *Facteurs de concentration du Plutonium dans divers groupes taxonomiques* : lichens, algues et animaux marins (*in* colloque AIEA-AEC sur le Plutonium dans l'environnement, San Francisco, Nov. 1975).

Il en est de même pour certains radionucléides d'éléments biogènes et pour de nombreux autres radioéléments dont les propriétés chimiques sont voisines de celles de corps simples indispensables sur le plan métabolique. Dans un cas comme dans l'autre, on constate que le facteur de concentration (radioactivité de l'organisme/radioactivité de l'eau de mer) diminue lorsque l'on remonte l'échelle systématique depuis les algues jusqu'aux vertébrés.

Amiard (1978) a étudié la cinétique de l'accumulation de quelques radionucléides importants rejetés dans le milieu marin avec les effluents des usines de retraitement : antimoine 125, cobalt 60, strontium 90 et argent 110 m, dans des chaînes trophiques expérimentales. Il a précisé les modalités de transfert de ces radionucléides *via* l'eau ou la nourriture jusqu'à un organisme de niveau donné, ainsi que leur passage vers le niveau trophique supérieur.

Il a utilisé pour cela plusieurs types de chaînes trophiques benthiques, soit courte (annélide, crustacé ou annélide, poisson), soit longue :

Diatomée ⟶	mollusque ⟶	crustacé ⟶	mammifère
(*Navicula ramosissima*)	(*Scrobicularia plana*)	(*Carcinus moenas*)	(*Rattus rattus*)
n. t. I	n. t. II	n. t. III	n. t. IV

Amiard et Amiard-Triquet (1976 et suiv.) concluent de leurs propres expériences et des travaux de recherche effectués dans des laboratoires étrangers que l'on doit distinguer deux cas dans la contamination des réseaux trophiques marins par des radionucléides. Le premier correspond à celui des éléments pour lesquels existe un phénomène de focalisation (cas du ^{137}Cs et de certains métaux de transition), les concentrations s'accroissent considérablement quand on s'élève dans la pyramide écologique. Le second correspond à un nombre assez important d'éléments, tels le ^{60}Co, le ^{135}Sb, ^{110m}Ag pour lesquels il y a simplement transfert d'un niveau à l'autre de la chaîne trophique sans concentration, et qui constituent le cas le plus général.

Amiard (1978) observe qu'avec le cobalt 60 existent dans sa chaîne trophique longue des fluctuations relativement importantes de radioactivité de la nourriture ingérée sans que pour autant celle des organismes contaminés expérimentalement en soit affectée. Il n'y a donc pas de corrélation directe entre la quantité de ^{60}Co contenue dans un invertébré marin et celle présente dans son alimentation. On peut rapporter ce phénomène à une régulation de l'élément considéré, l'organisme animal ne retenant que les quantités nécessaires à son métabolisme et le reste n'étant pas absorbé, ou tout au plus stocké dans l'hépato-pancréas par exemple, avant d'être excrété.

Il faut néanmoins noter que, même dans les cas où il n'existe pas de focalisation biologique d'un élément, le facteur de transfert (F.T.) entre deux niveaux trophiques successifs demeurant inférieur à l'unité, le facteur de contamination de l'organisme considéré *via* l'eau de mer (F.C.) et par conséquent sa contamination globale (C) restent, eux, supérieurs à l'unité (fig. IV-11).

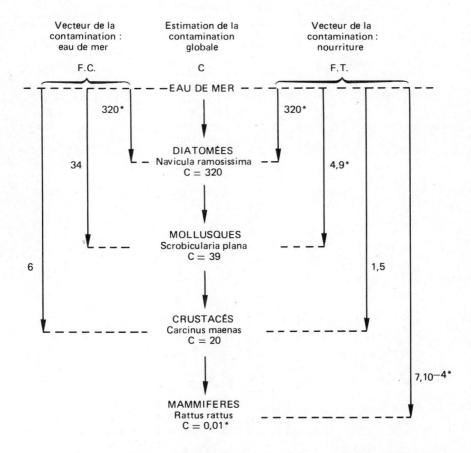

FIG. IV-11. — *Accumulation au cobalt 60 chez les organismes d'une chaîne trophique marine expérimentale en fonction des divers vecteurs de contamination.* (D'après AMIARD J.C. et AMIARD-TRIQUET C., 1977.)

Il faut également remarquer que la régulation physiologique de l'absorption d'un élément radioactif peut s'accompagner malgré tout de dommages dus à l'irradiation car les concentrations atteintes dans l'organe de stockage (foie, par exemple) correspondent à une irradiation interne importante. Soulignons pour terminer que, même si la concentration globale est décroissante au long d'une chaîne alimentaire, les doses d'irradiation subies par les organismes peuvent, elles, augmenter pour les espèces situées en fin de chaîne car la taille (donc la masse) croît en règle générale au fur et à mesure que l'on s'élève dans la pyramide écologique.

Tableau IV-9. — FACTEUR DE CONCENTRATION MOYEN POUR DIVERS RADIOISOTOPES D'IMPORTANCE BIOLOGIQUE DANS LE MILIEU MARIN
(D'après RICE et WOLFE, in HOOD *« Impingment of man on the ocean »* Wiley, 1971, p. 351)

Radionucléides	Algues	Crustacés	Mollusques	Poissons
^{3}H	0,90	0,97	0,95	0,97
^{7}Be	250	–	–	–
^{14}C	4 000	3 600	4 700	5 400
^{24}Na	1	0,2	0,3	0,13
^{32}P	10^4	2×10^4	6×10^4	$3,7 \times 10^4$
^{45}Ca	2	120	0,4	1,2
^{45}Sc	1 200	300	–	750
^{51}Cr	2 000	100	400	100
$^{54, 56}$Mn	3 000	2 000	10^4	1 000
$^{55, 59}$Fe	2×10^4	2 500	10^4	1 500
$^{57, 58, 60}$Co	500	500	500	80
^{65}Zn	10^3	2 000	$1,5 \times 10^4$	1 000
^{85}Kr	~ 1	~ 1	~ 1	~ 1
$^{89, 90}$Sr	50	2	1	0,2
$^{90, 91}$Y	500	100	15	10
^{95}Zr, ^{95}Nb	1 500	100	5	1
^{103}Ru, ^{106}Ru, ^{106}Rh	400	100	10	1
^{110}Ag	–	7	10^4	–
^{132}Te, ^{132}I	–	–	–	–
^{131}I	5 000	30	50	10
^{133}Xe	~ 1	~ 1	~ 1	~ 1
^{137}Cs	15	20	10	10
^{140}Ba, ^{140}La	25	–	–	8
$^{141, 144}$Ce	700	20	400	3
$^{185, 187}$W	5	2	20	3
$^{203, 210}$Pb	700	–	200	–
^{210}Po	1 000	–	–	–
^{226}Ra	1 000	100	1 000	–
^{239}Pu	1 300	3	200	5

Au contraire, pour les éléments biogènes tels le ^{32}P, le ^{14}C, le ^{55}Fe, par exemple, la concentration observée dans les Mollusques et les poissons est comparable voire supérieure à celle observée au niveau du phytoplancton.

On remarque aussi au bas du tableau IV-9 que contrairement à une opinion souvent répandue, le plutonium est capable de se concentrer dans la biomasse, avec un facteur moyen de concentration de 200 fois pour les mollusques et qui s'élève même à 1 300 fois dans le cas du plancton. On a pu récemment montrer que les plantes terrestres étaient aussi capables de concentrer le plutonium par translocation radiculaire.

Quelques cas de sous-estimation de pollution nucléaire. — La mésestimation de ces phénomènes de concentration biologique a donné lieu par le passé à quelques sérieuses méprises dans le domaine de la radio-protection des populations humaines.

Ainsi, sur la rivière Columbia, polluée par les réacteurs plutonigènes de Hanford, les consommateurs de poissons étaient exposés à des doses de ^{32}P 40 000 fois supérieures à celles observées dans l'eau du fleuve, ingérant de la sorte quelque 40 nanocuries de ^{32}P par kilogramme de poisson consommé et par an. Les pêcheurs et autres personnes à régime ichtyophage étaient ainsi exposés à 0,3 Rem par an, près du double du maximum admis pour les populations humaines (170 mRem).

Dans la même rivière Columbia, le taux de concentration du ^{32}P pour les oiseaux situés au sommet du réseau trophique était de 600 000 par rapport aux eaux fluviales.

Un autre exemple aujourd'hui classique de contamination de l'alimentation humaine par l'industrie nucléaire est celui de Windscale, en Grande-Bretagne : cette usine de traitement de combustibles irradiés rejetait du ^{106}Ru dans l'estuaire de la Blackwater, au pays de Galles, à raison de 2 000 curies par mois. L'eau de mer était contaminée par 80 pc/l. Plusieurs dizaines de milliers de Gallois consommaient une gelée dénommée « laverbread » fabriquée à partir de l'algue rouge *Porphyra umbilicalis* laquelle concentre le ^{106}Ru à un taux 1 800 fois supérieur à celui auquel il est dissous dans l'eau de mer. Certains gros consommateurs de cette gelée d'algue furent exposés à 1,6 Rem au niveau du rectum. A l'heure actuelle, malgré les normes restrictives prises depuis une décennie, les Gallois qui absorbent plus de 120 g/jour de cet extrait d'algue sont exposés à 5 fois la dose maximale admise pour l'ensemble des populations humaines par la CIPR (170 mrem/an).

2º *Contamination des agroécosystèmes*

Absorption par les végétaux. — Un autre aspect non moins préoccupant du rejet d'effluents liquides dilués se rapporte à l'usage des eaux continentales à l'irrigation des cultures.

En France, les agronomes s'inquiètent en particulier de l'usage des eaux du Rhône pour l'irrigation, la charge de pollution de ce fleuve ne pouvant que croître malgré toutes les précautions prises, par suite du grand nombre d'installations nucléaires existantes ou en construction tout au long de son cours (Bugey, Creys-Malville, Pierrelatte, Tricastin, Marcoule, etc.).

Les tableaux IV-10 et IV-11 montrent que l'irrigation par aspersion provoque aussi bien naturellement que dans des conditions expérimentales une contamination des cultures, mais aussi une pollution interne des végétaux par pénétration transfoliaire.

Tableau IV-10. — CONTAMINATION DES VÉGÉTAUX CULTIVÉS PAR L'IRRIGATION PAR ASPERSION DANS LA VALLÉE DU RHONE
(D'après BOVARD et coll., 1973).

Distance de Marcoule à la station (en km)	Activité totale exprimée en pc/kg poids frais					
	Pommes	Pêches	Raisins	Tomates	Salades	Épinards
0	1 500	2 100	1 700	2 600	—	3 300
10	990	1 800	1 400	1 900	8 500	5 200
20	1 000	2 400	1 200	2 100	3 600	5 600
50	800	1 250	—	3 000	—	3 200
76	1 200	1 700	1 400	2 100	6 400	—

Tableau IV-11. — TAUX DE TRANSFERT DU ^{60}CO DANS DES VÉGÉTAUX CULTIVÉS (contamination directe sous forme de chlorure de Cobalt), DÉTERMINÉ EXPÉRIMENTALEMENT (en pc/kg poids frais ; d'après DELMAS et coll., 1973).

	Eau déminéralisée	Eau de rivière
Salade	4,9	1,57
Haricot	10	3,5

Cette étude sur les cultures maraîchères et fruitières de la vallée du Rhône montre aussi que leur contamination est indépendante de la distance du centre nucléaire (Marcoule), elle ne provient pas de transport aérien des radionucléides mais de l'usage des eaux dans lesquelles les effluents sont dilués pour l'irrigation.

Élément fondamental, Bovard et coll. font remarquer ceci : bien que les concentrations relevées, en particulier pour le ^{137}Cs sont nettement inférieures à la CMA (1) de l'eau, ces valeurs sont nettement plus élevées que celles calculées sur modèles expérimentaux.

---

(1) CMA = Concentration Maximale Admissible.

On doit donc avoir quelque scepticisme pour l'exposition éventuelle de l'homme par voie alimentaire quand, avec l'expansion prévue de l'industrie nucléaire, les rejets auront crû de plusieurs ordres de magnitude.

Le tableau IV-11 p. 189 montre expérimentalement que cette contamination n'est pas seulement superficielle, due à l'aspersion des parties aériennes. Il se produit une pénétration des radionucléides dans les parties comestibles, associée à une concentration de ces derniers par rapport à leur taux de dilution dans l'eau.

Bovard et coll. précisent d'ailleurs que l'activité calculée de l'eau du Rhône au moment des rejets est au maximum de 7,3 pc/l en ^{137}Cs. La contamination de 1 Kg de denrées contaminées non lavées est donc équivalente à celle de 20 litres d'eau d'irrigation.

L'absorption radiculaire. — Mais il existe une autre voie de translocation encore plus préoccupante à long terme car capable de contaminer encore plus fortement les cultures à partir de sols pollués : l'absorption radiculaire.

Celle-ci est d'autant plus inquiétante que les sols peuvent absorber fortement, au moyen du complexe argilo-humique, certains ions dilués dans les eaux, en particulier le Sr_{++} et surtout le Cs_+.

En théorie, un gramme de smectite, argile dont le rôle est prépondérant dans la composition du complexe absorbant des sols peut retenir 6,3 curies de ^{137}Cs (*in* Guenelon, 1970) !

Les colloïdes minéraux du complexe argilo-humique peuvent donc fixer divers radioisotopes d'éléments biogènes à un tel degré qu'il peut en résulter une redoutable contamination des sols, même à partir d'eaux d'irrigation à très bas niveau de pollution.

Ces radionucléides seront ensuite absorbés par les plantes cultivées par translocation radiculaire.

A l'opposé, d'autres ions comme le ^{106}Ru, sont relativement mobiles dans les sols et peuvent diffuser horizontalement à plusieurs km d'un point de pollution, ou contaminer des nappes phréatiques profondes.

3⁰ Le problème de l'irradiation externe

Le rejet dans l'environnement de certains radionucléides, même s'ils sont chimiquement inertes, n'est pas dépourvu de conséquences écologiques.

En effet les « individus isolés », vivant au voisinage d'installations nucléaires, les travailleurs de cette industrie, et de façon plus générale l'ensemble des populations humaines peuvent aussi être soumis à une irradiation externe.

Tel est le cas des gaz rares radioactifs ^{133}Xe et surtout ^{85}Kr. Par suite même de leur absence de réactivité chimique, les gaz nobles, surtout le ^{85}Kr vont s'accumuler dans l'atmosphère, essentiellement par suite de leur rejet au niveau des usines de traitement de combustibles irradiés.

Dans le cas d'un complexe capable de traiter les éléments combustibles produits par une puissance installée de 50 GW par le procédé Purex, les émissions gazeuses et l'irradiation concomitante des populations vivant dans le voisinage sont résumées par le tableau IV-12.

Tableau IV-12. — (D'après BEAUJEAN et coll., 1973)

Radionucléides	^{3}H	^{85}Kr	^{129}I	^{131}I
Émission en C/an	$1,3 \times 10^6$	$2,7 \times 10^7$	73	$5,9 \times 10^3$
Exposition totale en mrem/an	77	328	$1,9 \times 10^4$	$8,6 \times 10^4$
Facteur de décontamination nécessaire	20	500		2 000

Compte tenu des recommandations de la CIPR, laquelle préconise une exposition maximale de 30 mrem/an pour les populations vivant au voisinage de telles installations, on constate que la quantité de radionucléides libérés conduirait à des doses d'irradiation supérieure.

Réaliser la relation :

$$D = D\;(^3H) + D\;(^{85}Kr) + 1/3\;D\;(^{129}I + {}^{131}I) = 30 \text{ mrem}$$

suppose des coefficients de décontamination assez élevés. Il ne semble pas que les méthodes de piégeage des gaz rares et du tritium puissent être applicables à une telle échelle dans un avenir prévisible.

Le krypton 85. — Considérons maintenant le devenir du ^{85}Kr lequel est systématiquement rejeté dans l'atmosphère de l'hémisphère nord. On doit envisager sa répartition uniforme dans la troposphère, entre 0 et 10 km d'altitude, compte tenu de sa longue période (10,76 ans), de son inertie chimique et des prévisions actuelles d'expansion de l'industrie nucléaire. L'irradiation des populations humaines par cet élément, en particulier, au niveau du poumon, s'accroîtra considérablement dans l'avenir.

Notons qu'une concentration de 1 pc/cm^3 de ^{85}Kr provoque une irradiation de l'ordre de 2 000 mrem/an de la peau, 20 mrem/an des gonades et est estimée de 14 à 23 mrem/an pour l'ensemble du corps [1].

---

[1] in Rowher, 1973.

La croissance de l'industrie nucléaire, si elle se prolonge sur les bases actuelles provoquerait en l'an 2000, un dépassement de la dose d'exposition de 30 mrem/an, considérée comme le maximum admissible en ce qui concerne l'irradiation par des radionucléides gazeux ; celui-ci concernerait l'ensemble des populations humaines (Coleman et Liberace *in* Cook, 1971).

Cas des personnels travaillant en zone active. — Mais parmi les divers groupes d'individus, il en est un qui est particulièrement exposé à la pollution nucléaire : celui des travailleurs de cette industrie. Pour ce dernier, la dose maximale admissible s'élève à 5 rem/an contre 0,5 rem pour les individus « isolés » (populations vivant au voisinage d'installations, consommateurs de pain d'algues au pays de Galles) et 0,17 rem/an pour l'ensemble de la population mondiale.

En effet, les travailleurs de cette industrie sont exposés directement aux risques d'irradiation, certains d'entre eux à l'inhalation d'aérosols de plutonium (2) etc.

En ce sens, l'accident survenu en 1974 à l'échangeur du réacteur PWR d'Indian Point 1 (560 MW) aux États-Unis, est des plus édifiants (Smith, 1974).

Une soudure a nécessité l'emploi de 2 000 soudeurs, tant le circuit primaire était contaminé dans ce réacteur à l'eau légère. Chaque ouvrier recevait en quelques minutes de séjour dans l'échangeur défectueux une dose de plusieurs Rems par suite de la présence de ^{60}Co à ce niveau.

La multiplication de ce type de réacteur ne manquera donc pas, à l'avenir, de soulever de délicates questions de radioprotection parmi les personnels appelés à assurer la maintenance de ces installations.

Les risques d'irradiation accidentelle ne sont pas non plus négligeables dans les usines de traitement de combustibles irradiés, en particulier quand des interventions d'entretien doivent être effectuées. La fermeture autoritaire des installations de la NFS, aux États-Unis, décidée par les autorités de contrôle (NRC) à la suite de mesures insuffisantes de radioprotection montrent que les problèmes posés par la sécurité du travail dans l'industrie nucléaire ne pourront que prendre de l'ampleur dans l'avenir, compte tenu de la croissance considérable qu'elle connaît actuellement.

---

(2) A la Cie Kerr Mac Gee, entreprise américaine extrayant le Plutonium des combustibles irradiés, on a dénombré 73 accidents d'inhalation sur 100 personnes travaillant dans cette usine d'avril 70 à août 74 !

CONCLUSION

Il apparaît à la lecture de cet ouvrage que nous avons limité notre exposé à la partie la plus classique de l'écotoxicologie, celle qui étudie les modalités de contamination de l'environnement par les substances toxiques et qui analyse les conséquences écologiques résultant de leur action.

Il en résulte une apparente contradiction avec la définition que nous donnons de l'écotoxicologie au début de cet ouvrage puisque celle-ci englobe l'étude de l'ensemble des agents polluants avec lesquels l'homme moderne contamine l'écosphère.

En réalité, de très stricts impératifs de limitation de volume nous ont contraint à éliminer de notre exposé divers problèmes importants : pollution organique des eaux, eutrophisation des lacs, pollution thermique, enfin interaction entre les polluants et les cycles biogéochimiques, quoique cette dernière question ait été partiellement évoquée au sujet de l'anhydride sulfureux.

On peut toutefois dégager dès à présent quelques conclusions d'ordre général malgré les importantes lacunes de notre exposé, dont nous sommes très conscient.

Tout d'abord, l'étude de l'écotoxicologie conduit à faire table rase de toute une série d'idées préconçues et de conceptions administratives étriquées propres à l'idéologie technocratique contemporaine.

Elle montre très vite l'inanité des notions de frontières politiques et la vacuité de la législation internationale face à des problèmes brûlants d'actualité (pollution de l'océan par le pétrole, transfert de polluants atmosphériques d'Europe occidentale en Scandinavie par exemple).

L'écotoxicologie nous enseigne aussi combien sont aléatoires les normes de dilution « inerte » édictées par les administrations compétentes : les phénomènes d'amplification biologique, trop souvent « omis » ont déjà pris en défaut la validité de tels critères (cas du mercure ou de la pollution des eaux par les radionucléides).

Enfin, l'écotoxicologie conduit à remettre en cause au travers de ses nombreux apports expérimentaux, le principe de l'élaboration et de la commercialisation à vaste échelle de substances non biodégradables.

Dès à présent, l'ensemble des pays industrialisés devraient harmoniser leur arsenal législatif afférant aux homologations de produits chimiques.

Ne pourraient faire l'objet d'une diffusion systématique que les substances de synthèse biodégradables et dont les produits de biodégradation seraient eux-mêmes inoffensifs.

Les tests d'impact écologique devraient être rendus obligatoires pour s'assurer, entre autres choses, avant l'homologation de tout nouveau produit, qu'il ne s'accumule pas dans les chaînes trophiques.

Enfin, ces mesures techniques devraient s'accompagner d'un changement radical sinon d'une véritable « mutation » dans l'état d'esprit des « décideurs ». Il serait grand temps que la voix des biologistes et plus particulièrement celle des écologistes soient entendues par les pouvoirs publics et les responsables de l'industrie si l'on veut conjurer ce fléau des temps modernes que représente la pollution de l'environnement.

BIBLIOGRAPHIE [1]

I. — *Ouvrages généraux*

BARBIER M. — *Introduction à l'écologie chimique.* Paris, Masson, 1976, 132 p.

BELLAN G. et PERES J. M. — *La pollution des mers.* Coll. « Que sais-je ? », P.U.F., 1974, 128 p.

O'BRIEN R. D. — *Insecticides : action and metabolism.* New York, Academic Press, 1967, 332 p.

CHADWICK M. J. et GOODMAN G. T. — *The ecology of resources degradation and renewal* 15e symp. de la Bristish ecological society. Oxford, Blackwell scientific publication, 1975, 480 p.

⟩ DAJOZ R. — *Précis d'Écologie,* Dunod, 1971, 434 p.

FERRY B. W., BADDELEY M. S. et HAWKSWORTH D. L. — *Air pollution and lichens.* The Athlone press, Université de Londres, 1973, 390 p. fig.

HARTUNG R. et DINMAN B. — *Environmental Mercury contamination* Ann. arbor science pub., 1972, 349 p.

HOOD D. W. — *Impingment of man on the ocean.* Wiley interscience, 1971, 738 p.

LAMOTTE M. et BOURLIÈRE F. — *Problèmes d'Écologie.* I : L'échantillonnage des peuplements animaux des milieux terrestres, Masson, 1969, 303 p.

LAMOTTE M. et BOULIERE F. — *Problèmes d'Écologie.* II : L'échantillonnage des peuplements animaux des milieux aquatiques, Masson, 1971, 294 p.

LEMÉE G. — *Précis de Biogéographie,* Masson, 1967, 358 p.

LENIHAN J. et FLETCHER W. W. — *The chemical environment* in Environment and man, vol. 6, Blackie éd., 1977, 163 p.

MATTHEWS W. H., SMITH F. E. et GOLDBERG E. D. — *Man's impact on terrestrial and oceanic ecosystems.* Cambridge Mass, MIT Press, 1971, 540 p.

MAC CORMAC B. M. — *Introduction to the scientific study of atmospheric pollution.* Dordrecht, Reidel, 1971, 169 p.

MUIRHEAD-THOMSON R. C. — *Pesticides and freshwater fauna.* Londres et New York, Academic Press, 1971, 248 p., fig.

PERES J. M. et coll., *La pollution des eaux marines,* Gauthiers-Villars, 1976, 240 p., 19 pl. HT.

PESSON P. et coll. — *La pollution des eaux continentales, Gauthier-Villars,* 1976, 285 p.

---

[1] La bibliographie sur laquelle s'est fondée la rédaction de cet ouvrage a été arrêtée en date du 1er décembre 1978. Par suite d'impératifs de limitation de volume du texte, nous n'avons pu citer dans l'appendice bibliographie que l'ensemble des publications sur lesquelles s'appuie sa rédaction, nous prions les auteurs dont nous avons été contraint d'omettre la référence de bien vouloir nous en excuser.

La rédaction de cet ouvrage a été achevée le 15 décembre 1978.

POLIKARPOV G. G. — *Radioecology of aquatic organisms.* North-Holland publishing company, 1966, 314 p.

⚹ RAMADE F. — *Éléments d'écologie appliquée.* Paris, Mac Graw-Hill, 1978, 2ᶜ éd., 576 p., 35 pl. HT.

SACCHI C. F. et TESTARD P. — *Écologie animale,* Doin, 1971, 480 p.

SIMMONS I. G. — *Ecology of natural resources.* Londres, Edward Arnold, 1974, 424 p.

SINGER S. F. — *Global effects of environmental pollution.* Dordrecht, Hollande, Reidel, 1970, 218 p.

SMITH J. E. — *« Torrey-Canyon »* : *pollution and marine life.* Londres, Cambridge U. P., 1968, 210 p., 39 fig.

TRUHAUT R. — *Écotoxicologie et protection de l'environnement.* Abst. Col. « Biologie et devenir de l'homme », Mac Graw-Hill - Édiscience, 1976, p. 101-121.

WATT K. F. — *Principles of environmental sciences.* Mac Graw-Hill, 1973, 320 p.

II. — *Publications originales et mises au point.*

ABRAHAMSON D. E. — *Ecological hazards from nuclear power plants.* In Farvar et Milton, « Careless technology », 1972, Natural History press.

ADVISORY COMMITTEE ON THE BIOLOGICAL EFFECT OF IONIZING RADIATION. — *Rep. on the effects on populations of exposure to low levels of ionising radiation.* Wash DC 20006, N. AC Science U.S., Nov. 1972, 217 p.

ALBERS P. H. — *The effects of petroleum on different stages of incubation in birds eggs.* Bull. Env. Toxicol., 19, 1978, p. 624-30.

ALMER B., DICKSON W., EKSTROM C. et Coll. — *Effects of acidification on Swedish lakes.* Ambio, 1974, vol. 3, n° 1, p. 30-6.

ALMER B. — *Försurningens inverkau pa fiskbersstand i västkustsjöar* (effets de l'acidification des eaux sur les poissons). Inf. Sötvattensbalrratonet Drottningholm, n° 12, 1972, 47 p.

AMES B. N., LEE F. D. et DURSTON W. E. — *An improved bacterial test system for detection and classification of mutagens and carcinogens.* Proc. Nat. Acad. Sci (U.S.A.), 70, 1973, p. 782-86.

AMES B. N., MAC CANN J. et YAMASAKI E. — *Carcinogens are mutagens : a simple test system.* Mutation Res. 33, 1975, p. 27-28.

AMES B. N. et Coll., *in* SARASIN A. — *Des tests simples pour détecter les cancérogènes.* La Recherche, Nov. 1975, n° 61, p. 974-976.

AMIARD J. C. — *Contribution à l'étude de l'accumulation et de la toxicité de quelques polluants stables et radioactifs chez des organismes marins.* Thèse de Doctorat es Sciences, Université de Paris-VI, 4 mars 1978, 147 p., 20 fig.

AMIARD-TRIQUET C. et AMIARD J. C. — *La pollution radioactive au milieu aquatique et ses conséquences écologiques.* Bull. écol., t. 7, 1976, n° 1, p. 3-32.

ANDERSON D. W., HICKEY J. J., RISEBROUGH W. L. et Coll. — *Eggshell changes in certain North American birds.* Leiden, Proc. XVth int. cong. ornithology, 1972, P. 514-40.

ANDERSON W. L. — *Lead poisoning in waterfowl at Rice lake, illinois.* Journ. wildl. manag. 39 (2), 1975, p. 264-70.

ARNOUX A. et BELLAN-SANTINI D. — *Relations entre la pollution du secteur de Cortiou par les détergents anioniques et les modifications des peuplements de* Cystoseira stricta. Tethys, 4, 1972, n° 3, p. 583-6.

AUBERT M., PETIT L., DONNIER B. et BARELLI M. — *Transfert de polluants métalliques au consommateur terrestre à partir du milieu marin.* Rev. Intern. Océanog. méd., 1973, 30, p. 39-59.

BÅGE G., CEKANOVA E. et LARSSON K. S. — *Teratogenic and embryotoxic effects of the herbicides di-and Trichlorophenoxyacetic acids (2,4 D and 2, 4, 5 T).* Acta pharmacol et toxicol. 32, 1973, p. 408-16.

BARROWS H. L. — *Soil pollution and its influence on plant quality.* Journ. Soil wat. conserv., 1966, vol. 21, n° 6, p. 211-6.

BEAMISH R. J. — *Loss of fish populations from inexploited remote lakes of Ontario, Canada as consequence of atmospheric fallout of acid.* Wat Res. 1974, 8, N° 1, p. 85-95.

BEAUJEAN M., BOHNENSTINGL J., LASER M. et coll. *Gaseous radioactive emissions from reprocessing plants and their possible reduction.* in Environmental behaviour of radionucleides released by nuclear industry AIEA, Vienne, 1973, p. 63-78.

BELLAN G. et PERES J. M. — *État général des pollutions sur les côtes méditerranéennes de France.* Quad. Civica Stazione. Idrobiol. Milano, mai 1970, 1, p. 36-65.

BELLAN G., REISH D. J. et FORET J. P. — *Action toxique d'un détergent sur le cycle de développement de la polychète* capitella capitata. C.R.Ac. Sci. Paris, 1971, t. 272, p. 2476-79.

BELLAN G., FORET J. P., FORET-MONTARDO P. et KAIM-MALKA R. H. — *Action* in vitro *de détergents sur quelques espèces marines.* Marine pollution and sea life, Déc. 1972, 1-4.

BERG W., JOHNELS A., SJOSTRAND B. et WESTERMARK Y. — *Mercury content in feathers of swedish birds from the past 100 years.* Oïkos, 1966, 17, p. 71-83.

BLEAKLEY R. J. et BOADEN P. J. S. — *Effects of an oil spill remover on beach meiofauna.* Ann. Inst. Océanog. Fr. 1974, 50, n° 1, p. 51-8.

BLUS L. J., ANDRE A. B. et PROUTY R. M. — *Relations of the brown pelican to certain environmental polluants.* Pest. monit. journ., 1974, Vol. 7, n° 314, p. 181-94.

BLUS L. J., NEELY B. S., BELISLE A. A. et PROUTY R. M. — *Organochlorine residues in brown pelican eggs: relation to reproductive success.* Environ. pollut. 1974, 7, p. 81-91.

BOECK W. L. — *Meteorological consequences of atmospheric Krypton 85.* Science, vol. 193, 1976, n° 4249, p. 195-98.

BOULEKBACHE H., LEVAIN N., PUISEUX-DAO S., RAMADE F., ROFFI J., ROUX F. et SPEISS C. — *Effets cytopathologiques et physiotoxicologiques de certains insecticides, en particulier du lindane.* Abstr. colloque com. europ. sur les problèmes inhérents à la contamination de l'homme et de son environnement par les pesticides persistants et les composés organohalogènes. Luxembourg, mai 1974, p. 545-55.

BOUCHE M. B. *Pesticides et lombriciens : problèmes méthodologiques et économiques.* Phytiatrie — phytopharmacie, 1974, 23, p. 107-16.

BOVARD P., GRAUBY A., FOULQUIER L. et PICAT Ph. — *Étude radioécologique du bassin rhodanien — stratégie et bilan.* Vienne, AIEA, 1973, p. 507-23.

BRAR S. S., NELSON D. M. et coll. — *Instrumental analysis of trace elements present in Chicago area surface air.* Journ. geophys. research, 1970, vol. 75, n° 15, p. 2939-45.

BREIDENBACH A. W. — *Pesticides residues in air and water.* Arch. Environ. Health, juin 1965, vol. 10, p. 827-30.

BROWN J. R. — *The effect of dursban on micro-flora in non saline waters.* C. R. Coll. dispersion et dynamique des polluants dans l'environnement, *in* Abstr. 3ᵉ cong. int. chim. pest. Helsinki, 1974, p. 506.

CAIRNS J. — *The cancer problem.* Scient. Amer., 1975, vol. 223, n° 5, p. 64-78.

CLARK D. R., MARTIN C. O., SWINEFORD D. M. — *Organochlorine insecticide residues in the free tailed bat. (Tadurida brasiliensis) at brackencave, Texas.* Journ. Mammal., 1975, vol. 56, n° 2, p. 429-43.

CLAUSEN J., BRAESTUP L. et BERG O. — *The content of polychlorinated hydrocarbons in arctic animals.* Abstr. 3ᵉ cong. Int. chimie des pesticides, Helsinki, 3-9/7/1974, Symposium sur la dispersion des pesticides dans l'environnement, p. 496.

COMERZAN O. — *Bilan du cadmium dans l'environnement.* Public. Min. Environ. Paris, comité « contamination des chaînes biologiques », contrat n° 6041/75, 1976, 120 p.

COMMONER B. — *Threats to the integrity of the nitrogen cycle.* in SINGER « global effects of environmental pollution », Reidel, 1970, p. 70-95.

COOK E. — *Ionizing radiations in* Murdoch : « *environment, resources pollution* » Sinauer, 1971, p. 267.

CROSBY D. G. et WONG A. S. — *Environmental degradation of 2, 3, 7, 8 — tetrachloro-dibenzo-p-dioxin (T.C.D.D.).* Science, vol. 195, mars 1977, p. 1337-38.

DAVANT P., FLEURY A. et PETIT P. — *Le parc ornithologique du Teich.* Bull., Soc. écol., 1975, t. 6, fasc. 3, p. 299-305.

DAVIS H. C. et HIDU H. — *Effects of pesticides on embryonic development of clams and oysters on survival and growth of the larvae.* US Fish. Wildl Serv. Fisher Bull., 1969, vol. 67, n° 2, p. 393-404.

DELMAS J., GRAUBY A. et DISDIER R. — *Étude des transferts dans les cultures de quelques radionucleides présents dans les effluents des centrales électronucléaires.* in Environmental behaviour of radionucleides released by nuclear industry, Vienne AIEA, 1973, p. 321-32.

DIDIER R. — *Étude du peuplement gonocytaire des ébauches gonadiques de l'embryon de caille après action de l'acide 2, 4, 5 T phénoxyacétique.* C.R. Soc. Biol., 1975, t. 169, n° 3, p. 574-80.

DIDIER R. — *Action du 2, 4, 5 T et de la Simazine sur les gonades de l'embryon de poulet et de caille en culture « in vitro ».* Bull. Soc. Zool., Fr., 1974, t. 99, n° 1, p. 93-99.

DUPAS A. — *Les chlorofluorocarbones produits par l'homme sont-ils une menace pour l'ozone stratosphérique.* La Recherche, novembre 1975, n° 61, vol. 6, p. 970-3.

DUSTMAN E. H., STICKEL L. F., BLUS L. J. et coll. — *The occurence and significance of polychlorinated biphenyls in the environment.* Trans. 36th conf. N. Am. Wild Nat. Res. 7-10 mars 1971, Wildlife Monog. Inst. ed. Wash DC 20005, p. 118-33.

DUSTMAN E. H., STICKEL L. F. et ELDER J. B. — *Mercury in wild animals lake St Clair,* 1970. in « Environmental Mercury contamination » Hartung et Dinman, Ann. Arbor science publishers, 1972, p. 46-52.

ERNE K. — *Weed-Killers and wildlife.* Proc. XIth Int. cong. game. biol. Stockolm, 1973, SNV 1974, 13 E, p. 415-22.

FINLEY R. B. — *Adverse effects on birds of phosphamidon applied to a Montana forest.* Journ. Wildlife Manag., 1965, vol. 29, n° 3, p. 580-91.

FISHER N. S. — *Chlorinated hydrocarbons pollutants and photosynthesis of marine phytoplanctons : a reassessment.* Science, 1975, vol. 189, p. 463-4.

FOURNIER E. — *Toxicité humaine des pesticides.* Bull. Soc. Zool. Fr., 1974, t. 99, n° 1, p. 19-131.

FOSTER R. F. et ROSTENBACH R. E. — *distribution of radioisotopes in the Columbia river.* Journ. Am. Wat. Wks. Ass., 1954, 46, p. 640-63.

GELLERT D. J., HEINRICHS W. L. et SWERDLOFF D. S. — *DDT homologues : Estrogen-like effects on the vagina, uterus and pituitary of the rat.* Endrocrinology, 1972, 91, p. 1095.

GENELLY R. E. et RUDD R. L. — *Effects of DDT, toxaphène and dieldrin on pheasant reproduction.* Auk., 1956, t. 73, p. 529-39.

GLOVER H. G. — *Acidic and ferruginous mine drainages.* in « The ecology of resource degradation and renewal ». Blackwell scientific publication, Oxford, 1975, p. 173-195.

GOLDWATER L. S. et STOPFORD W. — *Mercury in the chemical environment.* Lenihan J. et Fletcher W. éd., Blackie, Londres, 1977, p. 38-63.

GRIMM H. — *Einflüsse und Gefahren der Anhäufung toxischen chemikalien in der Wechselwirkung zwischen Landschaft, Tier und Mensch.* Arch. Naturforsch. Landschafts., 1965, 5, n° 4, p. 203-12.

HARVEY G. R., MILKAS M. P., BOVEN V. T. et STEINHAUER W. G. — *Observations on the distribution of chlorinated hydrocarbons in atlantic ocean organisms.* J. wat. Rés. U.S.A., 1974, 32, n° 2, p. 103-118.

HAWKSWORTH D. L. — *Mapping studies in « Air pollution and lichens » par Ferry,* BADDELAY et HAWKSWORTH, the Athlone press, 1973, p. 38-76.

HAWKSWORTH D. L., ROSE F. et COPPINS B. J. — *Changes in the lichens flora in England and Wales attribuable to pollution of the air by sulphur dioxyde* in « Air pollution and lichens » par FERRY, BADDELAY et HAWKSWORTH, the Athlone press, London University, 1973, p. 330-67.

HAY A. — *Toxic cloud over Seveso.* Nature, vol. 262, 19 août 1976, p. 636-38.

HAYES W. et DALE W. — *Storage of insecticides in French people.* Nature, 1963, p. 1189.

HEATH R. G., SPANN J. W., KREITZER J. F. — *Marqued DDE impairment of Mallard reproduction in controlled studies.* Nature, 1969, vol. 224, n° 5214, p. 47-8.

HEIM R. — *Champignons toxiques et hallucinogènes.* Paris. N. Boubée ed., 1963, p. 327.

HEINZ G. — *Effects of methylmercury on approach and avoidance behaviour of mallard ducklings.* Bull. environ. Toxicol. Contam., 1975, 13, 405, p. 554-64.

HSIAO Y et PATTERSON C. C. — *Lead aerosol pollution in the high sierra overrides natural mechanisms which exclude lead from a food chain.* Science, 31 mai 1974, vol. 184, p. 989-994.

HOLDEN A. V. — *Mercury in fish and shellfish. a review.* J. Food. Technol. G.B. 1973, 8, n° 1, p. 1-25.

HORN M. H., TEAL J. M. et BACKUS R. H. — *Petroleum lumps on the surface of sea.* Science, 1970, 168, n° 3928, p. 245-6.

HORSTADIUS S. — *De l'effet désastreux de l'enrobage des semences sur l'avifaune suédoise.* L'Oiseau. Rev. fr. d'Ornith., 1965, vol. 35, n° spé., p. 71-5.

HOVETTE C. — *Le saturisme des anatides de Camargue.* Alauda, 1972, 40, p. 1-17.

HUNT E. G. et BISCHOFF A. I. — *Inimical effects on wildlife of periodic DDD application to clear lake.* Calif. Fish. Game, 1960, 46, p. 91-106.

INMAN R. E., INGERSOLL R. et LEVY E. A. — *Soil : a natural sink for carbon monoxide.* Science, 18 juin 1971, vol. 173, p. 1229-31.

JENNE-LEVAIN N. — *Études des effets du lindane sur la croissance et le développement de quelques organismes unicellulaires.* Bull. Soc. Zool. Fr., 1974, t. 99, n° 1, p. 105-109.

JEFFERIES D. J., FRENCH M. C. et OSBORNE B. E. — *The effects of PP'-DDT on the rate, amplitude, and weight of the heart of the pigeon and bengalese finch.* British poultry Sci., 1971, 12, p. 387-99.

JENKINS C. — *Étude de l'imprégnation plombique du pigeon biset* (Columbia livia) *vivant en milieu urbain.* Terre et Vie, 1975, t. XXIX, n° 3, p. 465-80.

JENSEN S., JOHNELS A. G., OLSON M. et OTTERLIND O. — *DDT and PCB in marine animals from swedish waters.* Nature G. B., 1969, n° 5216, n° 224, p. 247-50.

JERNOLOV A. — *Conversion of mercury fallout.* in chemical fallout, C.C. THOMAS. 1969, chap. 4.

JOHNELS A. G. et WESTERMARK T. — *Mercury contamination of the environment in sweden.* in chemical fallout, C. C. THOMAS, 1969, chap. 10, p. 221-39.

JONES E. P. — *DDT stopped, suit dropped.* Science, 1971, 173, p. 38.

KEENLEYSIDE M. H. A. — *Effects of forest spraying with DDT in New Brunswick on food of young atlantic salmon.* Journ. Fish. Res. Board. of Canada, 1967, 24, n° 4, p. 807-22.

KEMPF C. et SITTLER B. — *La pollution de la zoocœnose rhénane par le mercure et les produits organochlorés.* La Terre et la Vie, 31, 1977, p. 661-68.

KERSWILL C. J. — *Studies on effects of forest spraying with insecticides, 1952-63 on fish, and aquatic invertebrates in New Brunswick streams ; introduction and summary.* J. Fisher. Res. Bd. Canada, 1967, 24, n° 4, p. 701-8.

KIRCHMANN R., REMY J., CHARLES P. et coll. — *Distribution et incorporation du Tritium dans les organes des ruminants.* Abstr. Coll. environment. behaviour of radionucléides released in the nuclear industry, AIEA Vienne, 1973, p. 385-412.

KNAUF W. — *Bestimmung des Toxizität von tensiden bei Wasserorganismen.* Tenside detergents, 1973, Heft 5, p. 251-5.

KOEMAN J. H., OSKAMP A. A. G., VEEN J. — *Insecticides as a factor in the mortality of the sandwich tern* (sterna sandvicensis). *A preliminary communication.* Med. Rijks Fac. Landbow. Wet. Gent..., 1967, XXXII, n° 3/4, p. 841-854.

KOEMAN J. H., HORSMANS Th. et MAAS H. L. — *Accumulation of diuron in fish.* Med. Rijks Landbow. Gent., 1969, XXXIV, (3), p. 428-33.

KORSCHGEN L. — *Soil - Food chain pesticide Wildlife relationship in Aldrin treated fields.* Journ. Wildlife, manag. 1970, 34, n° 1, p. 186-99.

KRAYBILL H. F., BROADHURST M. G., BUCKLEY J. L., SPAULDING J. E., WESSEL J. R., FISHBEIN L., STICKEL L. F. et DAVIES T. — *Polychlorinated biphenyls and the environment.* Interdepart. Fask force on PCB's, Washington DC, Mai 1972, 181 p. US dept of commerce 72-10419.

KUPFER D. — *Influence of chlorinated hydrocarbons and organophosphate insecticides in metabolism of steroids.* Ann. N. Y. Av. Sci., 1969, vol. 160, p. 244-53.

LACAZE J. C. — *Ecotoxicology of crude oil and the use of experimental marine ecosystem.* Marine pollution Bull., oct. 1974, vol. 5, n° 10, 153-6.

LACAZE J. C. — *Étude de l'influence des produits pétroliers sur la production primaire de l'environnement marin.* Thèse de doctorat ès Sciences, Université de Paris VI, 12 octobre 1978.

LAUNDON J. R. — *Urban lichen studies.* in Ferry, Baddeley et Hawksworth « air pollution and lichens » University of London, 1973.

LEGATOR M. S., KELLY F. J. et GREEN S. — *Mutagenic effects of Captan.* Ann. N. Y. Ac. Sci., 1969, vol. 160, n° 1; p. 344-51.

LEHNER P. N. et EGBERT A. — *Dieldrin and eggshell thickness in ducks.* Nature, 1969, vol. 224, n° 5225, p. 1218-9.

LIKENS G. E. et BORMANN F. H. — *Acid rain : a serious regional environmental problem.* Science, juin 1974, 184, p. 1176-8.

LILLIE R. J. — *Air pollution affecting the performance of domestic animals.* Agricultural Handbook USDA Washington DC 20402, 1970, n° 380, 109 pages.

LINZON S. N. — *Effects of air pollutants on vegetation,* in MAC CORMAC « Introduction to the scientific study of atmosphery pollution », 1971, p. 130-151.

LONDON J. et KELLEY J. — *Global trends in total atmospheric ozone.* Science, mai 1974, vol. 184, p. 987-9.

LUCKEY T. D. et VENUGOPAL B. — *Metal toxicity in Mammals.* I — *Physiology and chemical basis of metal toxicity.* Plenum Press Ed., 1977, 237 p., 24 fig.

LUTZ-OSTERTAG Y. et LUTZ H. — *Note préliminaire sur les effets œstrogènes de l'Aldrine sur le tractus urogénital de l'embryon d'oiseau.* C.R. Ac. Sci., 1969, t. 269, p. 484-6.

LUTZ H. et LUTZ-OSTERTAG Y. — *Pesticides, tératogénèse et survie chez les oiseaux.* Arch. Anat. Hist. Embr. norm. exp., 1973, 56, p. 65-78.

LUTZ-OSTERTAG Y. et LUTZ H. — *Sexualité et pesticides.* Ann. Biol., 1974, t. XIII, fasc. 3-4, p. 173-85.

MAC CANN J., CHOI E., YAMASAKI E. et AMES B. N. — *Detection of carcinogens as mutagens in the* Salmonella *microsome test : assay of 300 chemicals.* Proc. nat. Acad. Sci., U.S.A., vol. 72, déc. 1975, n° 12, p. 5135-39.

MARIOTTI A., LETOLLE R., BLAVOUX B. et CHASSAING B. — *Détermination par les teneurs naturelles en N_{15} de l'origine des nitrates : résultats préliminaires pour le bassin de Melarchez (Seine et Marne).* C. R. Ac. Sci., 27 janvier 1975, t. 280, série D, p. 423-26.

MASTERS R. L. — *Air pollution — Human health effects.* in MAC CORMAC « Introduction to the scientific study of atmospheric pollution », 1971, p. 97-130.

MEINIEL R. — Contribution à l'étude expérimentale de l'action des insecticides organophosphorés sur l'embryon d'oiseau. Analyse de l'effet tératogène et de certains troubles physiologiques. *Thèse doctorat ès-sciences Naturelles,* Université de Clermont, 1975, 213, p. XXX, pl. H. T.

MENHINICK E. F. — *Comparison of the invertebrates populations of soil and litter of moved grasslands in aeras treated and untreated with pesticides.* Ecology, 1962, 43, p. 556-61.

MICHOLET-COTE C., KIRCHMANN R. et coll. — *Étude de la radiocontamination des poissons de la Meuse.* in Environmental behaviour of radionucleides released in the nuclear industry. AIEA., Vienne 1973, p. 413-27.

MIETTINEN J. K. — *The present situation and recent developpements in the accumulation of Cs^{137}, Sr^{90} and Fe^{55} in arctic foodchains.* Agence Atom. Intern. de Vienne, Proc. sem. 24-28 mars 1969 « Environmental contamination by radioactive materials », 1969, p. 145-51.

MILSTEIN R. et RAWLAND F. S. — *Quantum yield for the photolysis of CF_2Cl_2 in H_2O,* Journ. physical chemistry, 1975, 79, n° 6, p. 669-70.

MOLINA M. J. et RAWLAND F. S. — *Some unmeasured chlorine atom reaction rates important for stratospheric modeling of chlorine atom catalysed renoval of ozone.* Journ. Physical chemistry, 1975, t. 79, n° 6, p. 667-9.

MOORE N. W. et TATTON J. O'. G. — *Organochlorine insecticide residues in the eggs of sea birds.* Nature, 3 juillet 1965, vol. 207, p. 42-3.

MOORE J. A. — *Toxicity of 2, 3, 7, 8 Tetrachlorodibenzo-p-dioxin,* in Ramel chlorinated phenoxyacids and their dioxin. Écol. Bull. Stockholm, n° 27, 1978, p. 934-44.

MUIRHEAD-THOMSON R. C. — *Impact of pesticides on aquatic invertebrates in nature. in* Pesticides and freshwater fauna. Acad. Press., 1971, chap. 6, p. 157-179.

MULLIN J. B. et RILEY J. P. — *Cadmium in sea water and in marine organisms and sediments.* J. Marine Res., 15, 1956, p. 103-8.

PUISEUX-PAOS., JEANNE-LEVAIN N., ROUX F., RIBIER J. et BORGHI H. — *Analyse des effets du lindane, insecticide organochloré, au niveau cellulaire.* Protoplasma, 91, 1977, p. 325-41.

RAMADE F. — Sur la présence d'altérations ultra-structurales dans le cerveau de *Musca domestica* après intoxication au Lindane. C. R. Ac. Sci., Paris, 263, 1966, p. 271-4.

RAMADE F. — *Contribution à l'étude du mode d'action de certains insecticides de synthèse, plus particulièrement du lindane, et des phénomènes de résistance à ces composés.* Ann. Inst. Nat. Agron. Paris, T V (NS), 1967, 268 p., 41 fig., 13 pl.

RAMADE F. — *La pollution par les défoliants et ses conséquences écologiques.* — Courrier Nature, n° 47, janvier-février, 1977, p. 24-31.

RAMADE F. et ROFFI J. — *Action de deux insecticides, le lindane et le D.D.V.P. (Dichlorvos) sur les surrénales de la souris.* C. R. Ac. Sci., Paris, t. 282, 1976, série D., p. 1067-70.

RAMADE F. et ROFFI J. — *Action de l'intoxication à long terme par deux insecticides, le lindane et le fenthion, sur l'activité surrénalienne de la souris.* Bull. Soc. Zool. Fr., 101, 1976, n° 5, p. 1054-55.

RAMEL C. et coll. — *Chlorinated phenoxyacids and their dioxins.* Ecological Bull. Stockholm, n° 27, 1978, 301 p.

ROHWER P. S. — *Relative radiological importance of environmentally released Tritium and Krypton 85. in* Environmental behaviour of radionucleides released by nuclear industry AIEA Vienne, 1973.

SCHMID W. — *The micronucleus test.* Mut. Res., 31, 1975, p. 9-15.

SCHULZ D. — *Beitrag zur allgemeinen pathologie des Endokardreaktionen Toxisch bedingte endokardveränderungen bei niederen Wirbeltieren (Karpfen).* Vischows Arch. A., Dtsch., 1973, 358, n° 3, p. 273-280.

SEUGÉ J., BLUZAT R. et RODRIGUEZ-RUIZ F. J. — *Effets d'un mélange d'herbicides (2, 4 D et 2, 4, 5 T) : toxicité aiguë sur 4 espèces d'invertébrés limniques.* Environ. Poll., 16, 1978, p. 87-104.

SIMS J. L. et PFAENDER F. K. — *Distribution and biomagnification of hexachlorophene in urban drainage areas.* Bull. environ. Toxicol. Contam., 1975, vol. 14, n° 2, p. 214-20.

SKYE E. — *Lichens and air pollution.* Acta geographica suecica, 1968, 52, p. 1-23, (Univ. Uppsala).

SMITH R. — *Nuclear plant occupationnal exposures causing concern in industry AEC* Nucleonics week, 21 novembre 1974, p. 2-3.

SNYDER N. F., SNYDER H., LINCER J. L. et REYNOLDS R. T. — *Organochlorine, heavy metals and the biology of North american accipiters.* Bioscience, 1973, vol. 23, n° 5, p. 300-5.

SPINRAD B. I. — *The role of nuclear power in meeting world energy needs.* Abstr. coll. AIEA « Environmental aspects of nuclear power stations », Vienne, 1971, p. 57-90.

STICKEL L. F. — *Pesticides residues in birds and Mammals.* Environ. pollution by pesticides, C.A. Edwards, plenum Press., London et N. Y., 1973, p. 255-312.

TRUHAUT R. — *Pollution de l'air.* C. R. du Coll. int. de Royaumont (avril 1960) Paris, SDES.

TRUHAUT R. — Survey of the hazards of the chemical age. *in Abst. Int. Symp. Chemical control of the human environment.* Johannesburg, 1969, Buttersworth ed., 1970, p. 419-36.

TRUHAUT R.. — *Écotoxicologie et protection de l'environnement.* Abst. Col. « Biologie et devenir de l'homme », Sorbonne, 18-24/9/1974, p. 101-121. Mac Graw-Hill, 1976.

TRUHAUT R., CHANH P. et coll. — *Toxicité à long terme de la Tetrachloro 2, 3, 7, 8-p-dibenzodioxine chez le rat. Étude structurale, ultrastructurale et histochimique.* C.R. Ac. Sci., Paris, série D, 1974, p. 1565-69.

TURUSOV V. S., DAY N. E., TOMATIS L. et coll. — *Tumors in CF1 mice exposed for six consecutives generatives to DDT.* J. nation. canc. Inst. USA, 1973, 5, p. 983-97.

BIBLIOGRAPHIE

UI J. — *Mercury pollution of sea and freshwater. Its accumulation in water biomass.* Rev. Int. Oceanog. Med. Fr., 1971, 22-3, p. 79-128.

VARNEY R. et MAC CORMAC B. — *Atmospheric pollutants.* in Mac Cormac « Introduction to the scientific study of atmospheric pollution », Dordrecht, Reidel, 1971, p. 8-52.

VIALE D. — *Fréquence des accidents survenus à des cétacés sur les côtes Tyrrhéniennes.* Bull. Soc. Zool. Fr., 1974, n° 1, p. 146-7.

WARE D. M. et ADDISON R. F. — *PCB residues in plankton from the gulf of Saint Laurence.* Nature, G. B., 1973, 246, n° 5434, p. 519-21.

WEBER R. P., COON J. M. et TRIOLO A. J. — *Nicotine inhibition of the metabolism of* 3, 4 benzopyrene, a carcinogen in tobacco smoke. Science, 1974, vol. 184, n° 4141, p. 1081-3.

WEINSTOCK B. et NIKI H. — *Carbon monoxide balance in nature.* Science, avril 1972 vol. 176, p. 290-2.

WHITEHEAD C.C. — *Growth depresion of broilers fed on low levels of* 2, 4 dichlorophenoxyacetic acid. Br. Poult. Sci., 1973, 14, p. 425-7.

WIEMEYER S. N., SPITZER P. R., KRANTZ, W. C., LAMONT T. G. et CROMARTIE E. — *Effects of environmental pollutants on connecticut and Maryland ospreys.* Journal Wildlife manag., 1975, n° 1, p. 124-39.

WRIGHT A. M. et STRINGER A. — *The toxicity of thiabendazole, Benomyl, Methyl benzinmidazol Zyl — carbonate and Thiophanate methyl to the earthworm Lumbricus terrestris. 1973,* Pestic. Sci., 4, 431-2.

INDEX ALPHABÉTIQUE DES MATIÈRES

Acanthoscelides, 188.
Accipiter cooperi, 109.
(———) *nisus*, 91.
Acétylcholine, 15, 16.
Acétylcholinestérase, 16.
Acroleine, 151.
Additifs alimentaires, 31, 40, 58.
Adrénaline, 18.
Acchmophorus occidentalis, 70, 71.
Aéropolluants (voir polluants atmosphériques).
« Aérosols » (voir poussières atmosphériques).
Aflatoxine, 25, 31, 34, 43.
Agroécosystèmes, 72, *118* et suiv., 129, 208 et suiv.
Alaska, 86.
Aldrine, 22, 68, 72, 78, 99.
Alevins, 90, 171.
Allergies, 44, 160.
Allergogenèse, 24.
Allium, 98.
Allobophora caliginosa, 72.
Amatine α, 42.
Ameirus catus, 72.
Amiante, 16, 39, 41, *160* et suiv.
Amines aromatiques, 30, 31.
« Amoco-Cadiz », 166, 168, 172.
Amphétamines, 18, 41.
Anas crecca, 179.
Anas platyrhynchos, 42, 94, 95, 114.
Anatidés, 171, 179.
Anhydride sulfureux (= SO_2), 41, 65, *139* et suiv., *142* et suiv.
Antagonisme, 23, 35.
Antibiotiques, 40.
Anticholinestérasique, 16, 17.
Aonidiella aurantii, 88.
Apholate, 22.
Ardea herodias, 112.
Arsenic, 31, 130, 159.
Artemisia tridentata, 129.
Asbestose, 19, 29, *160* et suiv.
Atlantique (Océan), 43, *83* et suiv.
ATPases, 16, 98.
Autour, 108.
Aythya affinis, 112, 179.
Aziridine, 22.

Bacillus oligocarbophilus, 135.
Bactéries, 135, 137, 167, 180.
(———) benthiques, 46, 106.
Bacterium formicum, 135.
Balbuzard pêcheur (= *Pandion haliethus*), 90.
Baltique (mer), 87.
Baygon ®, 17.
Beauveria, 44.
Benomyl, 128.
Benzidine, 29, 31.
Benzopyrène, 31, 136, 151, 154.
Bikini, 197.
Biocœnoses, 1, 107, 129, 142, 168, 205.
Biocœnotiques (effets ———), 128, 168.
Biodégradable, 66, 173.
Biomasse, 66 et suiv.
Biosphère, 50 et suiv.
Boues rouges, 176, 177.
BPC (= Biphényles polychlorés), 22, 56, 57, 67, 69, 79, 80.
    contamination des écosystèmes marins par les ———, 67, 86, 87, 100, 101.
    effets sur l'avifaune des (———), 91.
    ——— les invertébrés des ———, 89, 90.
Brochet, 111.
Bronchite chonique, 152, 153, 160.
Bufo americanus, 72.

Cadmium, 31, 56, 109, *115* et suiv.
Californie, 61, 156.
Campagnol (*Microtus sp.*), 156, 157.
Canard col-vert (voir *Anas platyrhynchos*).
Cancer, 27 et suiv., 152, 153, 161.
Capitella capitata, 174.
Captane, 34, 128.
Carbamates, 16, 17.
Carbaryl, 17.
Carboxyhémoglobine, 18, 135, 151.
Carcharinus longimanus, 85.
Carcinogenèse, 17, 27 et suiv., 99, 152, 153.
Carcinome pulmonaire, 33, 39, 152, 153, 160.
Carex sp., 155, 156.
Carya sp., 163.

Catécholamines, 15.
Césium 54, 55, 73, 137, 185, 193, 196, 211.
Cétacés, 177.
Chaînes trophiques, *70* et suiv., 111, 116, 194 et suiv.
Chaoborus astictopus, 71, 121.
Charbon, 52, 105, 134, 135.
Chauve-souris, 97.
Chimiostérilisants, 22.
Chlordane, 20, 68.
Chlorophylle, 149.
Chlorure de vinyle, 26, 29, 31, 99.
Choristoneura fumiferana, 119.
Chromatographie, 46.
Circulation atmosphérique, *61* et suiv.
Cirrhose éthylique, 20.
Cladocères, 119, 124, 141, 180.
Cladonia sp., 73.
CL 50, 6, 121, 174.
Clear lake, 71.
Clostridium botulinum, 14.
(————) *welchii*, 135.
Cobalt 60, 206, 210.
Colinus virginianus, 42.
Colorants, 31, 40.
Colpomenia peregrina, 169.
Columba livia, 157.
Composés organochlorés, 18, 20, *77* et suiv.
Concentration biologique, *68* et suiv.
Concentreurs biologiques, 69.
Copépodes, 90, 141, 180.
Coquilles (effets des pesticides organochlorés sur les ————), 18, 22, 92, 94, 95.
Coregonus Kiyi, 90.
Corrélations endocriniennes, 19, 96.
Coturnix coturnix, 42, 43.
Courbes dose-réponse, *33* et suiv.
Crassostraea virginica, 70, 89.
Cryptogames (effets du SO$_2$ sur les ————), *144* et suiv.
Curie (= C), 187.
Cyclamates, 31.
Cycles biogéochimiques, 101, 104, 155.
Cyprinidés, 117.

Daphnia sp., 120, 190, 191.
DDA, 96.
DDD, 71, 72, 85.
DDE, *93* et suiv.
DDT, 16, 22, 37, 45, 47, 67, 68, *77* et suiv.
    action du ———— sur l'entomofaune, 88.
    (————) les oiseaux, *91* et suiv.
    (————) les invertébrés, *88* et suiv.
    (————) les poissons, 90.
    incorporation du ———— dans les réseaux trophiques, *66* et suiv.

effets du ———— sur la production primaire, 100, 101.
DDVP (= Dichlorvos), 17.
Déchets radioactifs, 54, 55, *202* et suiv.
Défoliants, *120* et suiv.
Démoécologiques (effets ————), 119, 120.
Détersifs, *172* et suiv., 179, 180.
———————— anioniques, *172* et suiv.
———————— cationiques, 172, 174, 180.
———————— non ioniques, *173* et suiv.
Détoxification, 20.
2,4 D, 22, *119* et suiv.
2,4,5 T, 22, *119* et suiv.
Diatomées, 100, 141, 170, 206, 207.
Dicotylédones, 142.
Dieldrine, 18, 68, *78* et suiv.
Dioxine, *123* et suiv.
Diphényle, 21.
Diopersants (———— du pétrole), 175, 176.
Diuron, 121.
Diversité, 129, 147.
DJA (= Dose journalière admissible), 40.
DL 50, 13, 15, 42, 189.
DMA (= Dose maximale tolérable), 38.
Drogues neurotropes, 18.
Droites log dose-probit, *10* et suiv.
Dunaliella euchlora, 98, 169.

Ecophase, 43.
Ecotoxicologie, 2, *48* et suiv.
Ecosystèmes, 1, 107, 110, 118, 177, 204.
Embryons, 22, 43.
Endrine, 70.
Énergie nucléaire, 54, 55, *198* et suiv.
Engrais chimiques, 57, *130* et suiv.
Énolase, 162.
Enteromorpha, 169.
Épervier, 109.
Épuration (———— des eaux), 173, 180.
Équilibres biologiques, 129.
Ésérine, 17.

Faucon pèlerin (= *Falco peregrinus*), *86* et suiv., 109.
Fenthion, 119 et suiv.
Fibrocytose pulmonaire, 19, 160.
Fluor, 35, *162* et suiv.
Fluorose, 35, 163.
Fluorures, 159, 162.
Fongicides, 104, *128* et suiv.
(————) organomercuriels, 104, 105, 108.
Fréons, 64, 70, 71, 147, 162.
Fucus sp., 169, 170.
Fuels, 54, 66, 136, 139.
Fulmarus, 67.
Fumée de tabac, 39, 40, 143, *151* et suiv., 157.

Gammarus minor, 178.
———— *oceanicus*, 89.
———— *pulex*, 121.
Gastéropodes, 120, 121, 180.
Gaz de combat, 14.
Glandes endocrines, 19, 95.
———— hypophyse, 19, 96.
———— surrénales, 96.
———— thyroïde, 96, 187.
Gonades, 19, 22, 190.
Grand-duc, 108, 109.
Grèbes, 70, 71.
Groenland, 86.

Halichœrus, 113.
Haliethus albicilla, 86, 87.
———————— *leucocephalus*, 86.
HCB, 57.
HCH, 36, 68.
Heptachlore, 68, 69.
Herbicides, *120* et suiv.
Hérons, 112.
Hexachlorobenzène (= HCB), 57.
Hexachlorophène, 68, 81.
Hexobarbital, 20.
Hiroshima, 183.
Hormétiques (effets ——), 33, 34.
Hormones, *18* et suiv., 31, *95* et suiv.
Hydrocarbures, *52* et suiv., 136.
 pollution de l'océan par les ——, *164* et suiv.

Idiosyncrasies, 44.
Induction enzymatique, 17, 20, 21, 95.
Industrie nucléaire, 182, *198* et suiv.
Insecticides, *6* et suiv., 8, *66* et suiv.
—— organochlorés, *68* et suiv., *89* et suiv.
—— organophosphorés, 16, 119, 120, 121.
Iode 131, *195* et suiv.
Irradiation (voir radiations).
Itaï itaï (maladie d'——), 116, 118.

Krypton 85, 64, 185, 187, 212.

Lacs, 141, 142, 143.
 grands ——, 110.
 —— Oligotrophes, 142.
 —— Saint Clair, 110, 112.
Lagodon rhomboides, 86.
Lapons, 73, 195.
Lathrodectes 4-guttatus, 16.
Lepas, 167.
Lewisite, 18.
Lichens, 67, 73, *129* et suiv., *144* et suiv.
Lindane, 8, 78, 83, 90, 98.
Lombrics, 70, 72, 128.

Longévité, 188, 189.
Lumbricus terrestris, 70.
Lymnea palustris, 121.

Macareux (= *Fratercula arctica*), 172.
Macreuse noire (= *Melanitta fusca*), 171.
Macrocystis, 169.
Mangroves, 120.
Médiateurs (= neurotransmetteurs), 15 et suiv.
Méditerranée (mer ——), 165, 173, 176, 177.
Mercenaria mercenaria, 89.
Mercure, 57, *103* et suiv.
 contamination des écosystèmes limniques, par le ——, *110* et suiv.
 ———— marins, 112, 113.
 ———— terrestres, *107* et suiv.
Mésothéliome, 161.
Métaux lourds, 37, *103* et suiv., *154* et suiv.
Méthémoglobinémie, 131.
Méthylmercure, 37, 47, 106, *111* et suiv.
Microplancton, 170.
Micropolluants, 19, 40, 41.
Microsomes, 20, 21, 95.
Microtus, 155.
Minamata (maladie de ——), 70, 104, 113.
Mollusques, 70, 89, 116, 117, 206, 207.
———— gastéropodes, 121, 180.
Monoamine oxydase, 16, 23.
Monocotylédones, 142, 143.
Moules, 173, 174.
Muscarine, 17.
Mutagènes, 22, 25, 34, 114, 118, 191.
Mutagenèse, 22, *24* et suiv.
Mutations, 21, 33, 114, 115, 192.

Neocystis, 135.
Néostigmine, 16.
Neuroleptiques, 18.
Neurotoxicité, *14* et suiv.
Nicotine, 17, 154.
Nitrates, *131* et suiv.
Nitrites, 131.
Nitrosamines, 25, 31, 36, 131.
Nucléaire (électro——), *182* et suiv.
 (pollution——), *182* et suiv.

Œstrogènes, 19, 22, 95, 96.
Oligochètes, 69, 70, 73, 120, 128.
Oiseaux de mer, 67, 112, 171.
« Olympic bravery », 166, 171.
Oncorhynchus Kisutch (voir Saumon coho)
Organohalogénés, *76* et suiv.
 Structure chimique des ——, 77, 78, 79, 80.
 Effets des —— sur les populations animales, 88 et suiv.
 ———— vertébrés, *89* et suiv.
Organomercuriels, 18, 20, 104, 105.
Oxydases, 45.
Oxydes d'Azote, 41, *136* et suiv.

Oxyde de Carbone, 18, 41, *134* et suiv.
Ozone, 45, *149* et suiv.

Pacifique (Océan ——), 197.
PAN (= Peroxyacylnitrates), 45, 137, 138.
Paraquat, 19.
Parathion, 17, 45.
Particules, 63, 64, *159* et suiv.
PCV (voir Polychlorovinyle).
Pecten, 112, 117.
Pédofaune, 127.
Pélican brun d'Amérique, *91* et suiv.
⁀ (= *Pelicanus occidentalis*)
Peneus duorarum, 85, 89.
Pénicilline, 42.
Pesticides, 57, *77* et suiv., *118* et suiv.
    effets sur l'avifaune, *90* et suiv.
    —————— l'entomofaune, 88.
    —————— les invertébrés, *88* et suiv.
    —————— poissons, 89.
Pétrels, 67.
Pétrole, *52* et suiv., *165* et suiv., *183* et suiv.
Phalloïdine, 16, 20, 42.
Phasianus colchicus, 42.
Phénacétine, 21.
Phoques, 113.
Phosphamidon, 41, 42, 119.
Phosphates, 57, 116.
    (Poly ——), 179.
    (super ——), 130, 131, 159.
Physalia, 135.
Phytoplancton, 69, 71, *100* et suiv., 111, 141, 169.
Phytotoxicité, 143, 163.
Pigeon, 96, 157.
Pimephales, 70.
Pinus sylvestris, 163.
—————— *strobus*, 143.
Plastiques (matières ——), 56, 99, 116.
Plomb, 41, 54, *154* et suiv.
——— de chasse, 178.
——— tétraéthyle, 155.
Pluies acides, *140* et suiv.
Plutonium, 69, 73, *205* et suiv.
Poissons, 71, 72, 171, 205.
Polluants, 41, *45* et suiv., *59* et suiv.
—————— atmosphériques, 63, *133* et suiv., *158* et suiv.
circulation des ——, *59* et suiv.
—————— des écosystèmes continentaux, *76* et suiv.
—————— limniques, 71, *110* et suiv., *141* et suiv., *177* et suiv.
—————— marins, *76* et suiv., *164* et suiv.
Pollutions, *48* et suiv.
—————— de l'air, *133* et suiv.
—————— des eaux continentales, 110, 111, *177* et suiv.
—————— par les engrais chimiques, *130* et suiv.
—————— des mers, *85* et suiv., *165* et suiv.

—————— nucléaire, 73, 74, *182* et suiv.
—————— par les pesticides, *109* et suiv.
—————— des sols, 73, *107* et suiv., 118, 130, *209* et suiv.
Énergie et ——, *51* et suiv.
Polychlorovinyle (= PCV), 26, 31, 33, *80*, 99.
Porphyra umbilicalis, 168, 209.
Potasses d'Alsace, 178.
Potentiel biotique, 21, 190, 191.
Poussières atmosphériques, 63, *133* et suiv., *158* et suiv.
Probits (transformation de —), *7* et suiv.
Procellariiformes, 67, 68, 171.
Production primaire, 100, 101, 170, 171.
Prunus sp., 163.
Pseudodiaptomus cornatus, 89.
Pseudotsuga menziezii, 120.
Pterodroma cahow (= Pétrel des Bermudes), 67.
Puffin, 67.
Pyramide écologique, 74, 75.

Rad, 187.
Radiations ionisantes, 185, *211* et suiv.
    effets mutagènes, 191.
    influence sur la longévité, 190, 191.
    —————— le potentiel biotique, 190, 191.
Radioactifs (déchets ——), 54, 55, *202* et suiv.
Radiobiologie, 184.
Radionucléides, 54, 55, 73, *185* et suiv., 208.
Radiosensibilité, 189.
Radiostérilisation, 191, 192.
Rapaces, 18, *86* et suiv., 95.
Réacteurs nucléaires PWR, 55, *199* et suiv.
    pollution par les ——, *199* et suiv.
Rem, 168.
Rennes, 73, 195.
Réseaux trophiques, 70, *204* et suiv.
Retombées radioactives, 73, 74, *192* et suiv.
Ruthenium, 106, 140, 209.
Salmo fario, 178.
—— *gairdneri*, 90, 189.
Salmonides, 43, 89.
Salmonella typhi-murium, 25.
Sarin, 14.
Saturnisme, 157, 179.
Saumon coho, 90.
Scomberesox saurus, 171.
Seveso, 32, *125* et suiv.
Sigmoïde, 7, 35, 189.
Silicose, 160.
Skeletonema costatum, 100, 101.
Sols, 73, 74, 126, 211.
Soman, 14.
Somatiques (effets ——), 14.
Sphaeroma serratum, 173.
Sterna sandwicensis (= Sterne caugeck), 91, 112.
Stellaria, 43, 143.
Stéroïdes (= Stérols), 22, 95, 151.
Stimulation microsomiale (voir microsomes).

Strontium, 73, 185, 193, 196.
Succession (effets sur la ——), 130.
Superphosphates, 130, 131, 159.
Synapses, 15, 16, 17.
—————— adrénergiques, 15, 18.
—————— cholinergiques, *15* et suiv.
Syndrome muscarinique, 17.
—————— nicotinique, 17.
Synergisme, 23, 39.

Tabagisme (voir fumée de tabac).
Taboun, 14.
Temps de résidence, 61, 62.
Tératogenèse, 14, 32, 114, 122.
Tests,
——— d'Ames, *25* et suiv., 98.
——— toxicologiques, *5* et suiv.
Tétrodotoxine, 16.
Thalassiosira pseudonana, 100, 101.
Thalidomide, 32, 41.
Thamnophis sertalis, 72.
Thunnus albacares, 85.

TOCP, 18, 42.
« Torrey Canyon », *165* et suiv., 170, 173.
Toxicité, *5* et suiv., *14* et suiv.
  manifestation de la ——, *5* et suiv., *41* et suiv.
Toxines, 14, 16.
Toxiques, *3* et suiv., *16* et suiv.
Tribolium, 188.
Tritium, 193, 201, 212.
3-méthylcholanthrène, 21.
Tubifex sp., 120.
Tyrrhénienne (mer ——), 177.

Uca pugnax, 84.

Vanadium, 130, 177.
Volcanisme, 106, 134.

Zoocœnoses, 121, 177, 179.
Zooplancton, 70, 101, 107, 111, 141, 170.

MASSON ÉDITEUR
120 bd St Germain, 75280 Paris Cedex 06
Dépôt légal : 2e trimestre 1979

Imprimerie de l'Indépendant
53200 Château-Gontier